Unserem verehrten Lehrer

Herrn Professor Dr. Karl Holzamer

– Erster Intendant des ZDF –

in Dankbarkeit gewidmet

Verfasser und Herausgeber

Reihe: „Giessener Dokumentationsreihe“
Heil- und Sonderpädagogik
Band 10

Berg, Karl-Heinz

Duftwirkungen auf der Spur

Eine anthropologische Studie zu Geruchseinflüssen im körperlichen, seelischen und geistigen Bereich

Nicht im Buchhandel erhältlich.
Bestellungen nur über das
„Institut für Heil- und Sonderpädagogik
der Justus-Liebig-Universität
(Prof. Dr. W. Bachmann).
Karl-Glöckner-Str. 21, 6300 Giessen“

1988
ISBN 3-922346-22-7

Institut für Heil- und Sonderpädagogik Giessen

Gesamtherstellung: Gahmig Druck Giessen

Printed in Germany

INHALTSVERZEICHNIS

Seite

Seite

Seite

ZUM GELEIT

Kein geringerer als Aristoteles hat uns gedanklich in ein fünfsinniges Wahrnehmungssystem gezwängt, und noch alle Versuche, uns daraus zu befreien, sind bislang fehlgeschlagen. Tasten, Hören, Riechen, Schmecken und Sehen machen unser Dasein interessant und lebenswert. Sinnlos, etwas daran zu ändern? Unmöglich!

Die Reihenfolge der Sinnesmodalitäten ist hier nicht willkürlich, sondern entwicklungspsychologisch bestimmt. Was der Mensch schon vermag, bevor er das Licht der Welt erblickt, steht am Anfang, Riechen hat bereits Aristoteles in die Mitte gerückt; ob Geschmackseindrücke schon im Mutterleib vorhanden sind, sei dahingestellt. Sehen lernt das Kind sicher zuletzt, wenn wir Sehen nicht mit dem Empfinden von Lichtreizen verwechseln.

Versagt ein Kind in der Schule oder schon in einer vorschulischen Einrichtung, wird dies nicht selten auf Wahrnehmungsschwäche zurückgeführt. Für solcherart Teilausfälle oder Insuffizienzen gibt es Trainingsprogramme, beschränkt allerdings auf Übungen im Seh-, Hör- und Tastbereich. Kaum ein Mensch denkt daran, daß auch Riechen und Schmecken im Gesamtwahrnehmungsprozeß eine Rolle spielen könnten. Es ist Zeit, daß darauf aufmerksam gemacht wird. Jede weitere Zurückhaltung, besonders seitens Psychologie und Pädagogik, verhindert den Einsatz der vollständigen Wahrnehmungsapparatur bei der Entwicklung sowie bei individuellen und sozialen Lernprozessen und muß zwangsläufig zur Verkümmerung eines Informationskanals führen, der dann auch in der Zukunft weitgehend auf der passiven Welle funktioniert und für Manipulationen mehr und mehr offen ist.

Gedankt sei an dieser Stelle allen, die der vorliegenden Arbeit Unterstützung zukommen ließen, insbesondere der Deutschen Forschungsgemeinschaft für finanzielle und der Firma Dragoco, Holzminden, für materiale und ideelle Hilfe.

Das Thema tangiert mehrere wissenschaftliche Disziplinen; der Verfasser bittet um Nachsicht, wenn er diesen nicht in allen Details gerecht werden konnte.

Dr.phil.Karl-Heinz Berg
Universitätsprofessor

1. STIMMEN ZUM SOGENANNTEN WAHRNEHMUNGSTRAINING 1975 - 1985

Es gibt Wahrnehmungstrainingsprogramme, die unter Pädagogen allgemein bekannt sind, manche nur "dem Namen nach", manche mit dem Charakter der Unabdingbarkeit, der Unfehlbarkeit.
Im folgenden sei erwähnt, was man in Büchern und Fachzeitschriften in der Zeit von 1975 - 1985 darüber in Erfahrung bringen konnte.

1975

Wolf-Rüdiger **Walburg** untersucht die unterschiedlichen visuoperzeptiven Fähigkeiten von Lern- und Geistigbehinderten sowie die Möglichkeiten der Förderung der Wahrnehmungsleistungen durch ein spezielles Training. Bei beiden Zielgruppen weist er einen Zuwachs bezüglich Intelligenz, Sprache und Motorik nach, allerdings mit der Einschränkung, daß es nicht zu einem Angleichen der Wahrnehmungsleistungen bei Lern- und Geistigbehinderten kommt. Das heißt: Im Endstadium erreichen beide Gruppen trotz gleichen Trainings nicht den gleichen Leistungsstand. Das benutzte Wahrnehmungstraining von Frostig et al./Reinartz berücksichtigt Bewegung, Spiel und Sprache und kann als Versuch einer beschränkt intersensoriellen Verknüpfung verstanden werden (vgl. Walburg, S. 216 ff.). Eine "totale" Integration aller Sinnesmodalitäten, also auch die Einbeziehung von Geruchs- und Geschmackssinn, wird nicht angestrebt, weshalb die Ergebnisse für das vorliegende Thema nur am Rande ins Gewicht fallen.

1980

Alfred **Sander** sieht im Augenblick noch keine Möglichkeit der Verallgemeinerung von Fördererergebnissen z.B. des Frostig-Programmes. "Es kann bisher nicht mit Sicherheit ausgeschlossen werden, daß die immer wieder beobachteten positiven Förderergebnisse nicht auf dem Inhalt des Frostig-Materials beruhen, sondern auf der Tatsache, daß der Erzieher sich über längere Zeit hinweg regelmäßig und intensiv mit dem Kind beschäftigt" (Sander, S. 67), eine Feststellung, die im Anschluß auch an andere "Lernprogramme und -methoden" ehrlicherweise getroffen wurde und als Hawthorne-Effekt in die Literatur Eingang gefunden hat.

1981

Violet **Oaklanders** Buch "Gestalttherapie mit Kindern und Jugendlichen", das in der Praxis entstand und für die Praxis geschrieben wurde, wird wie kaum ein zweites der Aufgabe gerecht, aufzuzeigen, wie Kinder zu verstehen sind und was für ihre Entwicklung, ihr Wohlergehen und ihr Leben von Bedeutung ist. Wir vermissen jedoch die vitalqualitative Fundierung. Von 387 Seiten Text sind eineinhalb Seiten jenen Aufgaben gewidmet, die zur Geschmacks- und Geruchserziehung beitragen können; für die Geruchserziehung handelt es sich fast ausschließlich um Erkennungs- und Differenzierungsaufgaben. Das ist wenig, aber es unterstreicht, daß das Training der anderen Sinne für vorrangig gehalten wird. Obschon an das "Zusammenwirken mehrerer Sinne" bei vielen Sinneseindrücken erinnert wird, bleibt der Mechanismus der sich mit Geruchseindrücken assoziierenden Speicherung im Lernprozeß unberücksichtigt.

1983

Erhard **Fischer** übt an den herkömmlichen Wahrnehmungsförderungsprogrammen Kritik dahingehend, daß diese fast ausschließlich die äußeren Eigenschaften von Dingen in den Mittelpunkt stellen (figürliche, farbliche Qualitäten u.ä.), dabei aber außer acht lassen, daß diese Dinge, eine Bedeutung haben. Er hält daher den Ansatz rein perzeptiver, auf Sinneserziehung ausgerichteter Konzepte für fragwürdig, weil er über reine Abstraktions- und Begriffsschulung nicht hinausgeht. Fischer stellt sich die Aufgabe nachzuweisen, daß Wahrnehmen mehr sei als Funktionieren oder die Summation formaler Qualifikationen (vgl. Fischer 1983, S. 2, 29, 30, 31). Bisherige Begriffserklärungen zur "Bedeutung" zugrundelegend (Rubinstein 7/1971, Gibson 1973, Holzkamp 3/1976), unterscheidet er beim Wahrnehmungsprozeß einen sensorischen und einen mehr kognitiven Aspekt, welch letzterer den sensorischen zur Voraussetzung hat. Die Einteilung entspreche der Unterscheidung von Perzeption als Informationsaufnahme und von Apperzeption als Auswahl, Bewußtwerden und Bedeutungszumessung (vgl. Fischer,E., S. 35). Dieselbe Doppelhaftigkeit des Wahrnehmungsprozesses unterstreicht auch G.Siewerth; für ihn ist, "was wir Sinn nennen (ist) ebenso das Vermögen wie die Bedeutung der Dinge, d.h. was sie uns bedeuten und sichtbar werden lassen. Darum hat der Mensch Sinne, wie die Erscheinungen einen Sinn haben" (Siewerth, S. 10). Den Begriff Wahrnehmung ersetzt Siewerth mit dem Begriff Gewahren; es hat den Charakter sinnenhaften Anschauens. Alle Worte für sinnliches Gewahren trügen Kennzeichen der "Selbigkeit" von Sinn und Sache (ebd., S. 11, 13).

Die Entscheidung, ob bei der Wahrnehmung figurale Merkmale oder Bedeutungen dominieren, fällt bei Fischer zugunsten der letzteren aus (vgl. Fischer,E., S. 71). Er bezeichnet die Entwicklung der kindlichen Wahrnehmung, wohl um sie von den theoretischen Konzepten der gängigen Wahrnehmungsförderprogramme abzusetzen, als Prozeß des Bedeutungslernens, der die Entwicklung der Wahrnehmung figuraler Merkmale optimiert (vgl. ebd., S. 112). Sein dementsprechendes Programm fußt dann auf der Feststellung, daß ein Geistigbehinderter "weniger Wahrnehmungsgegebenheiten aus der Umwelt figurmäßig" herausheben und erfassen kann, weil es an Erfahrungen und Bedeutungseinschätzungen mangelt (ebd., S. 126). Was bei Siewerth sprachlich Selbigkeitscharakter hat, wird von Fischer im Interesse seines Vorhabens stärker voneinander abgehoben. Das flüchtige Wahrnehmen figuraler Merkmale, bei Siewerth "Sinn" genannt, steht dem Bedeutungszumessen, bei Siewerth "Sache", gegenüber. Die deutsche Sprache geht in ihrer Freizügigkeit der Synonymität noch weiter und macht bei dem Antagonismus von Sinn und Sache, flüchtiger Erscheinung und Bedeutung nicht halt. Wegen seiner Vieldeutigkeit kann mit "Sinn" sowohl Wahrnehmungsorgan, verstehender Geist, Gedächtnis als auch Bedeutung eines Dinges für mich und Bedeutung des Dinges an sich und für sich gemeint sein; beim Verb "sinnen" schrumpft dies alles mehr oder weniger zur Eindeutigkeit im Sinne oder in der Bedeutung von "Nachdenken", "Überlegen", zusammen.

1984

A.Jean **Ayres** Arbeit versteht sich als Anleitung und Hilfe für pädagogische Laien, insbesondere für Eltern behinderter Kinder. Es geht vor allem um die Bedeutung der sensorischen Integration bei der Nacherziehung Behinderter. Motorische Unsicherheiten und Ausfälle sollen mittels gezielten Zusammenwirkens der "Hauptsinne" des Sehens, Hörens und Tastens gemildert beziehungsweise aufgehoben werden. In Kapitel 1 wird auch auf die zwangsläufige Zuschaltung des Geruchssinnes aufmerksam gemacht (Ayres, S. 7), der dabei helfe, zum Beispiel eine "Orange als Ganzes" (ebd.) zu erkennen. "Die umfassendste Entwicklung der Verarbeitung sinnlicher Wahrnehmungen erfolgt während einer sogenannten Anpassungsreaktion" (ebd., S. 8). Solche Reaktion erlerne bereits ein Baby (vgl. ebd.). Der Zeitpunkt, von dem ab das Baby sich hauptsächlich vom Geruchssinn für seine Reaktionen leiten läßt, wird nicht genannt. Die von der Umwelt frühzeitig hervorgerufene Hierarchisierung des Gesichtssinnes wird nicht als Ursache für die Verkümmerung des Geruchssinnes erkannt. Im Glossar finden sich Begriffe wie Aroma, Duft, Geruch und Riechen nicht. Das Buch birgt keinen direkten Baustein zum Thema.

Ergänzend sei hier angefügt: Die Geruchsorientierung wird beim Menschen und anderen Lebewesen um so schwächer ausgeprägt, je mehr sie sich auf andere Sinne verlassen können, auch wenn sich deren Schärfe erst im Laufe der Ontogenese verfeinert. Diese Verschärfung ist abhängig von der Entwicklungsfähigkeit, die beim Menschen ganz offensichtlich zugunsten Gesicht, Gehör und Getast in den Vordergrund tritt. Die Übergewichtung des Gesichtssinnes beruht auf dem Übermaß der ins Gehirn eintretenden visuellen Impulse, die etwa vierzig Prozent der Wahrnehmungsimpulse ausmachen (vgl. Grünewald 1971). Doch stützt sich die Umweltorientierung in einem höheren Maße als gemeinhin vermutet beim Neugeborenen, bei Kindern, zum Teil auch noch bei Jugendlichen, bei "Naturmenschen" und bei Behinderten (z.B. Blinden) eben auch auf den Geruch, den der Mensch üblicherweise als "angenehme oder unangenehme" Zugabe einer Objekt- oder Situationsausstrahlung empfindet.

1985

Den zwei Sonderschullehrerinnen Ingelid **Brand** und Vera **Maise** und dem Psychologen Erwin **Breitenbach** geht es um die Optimierung der Wahrnehmung über die Integration der Sinnesmodalitäten. Sie wollen Lernstörungen entgegenwirken bzw. sie aufheben. Schon aus den Verzeichnissen für die benutzten Testverfahren und Förderprogramme geht hervor, daß die angestrebte Sinnesintegration auf Gesichts-, Gehör- und Tastsinn beschränkt bleibt. Das mag für das angestrebte Ziel als ausreichend erscheinen, ist es wohl auch, angesichts des Alters der untersuchten und therapierten Schülergruppe, bei welcher der Geruchssinn (aus an anderer Stelle genanntem Grund) bereits verkümmert ist. Für die Integration des Geruchssinnes, der eine Differenzierung vorausgehen müßte, besteht außerdem kein direkter Anlaß, weil es im wesentlichen um das Erlernen der Kulturtechniken (Lesen, Schreiben, Rechnen usw.) geht, für deren Beherrschung gestalt-, raum-, zeit- und mengenkategoriale Aspekte erstrangig sind. Gleichwohl hat es in früherer Zeit Lehrer gegeben, die Buchstaben, also die schriftlichen Symbole für Laute, backen ließen und den Kindern zu essen gaben. Zum Seh-, Greif- und Geschmackserlebnis trat dabei sicher auch ein Geruchserlebnis, das bei der "Einverleibung" dann von mindestens motivierender, wenn auch nicht differenzierender, Wirkung gewesen ist, weil die gebackenen Symbole sich geruchlich ja nicht unterscheiden. Auch heute noch stellt die Lebensmittelindustrie Suppennudeln in Buchstabenform her, und der Verfasser erinnert sich seiner Syntheseübungen auf dem Tellerrand, wenn die Suppe zu heiß für das kindliche Empfinden gewesen ist. Dem Leser wird hier eine alte Volksweisheit, die zeitweise auch angezweifelt worden ist, so recht klar: Was Hänschen nicht lernt, lernt Hans nimmermehr. Fachleute sprechen zusätzlich davon, daß bestimmte Lerninhalte und -gesetzlichkeiten am besten in ganz bestimmten Entwicklungsphasen internalisiert werden. Für die intentionale Aktivierung des Geruchssinnes liegt diese Phase jedoch so früh, daß sie bislang nicht erkannt wurde, da ja der Säugling nicht in der Lage ist, darauf aufmerksam zu machen. Sie dauert nur so lange, bis der Gesichtssinn, der vom Erwachsenen herausgefordert wird, Übergewicht gewinnt; es ist der Zeitpunkt, in dem das Suchverhalten, statt wie bisher am Milchgeruch, zunehmend optisch orientiert ist. Gleichwohl gibt es in der Arbeit mit Schwerstbehinderten Bemühungen, auch den Geruchssinn zu aktivieren. Man geht davon aus, daß bei Kindern, die auch mit sechs Jahren weder visuelle noch auditive noch taktile Aktivitäten verraten, gerade dieser Sinn mit Erfolg eingespannt werden kann, da es bislang noch nicht zu einer Sinneshierarchisierung gekommen ist; darüber an anderer Stelle.

Zusammenfassend läßt sich sagen: Für die Stimmen zum Wahrnehmungstraining in der abgesteckten Zeit ist charakteristisch, daß die Bereiche Geruch und Geschmack weitgehend ausgeklammert bleiben. Auch die Warnung vor Überbewertung des Trainingseffektes sollte nicht überhört werden.

2. RIECHEN UND SCHMECKEN

Physiologische, neurologische und psychologische Komponenten

"Geschmack und Geruch beruhen auf einer selektiven und hochempfindlichen Reaktion spezialisierter Sinneszellen auf die Anwesenheit der Moleküle bestimmter Verbindungen" (Altner/Boeckh, S. 328).

Beim nasalen Einatmen wird der größte Teil der eingeatmeten Luft direkt in den Rachen hinuntergezogen. In den vorderen Nasengängen wird die Luft erwärmt, angefeuchtet, von Staubteilchen befreit und auf Beimengen geprüft, die den Geruchs- und Geschmackssinn irritieren oder schädigen könnten. Es gilt heute als gesichert, daß auch die Endfasern des Trigeminus, die in den vorderen Nasenteil eingelagert sind und denen bislang "eine bevorzugte Reaktion auf stechend oder brenzlig riechende Substanzen zugeschrieben" wurde, "zum Zustandekommen einer einheitlichen Geruchsempfindung" beitragen, was Beobachtungen an Patienten mit einseitiger Zerstörung dieses Nervs erkennen lassen (ebd., S. 306).

Einzelne Teile der eingeatmeten Luft (Riechmoleküle) dringen in die Riechspalte ein und gelangen zur Geruchsschleimhaut, dem Riechepithel. Es handelt sich um zwei je etwa zweieinhalb Quadratzentimeter große Schleimhautflächen am Dach der Nasenhöhle, die durch die Scheidewand voneinander getrennt sind. Diese Schleimhäute haben eine rötliche bis braune Farbe und sind der Sitz der eigentlichen, sich ständig erneuernden Riechzellen, welche ihrerseits Nervenenden markieren.
Im Bereich des Organs sind Stützzellen für die Riechzellen und schlauchförmige Drüsen (glandulae olfactoriae) eingelagert, welche die Riechzellen mit Proteinen, Lipoiden, Kolloiden u.a. ver-

sorgen, die zusammen eine Schleimhaut bilden, die das Riechepithel vor dem Austrocknen schützt und für den eigentlichen Geruchsvorgang und für die Geruchsleistung von Bedeutung sind. Vom Riechepithel ziehen feine Fasern (nervi olfactorii, fila olfactoria) durch das Siebbein in die Spitze des Riechlappens, der beim Riechvorgang anschwillt (Bulbus) und über Dendritenausläufer einen Faserzug, den Tractus, zur Weiterleitung der Informationsgrundlage veranlaßt.

Die Verarbeitung erfolgt im limbischen System, einem komplexen System des Zentralnervensystems, das aus dem lobus limbicus (Hirnlappen) und Basalganglien besteht und Verbindung zu anderen Hirnteilen hat. Das System ist Zentrum für Trieb- und Instinkthandlungen, Emotionen sowie Lern- und Gedächtnisfunktionen (vgl. Henning, S. 191 ff.; Altner/Boeckh, S. 331). Es ist bekannt, daß bereits beim Neugeborenen die Riechschleimhaut und die Reflexbahnen vom Riechnerven aus voll funktionieren, das heißt, daß Geruchseindrücke von Anfang an Lust- und Unlustgefühle hervorrufen. Der Verfasser hat einem achtzehn Tage alten schlafenden Mädchen Zitronenöl auf Löschblattpapier in fünf Zentimetern Entfernung unter die Nase gehalten mit dem Erfolg, daß der Mund geöffnet, die Zunge vorgestreckt und Schmatzlaute erzeugt wurden. Für ein Kind dieses Alters kann Zitronengeruch noch nicht zu den Nahrungsgerüchen zählen, und doch war seine Reaktion positiv, was voraussetzt, daß es den Duft als angenehm empfand. A.**Corbin** vertritt die Ansicht, daß das Kleinkind bereits imstande ist, an den Körperausdünstungen männliche und weibliche Personen zu erkennen bzw. zu unterscheiden. Er geht noch weiter: "dank der Differenz zwischen Hören und Riechen gewinnt er (der Säugling) ein erstes Raumgefühl" (Corbin, S. 282). Das bedeutet: eine entferntere Person wird nur gehört, kommt sie ganz nahe heran, wird sie auch gerochen. Das häufige

Erleben von Nur-hören und Auch-riechen verschafft Distanzerkenntnisse, die das Raumgefühl anbahnen. Geruch und Geschmack (Zitronenöl: Schmatzen) werden also schon beim Kleinkind komplex erlebt, wie dies denn auch für den Erwachsenen noch zutrifft. Für die Bestätigung dieses komplexqualitativen Erlebens bedarf es keiner Versuche, die für einen Probanden unangenehm oder schmerzlich sind, wie nachzuweisen ist. Wir verzichten also darauf, die Wirkung stark stechender Gerüche, welche die vordere Nasenschleimhaut reizen und reagieren lassen, zu überprüfen und halten bei Selbst- und Fremdversuchen Säuren, Ammoniak, scharfe Gase und dergleichen aus dem Spiel (vgl. Henning, S. 267).

Henning nennt bereits 1924 neunzehn Möglichkeiten zur Analyse der Komplexanteile bei Riechen und Schmecken, die hier im einzelnen nicht überprüft werden sollen (vgl. ebd., S. 266). Er erinnert daran, daß es auch einen nasalen Geschmack gibt, der mit dem Geschmackssinn der Zunge nicht identisch, wohl aber ähnlich sei, da beide sich aus einem allgemeineren primitiven chemischen Hautsinn differenziert hätten (vgl. ebd., S. 268). Eins von Hennings Bekenntnissen zur Evolutionstheorie! Er lehnt es ab, "die verschiedenen Sinnesgebiete übergangslos in allzu starre Rubriken einzuordnen" und gibt hierfür eine physiologische Erklärung: der Geschmack werde von "ganz verschiedenen Nerven versorgt (nervus facialis, glossopharyngeus und vagus), welche daneben noch andere Funktionen haben" (ebd.).

Eine solche übergangslose Einteilung und Charakterisierung der chemischen Sinne findet sich bei H.Altner und J.Boeckh, die den Unterschied je verschiedener morphologischer und physiologischer Kriterien recht deutlich macht (vgl. Altner/Boeckh, S. 328).

Wenn es um Geschmacksgerüche gehe, sei der nasale Geschmack weit empfindlicher als der der Mundorgane; er registriere vor allem die gasförmigen Reize, die Zunge nur gelöste. Das könne dann bei demselben Stoff zu gegenteiligen Erlebnissen führen (vgl. Henning, S. 268 f.). So lassen die Geschmacksrezeptoren der Zunge den Wein lediglich als etwas Saures oder Süßes, bei Überschwefelung auch als Bitteres erleben. Das Bukett schmeckt nur, wer die Flüssigkeit im gesamten hinteren Mundraum ausbreitet, so daß auch "die obere hintere Seite des Gaumensegels" umspült wird (ebd., S. 270). Das volle Aroma kommt aber auch hierbei noch nicht zur Geltung, keineswegs bei willkürlichem Verschluß des Mundraumes durch die Zungenstellung für den g- oder k-Laut, bei der weder ein- noch ausgeatmet werden kann (vgl. ebd., S. 267). Vielleicht hat diese Möglichkeit eines (willkürlichen) Verschlusses von Mund- und Nasenraum zu der von Aristoteles irrtümlich vertretenen Annahme eines Deckels geführt, der das Geruchsorgan verschließt und nur beim Einatmen geöffnet wird. Schon **Galen** hat diese Deckeltheorie rundweg abgelehnt (Galen, S. 49; Kom., S. 106 f.). Henning ist der Meinung, daß der "Rachen bis herauf an die Rückseite des weichen Gaumens" und die Zungenbasis als alleinige Endapparate des nasalen Schmeckens zu gelten haben (Henning, S. 269). Man kann sich selbst davon überzeugen, daß eine Mitbeteiligung der "regio olfactoria" dabei unbedingt einzukalkulieren ist. Wir erinnern wieder an den Weingenuß: er wird erheblich verstärkt, wenn man nach Anfeuchten des gesamten Mundraumes bei geschlossenem Mund und unter Schmeckbewegungen der Zunge durch die Nase ausatmet; jetzt erst vermittelt sich das volle Bukett! Dies entspricht zwar nicht den Gepflogenheiten schlürfender Weinprobierer, ist aber von jedermann nachprüfbar. Warum übrigens bläst man den Tabkrauch durch die Nase aus? Der rechte Genuß stellt sich eben nicht schon beim bloßen Inhalieren, sondern beim Ausblasen durch die Nase ein. Der Raucher verschafft sich diesen Genuß bewußt, beim Weintrinken jedoch wird die Aromaverstärkung durch Nasenausatmen nicht bewußt und ist auch Weinliebhabern ganz offensichtlich nicht bekannt. Was vom Wein gesagt ist, gilt auch für andere alkoholische und stark aromatische Substanzen. Es steht heute außer Frage, daß die Komplexität des Geschmacksriechens eine Mischempfindung ist, die durch die Beteiligung des Riechepithels erklärt wird (vgl. Altner/Boeckh, S. 328). Für die flüchtigen Alkoholbestandteile wie für den Tabakrauch ist die Atmung als Mitverursacherin des komplexen Erlebens nicht auszuschließen, und in besonderem Maße muß das Ausatmen durch die Nase als Grundfunktion des Geschmacksriechens hervorgehoben werden, was bislang zu wenig Beachtung gefunden hat. Henning ist also durchaus zuzustimmen, der den engen Zusammenhang zwischen Geruch und Geschmack weniger vom Schmecken als vom Riechen her erklärt (vgl. Henning, S. 272).

Bisher war die Rede vom Geschmacksriechen, was bedeutet, daß dem Riechorgan sich mitteilt, was im Mundraum als Riechkomponenten vorhanden ist. An anderer Stelle ist der Salz- bzw. Chlorgeruch des Meeres hervorgehoben. Doch man schmeckt das Salz (Chlor) auch auf der Zunge, wenn man lediglich durch die Nase einatmet. Es muß also neben der Verbindung von unten nach oben auch eine Beeinflussung von oben nach unten, also von der Nase zum Mund geben, und dies trotz qualitativ spezifischer Reizrezeptoren für Geruch und Geschmack. Dies ist der Grund, weshalb Riechen und Schmecken im Regelfall komplexqualitative Erlebnisse sind. Wer kalte Luft rein nasal einatmet, spürt, und dies ist morphologisch bedingt, eine leichte Unterkühlung der Rachenwand; dort schlägt sich auch nasal eingeatmeter Alkohol spürbar nieder, nur dauert es etwas länger, bis das empfunden, also geschmeckt wird, "da der Luftstrom früher Teilchen an die Riechschleimhaut abgeben kann als an die Geschmacksapparate" (ebd., S. 270). Das Ergebnis ist dann ein Geruchsschmecken als umgekehrter Vorgang des Geschmacksriechens.

Die knappe Darstellung des komplexen Vorganges des Riechens und Schmeckens läßt die Anteile chemischer und physikalischer Effekte nicht erkennen; auch die physiologischen, morphologischen und neurologischen Elemente sind längst nicht vollständig erwähnt worden. So könnte der Hinweis, der Tractus habe die Weiterleitung der Informationseingaben zu bewerkstelligen, als eine allzu vereinfachende Erklärung beurteilt werden, da eine Reihe anderer wichtiger Bau- und Funktionselemente völlig unerwähnt bleibt.
Was die verkürzte Schilderung beabsichtigt, ist die Betonung des relativ kurzen Weges der Information zum limbischen System, die notwendig erscheint, die grundlegende These dieser Schrift hervorzuheben, daß nämlich die Geruchsinformation auf kürzestem Wege ins Verarbeitungszentrum gelangt (vgl. Popper/Eccles, S. 307, 334, 420, 472), worauf auch Honoré de Balzac schon hingewiesen hat: Der Geruchssinn steht "in unmittelbarerer Beziehung als die anderen zum Zerebralsystem"; Störungen führen zu "unmerklichen Erschütterungen in den Denkorganen" (Balzac, S. 493). Eine erschöpfendere Darstellung könnte hier jeden an dieser Tatsache zweifeln lassen, der sich nicht in den noch weit komplizierteren Systemen der übrigen Sinnesmodalitäten auskennt.

Ein Problem ist freilich noch zu erörtern, und dabei geht es nicht ganz ohne Zuhilfenahme der Chemie ab. Jedermann hat die Erfahrung gemacht, daß Geruchserlebnisse von kurzer Dauer sind, wenn die Geruchssubstanz nicht präsent bleibt. Wie ist dies zu erklären? Nun, der Riechvorgang ist vordergründig ein chemischer

Prozeß, dasselbe gilt auch für das Schmecken. Man riecht, weil Duftpartikel von der Oberfläche des Riechepithels absorbiert werden. In der grundlegenden Theorie Hennings heißt es wörtlich: "zunächst gelangen die Duftpartikel durch Adsorption an die Oberfläche der Zellhaut selbst" (Henning, S. 205). Hier setzt dann ein chemischer Prozeß ein; die Riechmoleküle werden, sobald sie in die Schleimhaut eingedrungen sind, aufgespalten, und die Spaltungsprodukte gehen mit den im Epithel vorhandenen körpereigenen Stoffen eine chemische Verbindung ein, wodurch eine "Erregungsleitung im Geruchsnerv nach den zentralen Teilen" entsteht (ebd.). Die Riechmoleküle sind also nicht mehr intakt, wenn sie ihre Reizrolle erfüllt haben. Vielleicht ist es berechtigt anzunehmen, daß die Vorgänge während des Spaltungsprozesses und dessen Ergebnisse, nicht schon der eingeatmete Duftstoff selbst, letztlich Verursacher des Riecherlebnisses sind. Dieses ist daher nur kurzfristiger Natur und überdauert den chemischen Prozeß in der Regel nicht. Jedenfalls lassen Nasenschleimhäute und das Nasensekret nach dem Prozeß nichts mehr von dem eingeatmeten Stoff erkennen, sie riechen nicht danach. Ohne neue Riechquelle haben wir kein olfaktorisches Erlebnis (vgl. ebd., S. 205 f.). Dies gilt im wesentlichen auch für den Geschmack, wenn auch in abgeschwächter Form. So ist die Nachwirkung etwa eines oral eingeatmeten Inhalierstoffes (Menthol, Campher, Methylsalizylat und Bronylazetat) im Mundraum länger wahrzunehmen als bei nasaler Einatmung im Nasenraum. Eine Mitbeteiligung durch das Riechepithel kann hier auch bei oraler Aufnahme nicht ganz ausgeschlossen werden, sie macht sich jedoch, wie bei Wein und Tabakrauch, erst beim nasalen Ausatmen bemerkbar. Die verlängerte Nachwirkung im Mundraum kann sowohl auf die Größe der Schmeckfläche als auch auf eine andere Beschaffenheit der Geschmacksrezeptoren zurückgeführt werden.

Die Darstellung der Vorgänge beim Riechen und Schmecken hätte von der Erwähnung der Zusammenhänge zwischen physiologischen und psychologischen Komponenten profitieren können. Hierüber finden sich in der modernen Literatur viel zu wenig Anhaltspunkte, weil in der Regel schon die physiologischen und biologischen Grundlagen des Riechens viel zu knapp abgehandelt werden; dies gilt zum Beispiel auch für die neueste Auflage von R.Bösels "Physiologische Psychologie" (Bösel 1987). Auf eine umfassendere Literaturanalyse speziell zur Neurologie und Physiologie des Geruches kann jedoch verzichtet werden, da sie für unser Thema, dem es um die Möglichkeiten olfaktorischer Beeinflussung des kognitiven Bereiches geht, im Moment keinen zusätzlichen Beitrag leisten kann. Es gibt dafür recht sporadische Hinweise, und die sind den wenigsten bekannt. Auch die Parfumindustrie unserer Zeit betont lediglich die emotionale und soziale Wirkung ihrer Produkte, nicht eine kognitive. Dabei hat bereits Henning mehrmals gerade diesen Aspekt des Geruchs hervorgehoben, wobei er den damals modern gewordenen Begriff eidetischer Effekte zweifellos überdehnt (vgl. Henning, S. 34, 44, 45 f., 79, 287 ff., 421).

Eine Hauptrolle beim Geruchsgedächtnis und bei Erinnerungen, die durch Gerüche wachgerufen werden, spielt dabei die Assoziation. Da die Psychologie noch nach dem ersten Weltkrieg dieses Phänomen stark betonte, nannte man sie Assoziationspsychologie; weil sie in der Verbindung oder Verknüpfung einzelner Elemente unter anderem hin zum reproduzierbaren Vorstellungsbild die Hauptursache erblickte, wurde sie später abschätzig als Elementenpsychologie verschrien. Für die durch Gerüche hervorgerufenen Erinnerungsbilder gilt jedoch nach wie vor, daß sie zustandekommen, weil der Geruch beim Urerlebnis eine Rolle gespielt hat; er hat sich mit einem Ereignis verbunden, das in erster Linie z.B. auf visuellen Eindrücken beruhte.

Beide, Geruch oder das gespeicherte Bild, können sich gegenseitig wecken, wenn ein Umweltkontext, der dem Urerlebnis ähnlich oder fast gleich ist, das eine oder das andere aktiviert. Man könnte freilich auch sagen, das gelinge nur, weil wir ganzheitlich erleben. Doch wäre das nichts weiter als ein berechtigtes Zugeständnis an eine andere Psychologie, die sich Ganzheitspsychologie nannte, und die augenblicklich, jedenfalls was die Sinneswahrnehmung betrifft, unter dem viel strapazierten Begriff der Integration wieder an Beachtung gewinnt (vgl. Brand u.a.).

Es wurde bereits darauf hingewiesen, daß die emotionale Seite des Geruchserlebens in der Literatur besondere Beachtung gefunden hat. Henning betont vor allem die Subjektivität, die Geruch und Geschmack gleichermaßen beeinflußt. Er begründet dies im Kapitel "Gefühlsleben und Geruch" (Henning, S. 24 ff.) magisch-entwicklungspsychologisch.

> "Es dürfte wohl kaum einen Geruch geben, welcher bei sämtlichen Menschen dieselbe Gefühlsfärbung aufweist: was dem einen angenehm erscheint, wirkt auf andere unangenehm oder gar ekelhaft. Deshalb kann man das Gefühl, welches sich mit einem Geruch verknüpft, nicht als dessen angeborenen attributiven Gefühlston bezeichnen" (ebd., S. 24).

Die Gefühlsfärbung ist für Henning sozialpsychologisch bedingt. A.Corbin drückt das so aus: "Das Riechorgan, Sinn des sozialen Widerwillens, ist auch der Sinn der Verwandtschaften" (Corbin, S. 270).

Es kommt darauf an, in welcher Umwelt ein Mensch wohnt, ob er einen Geruch oder Geschmack akzeptiert oder ablehnt.

> "Ursprüngliche Quelle solcher Gefühlsbetonungen ist ersichtlich ein magischer Komplex, welcher zunächst als ma-

gisches Gebot und später abgeblaßt im Wege der Tradition als Sitte oder Brauch weiterwirkt. Die Gewohnheit als solche kann sie zwar verstärken oder abschwächen, aber niemals begründen. Ob etwas Gewohnheit werden kann oder nicht, und ob der Genuß ekelhaft oder annehmlich ist, das hängt zunächst von jenem primären Vorgang ab. Es kommt einfach gar nicht zur Gewohnheit, wenn er dagegen spricht" (Henning, S. 25).

Die traditionelle angenehme oder unangenehme Gefühlsfärbung für viele Düfte geht demnach auf ursprünglich magische Komplexe zurück. Bestimmte Pflanzen und deren Gerüche waren Göttern heilig, sie repräsentierten je einen bestimmten Gott. Der ursprüngliche Sinn verblaßt, "allein ein bestimmtes Etwas bleibt zurück, die Note ist einmal fixiert und wird auch ohne genaue Kenntnis in die primären Bedingungen an die späteren Geschlechter überliefert. Diese nehmen durch Gewohnheit und Nachahmung die traditionelle Färbung in sich auf" (ebd., S. 26), was "die relative Gleichheit der Erlebnisse für die Angehörigen eines Kulturkreises" (ebd.) erklärt.

Was für den Geruch gilt, trifft auch für den Geschmack zu. Speisemeidungen sind "magischen Ursprungs, sie gehen auf magische Verbote oder Tabuierung zurück, sie erhalten sich durch Nachahmung und wirken als Sitte und Brauch noch lange nach, wenn das Magische längst verblaßte. Die Meidung geht also nicht auf den Abscheu, sondern der Abscheu geht auf die Meidung zurück" (ebd., S. 29). Wenn viele von uns sich den Genuß von Pferdefleisch verbieten, liegt das nicht daran, daß es einen Grund zur Abscheu gebe - es gibt tatsächlich nur "nachträglich rationalisierende" Gründe (ebd.) -, sondern daran, daß sich unsere Vorfahren von Bonifatius davon überzeugen ließen, Pferdefleischessen sei ein Rückfall ins Heidentum. Ähnlich verhält es sich mit dem Meidegebot für Schweinefleisch bei den Juden. Es ist nicht "treife", also unrein, verboten (im Gegensatz zu "koscher"), weil das Schwein schmutzig sei, sein Fleisch Trichinen enthalten kann und dergleichen, sondern ursprünglich, weil das Tier den benachbarten Nichtjuden als heilig galt, und weil es darum ging, sich von dem Götzendienst dieser Völker abzusetzen, ja abzuheben (vgl. ebd.). Aus Angst, sich mit dem Genuß verbotenen Fleisches zu besudeln, hatte und hat fast jede größere Judengemeinde einen eigenen Metzger, der nur Tiere "schächtet" (nach jüdischer Vorschrift schlachtet), deren Fleisch nach jüdischem Kodex nicht als "treife", sondern als "koscher" gilt, und zu den verbotenen Tieren zählt nicht nur das Schwein.

Sicher gibt es auch geruchliche und geschmackliche Vorlieben oder Vermeiden, die nicht durch solche nachträgliche Rationalisierung zu erklären sind; sie können einen willensmäßigen Einschlag (vgl. ebd., S. 31) haben. Wer satt ist, dem sagt der Speisegeruch nichts mehr, und wer sich einen Überkonsum von Zigarren oder Zigaretten zugemutet hat, den stört der Rauch; wer sich eben übergeben hat oder zusehen muß, wie sich einer übergibt, verliert jeglichen Appetit auf Speise und Trank und deren Geruch (vgl. ebd.). Auch die Gewohnheit (vgl. ebd., S. 31 f.) spielt für Vorlieben und Vermeiden eine Rolle. Jeder hat die Erfahrung machen können, daß es Gerüche und Geschmäcke gibt, die er erst nach einer bestimmten Zeit der Eingewöhnung für angenehm gehalten hat, wie die Geschichte jenes Mannes berichtet, der am Essen seiner zweiten Frau das Gewürz seiner "Seligen" vermißte; sie hatte es immer anbrennen lassen.

Der verschiedenartigen Erlebnisstruktur des Geruchs widmet Henning ein eigenes Kapitel (vgl. ebd., S. 275-286). Er unterscheidet den Gegebenheitsgeruch vom Gegenstandsgeruch. Vereinfacht ließe sich der Unterschied an der sprachlichen Doppeldeutigkeit des Geruchsbegriffes erklären, wie Siewerth das getan hat. Mit Geruch kann sowohl unser Vermögen zu riechen gemeint sein als auch der einem Gegenstand anhaftende Duft, der für uns zu einer Art Sinnträger wird (vgl. Siewerth, S. 10); doch warnt Henning vor der Verwechslung zweier subjektiven Erleben und der erkenntnistheoretischen Scheidung zwischen Erscheinung und Ding (vgl. Henning, S. 281). Der Gegebenheitsgeruch wird in unserem Nasenraum lokalisiert, ohne daß uns dabei bewußt zu werden braucht, von welcher Substanz er ausgeht. Dieser Gegebenheitsgeruch ist also ein vom Duftträger losgelöster Geruch, ein Geruch an und für sich. Es kann ihn wahrnehmen, wer auf einer Bank sitzend im Fichtenwald oder in einem Park vor sich hinträumt, ohne daß er die Augen öffnet, ohne daß er die Herkunft zu erklären versucht.

Häufiger im Alltagsleben ist der Gegenstandsgeruch, bei dem mein Blick kontrolliert, woher der Duft kommt. Die Lokalisation der Duftquelle erfolgt also gleichzeitig oder fast gleichzeitig durch den Geruchs- und den Gesichtssinn, was nicht zu der Fehleinschätzung führen darf, daß dem Gesichtssinn dabei in jedem Fall eine Favoritenrolle einzuräumen wäre, denn der leitende Sinn etwa in Richtung auf einen Blumenstrauß kann durchaus der Geruchssinn sein, und der Gesichtssinn überzeugt mich dann von der Richtigkeit der geruchlichen Ortung. Dies darf aber nicht Veranlassung sein, im Sehen den Rahmen der Sinnestätigkeit zu erblicken, "in den alle anderen Sinnesbeiträge eingebaut werden" (Hoffmann-Axthelm, S. 36). Eine Käse- oder Schokoladenattrappe vermag ich visuell nicht, wohl aber geruchlich von den Originalen zu unterscheiden. Es kann also praktisch jeder Sinn Kontrollfunktion für einen anderen ausüben, und die übergewichtige Instanz muß beileibe nicht immer der Gesichtssinn sein, wenngleich auch Henning die Bedeutung des optischen Anteils bei einigen Komplexstrukturen herausstellt (vgl. Henning, S. 279 ff.). Für Henning gibt es auch Komplexqualitäten, die sich aus Gerüchen, Tönen und Farben zusammensetzen, und diese seien durchaus anschaulich-sinnlicher Natur (vgl. ebd., S. 281 ff.). Doch ist es sicher erlaubt, solchen Synästhesien einen subjektiven Charakter oder Ursprung beizumessen; sie sind abhängig vom Erlebnishintergrund eines Menschen, und die im Einzelexperiment getroffene Zuordnung etwa eines dumpfen Tones zu einem "dumpfen Geruch" erlaubt die Frage, ob denn jeder Mensch, einige oder nur wenige, auch einen Geruch als dumpf bezeichnen würde, wie dies bei Tönen üblich ist.

3. OLFAKTORISCHE HÖCHSTLEISTUNGEN IM TIERREICH

Wenn heute viele Nichtfachleute sich für Tatsachen und Zusammenhänge interessieren, die auch unser Thema tangieren, ist das nicht zuletzt das Verdienst des bekannten Verfassers von Sachbüchern und Zeitschriftenartikeln Vitus B.**Dröscher**, geb. am 15. Oktober 1925 in Leipzig.

Er studierte von 1948 - 1952 in Hannover. Bis 1954 war er Mitarbeiter im Experimental-Labor der Atlas Werke in Bremen, in dem elektromedizinische Geräte entwickelt werden; unter anderem wurde dort eine Unterwasser-Forschungsanlage zum Abhören und Zurückspielen der Sprache von Meeresfischen für den Tiefseeforscher Hans Haß gebaut. Seit 1954 ist Dröscher als freier Schriftsteller tätig. Seine Veröffentlichungen gelten vor allem den Bereichen der Biologie und der Tierverhaltensforschung.

Dröscher, dem wir u.a. einige inhaltlich äußerst interessante und sehr anschaulich und lebendig verfaßte Sachbücher über das Tierverhalten verdanken, leistete bereits vor zwei Jahrzehnten eine Reihe von gut fundierten Beiträgen zum olfaktorischen Bereich. Er stützte sich dabei auf die Forschungsergebnisse einschlägiger Wissenschaftler. Aus Dröschers Zusammenstellung kann man unter anderem erfahren (vgl. Dröscher, S. 107 ff.): In den Jahren 1955 - 1961 veröffentlichte Walter Neuhaus, damals Parasitologe und Sinnesphysiologe in Erlangen, Forschungsergebnisse zur Riechfähigkeit und Fährtenreinheit des Hundes (vgl. Umschau, S. 55, 58, 61), die unter anderem "erkennen" lassen, warum das Riechvermögen dieses Vierbeiners so viel besser ist als das des Menschen. Es kommt nicht auf die Länge der Nase an, ob Tier oder Mensch gut riechen! Dies vorab in Analogie zum Hirngewicht, das nicht das allein Ausschlaggebende für die Intelligenz ist, sonst wären die Neandertaler, die ein größeres Hirnvolumen als wir Heutigen hatten, nicht ausgestorben. Es kommt vielmehr auf die Größe der Riechflächen, auch Riechepithel genannt, deren Sitz und Funktionsweise an. Beim Menschen beträgt diese Fläche 2mal 2,5 Quadratzentimeter, und sie sitzt zudem ganz weit hinten und oberhalb des Luftkanals. Die Riechfläche der Schäferhundnase beträgt jedoch 120 Quadratzentimeter, ist also 24mal so groß wie die der Menschennase. Noch drastischer fällt der Vergleich der Anzahl der Riechsinneszellen aus: beim Menschen sind es 10 Millionen, beim Schäferhund 200 Millionen, also 20mal so viel (Größen- und Mengenangaben sind nicht einheitlich). Auch andere Hunderassen, die zwar die Riechqualität des Schäferhundes nicht erreichen, übertreffen die des Menschen doch bei weitem. Aus Größen- und Mengenvergleich der Riechflächen und der Riechsinneszellen läßt sich jedoch nicht einfach folgern, der Schäferhund rieche 20- bis 24mal besser als der Mensch!

Das Riechvermögen läßt sich mit dem sogenannten Olfaktometer messen. Das Ergebnis: Der Hund riecht einmillionmal besser als der Mensch. Ein schier unvorstellbares Verhältnis, das mit dem Größen- und Mengenvergleich der Flächen und Zellen überhaupt nicht übereinstimmt. Einfach mit Potenzierung anstatt mit Multiplikation zu argumentieren, hilft da auch nicht weiter. Vielleicht schafft es unser Analogon, das Gehirn; von ihm weiß man: nicht die Größe, sondern die Feinheit der Strukturierung und die dadurch gewonnene größere Funktionsfähigkeit ist ausschlaggebend. So müssen wir auch an eine feinergeartete Strukturierung des Hunderiechorgans und damit an eine unvergleichlich verfeinerte und spezialisierte Funktionsweise denken. Dieses andersgeartete Funktionieren verhilft dem Hund zu einem Geruchsgedächtnis, das unsere Speicherungsfähigkeit für Bilder, Worte und Begriffe einfach in den Schatten stellt.

Tierischer und menschlicher Geruch besteht aus einer Mischung von Buttersäuren. Auch der Mensch nimmt diesen Geruch im geschlossenen Raum oder bei Körperkontakt wahr, der Hund aber riecht ihn im Freien auf große Entfernung, und die abnehmende Duftintensität eines nicht sichtbaren, sich entfernenden Säugers (Mensch oder Tier) verrät ihm die Richtung, in der er ihn zu suchen hat. Doch der Buttersäuregeruch und die darauf spezialisierte Hundenase allein erklären die Riechleistung des Hundes nicht. Man kann ihn auf organische Schmuggelware jedweder Art abrichten, er lernt und lernt; bekannt ist auch, daß der Hund Dinge aus anorganischen Substanzen findet, wenn sie den Geruch eines Menschen tragen, der sie berührt hat; er braucht diesen Menschen nicht einmal zu "kennen", es genügt, wenn wir ihm ein Besitz- oder Berührungsstück dieses Menschen vor die Nase halten, daß er sich "ein Bild" von diesem Menschen machen kann. Er wird den gesuchten Gegenstand finden. Daß der Hund "Duftmarken" mit seinem Urin setzt, ist allgemein bekannt. Auch zahlreiche andere Säuger haben über die Sexualstimulation hinaus die Möglichkeit, ihr Territorium abzustecken und ihre Familienzugehörigkeit zu erkennen und zu bekennen (vgl. Karweina, S. 255).

Als hochspezialisierte Olfaktoren werden unter anderen eine Reihe von Wassertieren erwähnt. Die nordamerikanische Schnappschildkröte ortet den Kadavergeruch auf große Entfernung und findet zielsicher das Freßobjekt. Auch Fische und Seesterne orientieren sich mit ihrem hochempfindlichen Geruchssinn. Ja, sie verständigen sich, indem sie über körpereigene, fein dosierbare Duftstoffe Mitteilungen machen bzw. empfangen. So gibt es, um nur einige zu nennen, Sexual-, Warn- und Schreckduftstoffe. Der Nobelpreisträger Adolf Butenandt hat diese Duftstoffe Pheromone genannt (vgl. Butenandt, S. 457-464). Eine Parallele zu Patrick

Süskinds Titelhelden im Krimi "Das Parfum" findet sich unter Kleinsäugern. Dem Titelhelden fehlt von Anfang an jeglicher Körperduft; das schreckt schon seine Amme ab, eben weil er nicht riecht, wo doch ein normales Kind an den Füßen nach frischer Butter, am Körper nach einer in Milch gelegten Galette und am Kopf nach Karamel rieche bzw. zu riechen habe (vgl. Süskind, S. 17). Auch junge Kaninchen "riechen" nicht. Selbst der Fuchs, älterer Kaninchen ärgster Feind, riecht die von der Mutter im Sand eingegrabenen Jungtiere auch aus nächster Entfernung nicht, wogegen er von ihm selbst im Sand vergrabene Möwenkadaver noch aus 3 Metern Entfernung "entdeckt". Diese Leistung beruht nicht auf visueller Standortwiedererkennung, wozu der Fuchs unfähig ist, es handelt sich einzig um eine Geruchsleistung. Was dem Romanhelden Süskinds zum größten Ärgernis wurde, daß ihm jegliche Duftaura abging, gereicht dem Jungkaninchen zum Schutz und Überleben.

Vom Geheimnis der Aale wurde und wird immer wieder berichtet. Ihr Zug von der Sargassosee (Mittelamerika), ihrem Brutgebiet, nach Osten bis in die europäischen Flußläufe hinein ist Forschungsgegenstand mehrerer Wissenschaftsdisziplinen. Ebensolche Wanderungen kennt man von den Lachsen. Ihre Brutplätze sind obere Flußläufe, von denen sie zu einem siebenjährigen Salzwassertrip ins Meer wandern, um dann zum Ablaichen und Sterben wieder in den Heimatfluß zurückzukehren. Und diesen Fluß finden sie mit ans Unwahrscheinliche grenzender Sicherheit. Den Beweis dafür lieferten die Ergebnisse eines Mammutexperiments, beschrieben 1939 von den Kanadiern W.A.Clemens, R.E. Foerster und A.L.Pitchard (vgl. Clemens u.a., S. 51-59). Fast 470.000 auswandernde Lachse wurden markiert, Jahre später von diesen Fischen 10.958 wieder eingefangen, im gleichen Fluß, und nur in diesem! Was hat sie den Rückweg finden lassen? Der Ge-

ruch des Wassers! Durch Duftstoffe der jeweiligen Pflanzenwelt wird er für jeden Fluß bis hin zum Mündungsgebiet charakteristisch und für die Tiere wieder erkennbar. Langwierige Versuche haben den Zoologen Arthur D.Hasler zu diesem Resultat geführt (vgl. Hasler, S. 302-310).
Was für die Lachse gilt, trifft auch für die Aale zu. Der Aal erkennt einen Fingerhut voll künstlichen Rosenduftes, vermischt mit der 58fachen Menge des Bodenseewassers, wieder; damit übertrifft er die Riechleistung eines Spürhundes. Diese Feststellung ist Forschungsergebis von Harald Teichmann an der Universität Gießen (vgl. Teichmann, S. 242).

Bei den Beispielen von Aal und Lachs geht es um Orientierung über den Geruch. Fische sind auch zu anderen Geruchsleistungen fähig. Düfte und Gerüche sind Hauptkommunikationsmittel. Das Wasser leistet zur Verbreitung der vom Fisch ausgesandten Duftmitteilungen den Dienst als Kommunikationsträger von Fisch zu Fisch, von Schwarm zu Schwarm. Der Nobelpreisträger Karl von Frisch, Biologe, kam zu diesem Ergebnis, als er gar nicht den Geruch, sondern die Hörfähigkeit von Elritzen, einer kleinen Karpfenart, prüfen wollte. Er stellte dabei fest, daß ein verletztes Fischlein einen Schreckstoff absondert, der etwa 20 Sekunden braucht, um sich im Wasser auszubreiten. Nehmen andere Elritzen, aber nur diese und auch nur Tiere, die älter als 4 - 8 Wochen sind, diesen arteigenen Duft wahr, dann flüchten sie; der Schreckstoff wird zum Warnstoff; er wirkt auch noch in großer Verdünnung, allerdings nur "am Tatort", wie G.Karweina das treffend ausdrückt. "Wenn man aus einem Fünftelgramm Elritzenhaut einen Aufguß macht, diesen filtert und mit 125 Litern Wasser verdünnt, lösen ein paar Tropfen davon immer noch Alarm im Aquarium aus" (Karweina, S. 253). Das Geruchskommunikationssystem ist bei manchen Fischarten so empfindlich, daß sich damit sogar emotionale Befindlichkeiten ausdrücken und verstehen lassen, wie wir das lange nur vom Hund wußten, der am liebsten den beißt, bei dem er Angstpheromone wittert (vgl. ebd., S. 253).

In der Insektenwelt spielt der Geruch die fundamentale Kommunikationsrolle. Schmetterlinge, Falter, Fliegen aller Art, Käfer, Ameisen, Bienen u.a. verständigen sich über Duft und Geruch. Wer eine Mitteilung zu machen hat, "duftet", und wer das geruchlich wahrnimmt, "versteht" und reagiert. Bei Schmetterlingen und Faltern ist es das Weibchen, das duftet, wenn es liebesbereit ist. Nur ein Zehntausendstel Milligramm eines bestimmten Duftstoffes bildet das Reservoir dieses Tierchens. Ein geringer Teil davon genügt, um die Luft auf Kilometer hin so anzureichern, daß die feinen Geruchsantennen des Männchens - sie sehen wie Fühler aus - fündig werden und das Tier zur Reaktion veranlassen. Die sexgesteuerten Anflugleistungen sind untersucht worden. Entfernungen von elf und mehr Kilometern werden dabei überwunden (vgl. Butenandt). Der Zoologe Martin Lindauer schätzt die Anzahl der Lockpheromone im Insektenreich auf etwa eine halbe Million (vgl. Lindauer, S. 100). Mit Hilfe künstlich erzeugter Sexualstoffe werden schon seit zwei Jahrzehnten eine Reihe von Schadinsekten in die Falle gelockt und vernichtet. Noch ist es nicht soweit, alle Schädlinge auf so "umweltfreundliche" Art auszurotten. Es stellt sich allerdings die Frage, ob der Mensch zu beurteilen vermag, wohin sein Vernichtungsfeldzug, ob mit Insektiziden oder Duftfallenstellerei, letztendlich führt.

So manchem Kleingärtner sind Ameisen ein Dorn im Auge, und er versucht, sie mit allen erdenklichen Mitteln zu vertreiben oder zu vernichten. Doch sie sind zäh und tauchen immer wieder auf, meistens sogar an derselben Stelle, an der ihnen der Krieg erklärt worden ist. Es nützt offenbar wenig, sie mit heißem Wasser zu verbrühen oder mit speziellen Giftstoffen zu töten. Man erwischt immer nur jene Exemplare, die an der Oberfläche ihren Dienst tun. Alle übrigen sind gewarnt, sie verziehen sich an Plätze, die durch Oberflächenbekämpfung nicht erreicht werden. Auch hier sind es ganz spezielle Duftstoffe, die den Ameisen zur Verständigung dienen; man kann ohne Übertreibung sagen: ein ganzer Chemiekonzern wäre nicht imstande gewesen, ihnen so viele Stoffe, Abstufungen und Mischungen zu liefern, wie ihnen zur Kommunikation zur Verfügung stehen. Bei staatenbildenden Insekten, zu denen Ameisen gehören, gibt es Hinweise für eine Duftstoffsprache, die so diffizil ist, daß man aufgrund der vielfältigen Reaktionsweisen sogar eine Art Syntax dahinter vermutet; so jedenfalls folgert der amerikanische Zoologe Edward O. Wilson (vgl. Wilson, S. 100-114). Danach gibt es sowohl die unmittelbare Duftkommunikation, also direkt von Insekt zu Insekt, als auch die mittelbare durch Boden- und Luftmarkierung. Diese Kommunikationsmöglichkeit wirkt exakter, als es eine elektronische Rechenmaschine vermag, wie D.Botsch nachgeprüft hat (vgl. Botsch, S. 149).

Duftstoffe sind es auch, mit denen die Königin ihre Anweisungen gibt, mittels derer dafür gesorgt wird, daß junge weibliche Tiere keine Eierstöcke entwickeln, andersherum aber auch, daß sie es "tun", wenn die Königin tot ist, was dann dazu führt, daß sie figürlich hypertrophieren, wie das einer Königin zusteht. Letzteres ist jedenfalls bei den Bienen, den Ameisen verwandten Insekten, von der Französin J.Pain erforscht (vgl. Pain, S. 73-152). Duftstoffe dienen also nicht nur als Kommunikationsmittel, sie verändern auch den Körperbau, wenn dies dem Staate nützlich ist. Realitäten im Insektenreich ins Menschliche transzendiert und darin verwirklicht, führen in unvorstellbare Dimensionen wie etwa in die, daß es durch Einatmen bestimmter Düfte möglich ist, einen Mann für eine Weile zeugungsunfähig zu machen. So jedenfalls soll es auf einer medizinischen Großveranstaltung in Montreux von Prof.Dr.Friedrich Husmann angekündigt worden sein, weiß die Regenbogenpresse zu berichten. Der Geruchsstoff für das Nasenspray sei das Gonadotropin-Releasing-Hormon.

Der Ausflug ins Tierreich sei hiermit abgeschlossen, doch wird betont: es war nur ein einstündiger Spaziergang, der auf Tage, Monate und Jahre ausgedehnt werden könnte.

4. GERÜCHE IM ALLTAG

Wer beginnt, sich wissenschaftlich mit Gerüchen zu beschäftigen, gewinnt zunächst den Eindruck, sei er nun Fachmann (Chemiker, Physiologe, Psychologe) oder Laie, dieses Gebiet sei weitgehend unerforscht. Ganz sporadisch stößt er in dem einen oder anderen Werk, auch in solchen, deren Autoren vorgeben, über die Seele oder die Wahrnehmung zu handeln, auf Hinweise, die schon ihrer Kürze wegen erkennen lassen, daß sie dem Geruchssinn eine untergeordnete Bedeutung zumessen. Aus den Literaturverzeichnissen einiger Kurzabhandlungen, an die er über zentrale Dokumentationsbanken gelangt, entnimmt er schließlich doch den Titel der einen oder anderen Monographie, die als solche in Vergessenheit geraten ist, jedenfalls auch oben erwähnten Fachleuten nicht oder nicht mehr bekannt ist. Er macht die Feststellung, daß dem Geruchssinn in allen Jahrzehnten seit Beginn unseres Jahrhunderts Interesse entgegengebracht wurde, daß ganz besonders in den zwanziger, dreißiger und fünfziger Jahren eine Reihe von Veröffentlichungen erschienen ist, auf die Autoren der letzten Jahrzehnte immer wieder rekurrieren. Was fast von allen diesen Autoren beklagt wird, ist der erwähnte Umstand, daß dem Geruchssinn in der Wissenschaft zu wenig Beachtung geschenkt wird. Dies ist kaum darauf zurückzuführen, daß "der Geruchssinn seit Anbruch der Neuzeit im Niedergang begriffen ist" (Corbin, S. 15), daß sich etwa von diesem Zeitpunkt ab verdächtig machte, wer seinen Geruchssinn in ausgeprägter und auffälliger Form benutzte (vgl. ebd., S. 16). Die Bedeutung des Geruchssinnes wurde bereits im klassischen Altertum verkannt, und schon von den Philosophen dieser Zeit hat er wenig Aufmerksamkeit erhalten! Dies änderte sich seit den sogenannten Sensualisten im 17. Jahrhundert (Bacon, Locke) mit einem Schlage (vgl. ebd., S. 53 ff.). Der Geruchssinn wurde zu dem Forschungsgegenstand, auf den sich ein Heer von Wissenschaftlern stürzte. In abenteuerlich anmutenden und oft nicht ungefährlichen Experimenten wird zuerst den "Pestgerüchen" der Kloaken der Großstädte, dann dem Gestank auf Schiffen, in Gefängnissen, Spitälern, ja sogar Gerichtssälen, Kasernen, Theaterlogen, Versammlungsorten und Kirchen nachgespürt (vgl. ebd., S. 70 ff.). Die Osmologie wird zu einer neuen Wissenschaft. Durch die Arbeit von Ärzten, Chemikern und Publizisten werden die Nasen in der zweiten Hälfte des 18. Jahrhunderts empfindlicher, die Angst vor den todbringenden Gestänken nimmt zu (vgl. ebd., S. 80). Hygiene wird zum Begriff, zur Forderung, welche die verschiedenen Sozialstrukturen hervorhebt und kenntlich macht. Geruchssensibilität ist Sache des feinen Mannes. "Während der übelriechende Unrat die gesellschaftliche Ordnung bedroht, untermauert der beruhigende Sieg der Hygiene und des Wohlgeruches ihre Stabilität" (ebd., S. 13). Stinke, wem Gestank gegeben, dufte nach Wohlgerüchen, wer sie sich leisten kann! Doch die Arbeiten aus jener Pionierzeit der Osphrenologie geraten in Vergessenheit, vielfach sogar die Hygiene- und Vorsichtsmaßnahmen, die sie anempfohlen hatten. Ein typisches Beispiel hierfür wurde dem Verfasser von zwei Kriegsteilnehmern des ersten Weltkrieges mitgeteilt. Eine Kompanie (Infanterie) erhält vom Bataillonsstab ein Mittel zur Desinfizierung der Fäkaliengruben, wahrscheinlich Chlorkalk, mit der Gebrauchsanweisung, es sei mit "Stangon" anzurühren. Man wußte nichts damit anzufangen, das Fremdwort Stangon war niemandem geläufig. Eine Rückfrage beim Stab ergab, daß es sich um einen Schreibfehler handelte, es mußte Stangen heißen.

Wir stehen also vor einem Widerspruch. Einerseits war und ist ausreichendes Literaturangebot zur Geruchsproblematik vorhanden, andererseits muß man es wie eine Stecknadel suchen. Ist es das mangelnde öffentliche Interesse, das durch die neugewonnene Sicherheit gegenüber den negativen Auswirkungen bestimmter Gerüche erklärt werden könnte oder die daraus resultierende Gleichgültigkeit für Geruchsdinge? Man fühlt sich sicher in der Gewißheit, sich notfalls auf seinen Geruchssinn verlassen zu können.

Was keine Schwierigkeiten macht, bedarf keiner besonderen Pflege; der Geruchssinn ist im Gegensatz zu den anderen Sinnen daueraktiv. Was er uns vermittelt, bleibt dennoch weitgehend unbewußt. Die moderne Zivilisation hat ihn wieder verkümmern lassen. Wird er durch Unfall oder Krankheit zerstört, findet sich kein Arzt, der mit einer Prothese nachhelfen könnte. Dem fehlenden öffentlichen Interesse wäre es dann zuzuschreiben, daß auch das wissenschaftliche Interesse erlahmt, daß ein Autor seinem Erstlingsbeitrag keinen weiteren folgen läßt, weshalb Forschungsergebnisse dann wie Säulen ohne Querverbindungen im Raum stehen. So kann es nicht wundern, daß das Geruchsproblem von Menschen aufgegriffen wird, deren Domäne ansonsten das Geheimnisvolle und die sogenannten Grenzwissenschaften sind.

Willy **Schrödter**, um den es hier geht, war einer von ihnen. Er ist am 11.12.1897 in Mainz geboren und lebte bis zu seinem Tod am 9.9.1971 in Bingen. Erst in Bingen, ab 1947 in Montabaur hat er bis zu seiner Pensionierung als Verwaltungsrat gearbeitet. Als Privatgelehrter widmete er sich bereits in den dreißiger Jahren zunächst in vier Abhandlungen den Rosenkreuzern und ihren Geheimkünsten. Weitere Veröffentlichungen handelten über Pflanzen- und Tiergeheimnisse, die Heilung durch Kontakt, grenzwissenschaftliche Versuche und letztlich auch über "Geheimnisse der Düfte, Farben und Töne". Vierzig Seiten in diesem Buch sind den Düften gewidmet. Der Autor verarbeitet darin 72 Textstellen aus Büchern, Aufsätzen, Zeitschriften und Zeitungsartikeln; zusätzlich werden zur Literatur weitere acht Veröffentlichungen erwähnt, von denen zwei in Deutschland, der Rest in Frankreich erschienen sind. Die benutzte Literatur erhebt nicht durchweg den Anspruch der Wissenschaftlichkeit, läßt aber das Bemühen des Autors nach gründlicher Information erkennen. Die Überschriften der einzelnen Kapitel wirken zum Teil emphatisch, weshalb in der folgenden Besprechung neben einer erweiterten Gliederung auch neue Untertitel eingesetzt werden. Wo die Erkenntnisse anderer Autoren eine ergänzende oder berichtigende Rolle spielen können, werden sie hereingenommen. Es sei versucht, die wichtigsten Mitteilungen Schrödters zusammenzustellen. Es handelt sich um Beiträge zur Geruchsproblematik im menschlichen Alltag. Die Kurzbiographie wurde mit der Tochter Schrödters, Frau Rosemarie Wieczorek, Bingen-Büdesheim, abgesprochen und in der vorliegenden Form von ihr akzeptiert.

4.1 Rasse und Typus

Nach einer italienischen Untersuchung zu Anfang unseres Jahrhunderts, so wird nach Krumm-Heller sekundärzitiert, soll es so etwas wie einen Rassegeruch geben. Neger würden für Weiße nach Ziegenbock (Kaprylgeruch) duften, was eigene Erfahrung nicht bestätigt, und für Neger sollen Weiße einen Leichengeruch ausströmen, was mir bislang kein Neger gesagt hat (vgl. Krumm-Heller, S. 14). Der Rassegeruch sei weitgehend von der Ernährungsweise beeinflußt. So jedenfalls wird es aufgrund entsprechender Umfrageergebnisse behauptet. Mitteleuropäer verbreiteten den Geruch von Kohl, Rüben und Rettich (eine Feststellung, die heute sicher nicht mehr zutrifft), die Inder dufteten nach Reis und Gewürzen, Südseevölker entwickelten

Frucht- und Palmendüfte. Japanern falle an Amerikanern ein Buttergeruch auf, für Amerikaner röchen die Japaner nach Fisch. Walfett-, Tran- und Schweißgeruch sei an den Eskimos eigentümlich. Kurz: Jeder duftet nach der von ihm am häufigsten genossenen Speise (vgl. Winter).

Corbin nennt weitere Kausalzusammenhänge: Ausdünstungen werden auch beeinflußt von Jahreszeit und Klima, von Leidenschaften, denen sich jemand hingibt, von der Arbeit oder Kunst, der er sich widmet, vom Boden, den er bearbeitet und von der Luft, die er atmet (vgl. Corbin, S. 56). Auch die Haarfarbe sei für individuelle Duftnoten verantwortlich zu machen. Blonde Frauen dufteten häufig nach Ambra und Moschus, dunkelhaarige nach Veilchen (vgl. Schrödter, S. 41). Eine Bestätigung für die Behauptung, Essensgewohnheiten bestimmten den Eigengeruch, findet sich schon in einer Untersuchung aus dem Jahr 1935. Große Fleischesser hätten mehr Indol und Skatol, das sind Fäulnisprodukte, im Körper; infolgedessen sei ihre Ausdünstung eine andere als die der Pflanzenesser (vgl. Laird). Interessant ist auch ein anderer, noch älterer, Hinweis aus dem Jahr 1928. J.A.Glaze untersuchte sich selbst und einen zehn Jahre alten Jungen während und nach einer Fastenzeit mit einem Olfaktometer von Zwaardemaker und stellte eine Zunahme der Geruchssensibilität während der Fastenzeit und eine allgemeine geistige und körperliche Leistungssteigerung nach der Fastenzeit fest (vgl. Glaze). Wenn es nichts zu verdauen gibt, nimmt der Eigengeruch ab und die Geruchsfähigkeit dafür zu. "Der Zusammenhang der Schweiß- und Körpergerüche mit Ernährung, Klima, Beruf, Umwelt, Alter, erotischer sowie anderer Erregung und Krankheit war schon Hippokrates bekannt" (Henning, S. 59).

4.2 Allergie - Idiosynkrasie

Die spezifische Haarausdünstung könne beim Partner zu Juckflechte und Asthma führen (vgl. Schrödter, S. 15).
Einer Reihe bekannter und genannter Persönlichkeiten seien die Düfte von Rosen und Veilchen so unausstehlich gewesen, daß sie vorübergehend zu Befindlichkeitsstörungen geführt haben sollen. Der Duft von Tuberosen könne zum Stimmverlust, der von Primeln zu allergischen Ausschlägen, der von Jasmin gar zur Ohnmacht führen. Bekannter ist die Erscheinung des Heuschnupfens (vgl. ebd., S. 16).

4.3 Schädliche Düfte

Eine Reihe schädlicher Düfte stammt aus dem animalischen und pflanzlichen Bereich. Üble Gerüche entstehen bei der Verdauung; die Verwesung von Pflanzen erzeugt einen nicht minder giftigen Gestank. Der faulende Lattich war für die Griechen geradezu Symbol für Gestank, wogegen Wohlgerüche der Myrrhe jedem Entwicklungs- bzw. Vergehensstadium zugeschrieben wurden (vgl. Corbin, S. 309, Anm. 26). Schrödters Beispiele über negative Duftwirkungen sind längst nicht alle so phantastisch (und letztendlich tödlich) wie die von Corbin erwähnten aus dem 17. und 18. Jahrhundert (vgl. ebd., S. 9-70). Der Geruch des Satyriums habe bei einem jungen Mann die Satyriasis, einen krankhaft gesteigerten Geschlechtstrieb, ausgelöst (vgl. Schrödter, S. 42). Die "Einatmung des Gifthauchs vom Manzanilla-Baum" (Antillen und Zentralamerika) könne zum Tode führen (vgl. ebd., S. 42 f.).
Parfumeriearbeiter erlitten durch das ständige Einatmen der verschiedenen Düfte erhebliche gesundheitliche Schädigungen. Moschushändler sollen vorzeitig dement werden.

Die Bearbeitung der rohen Frucht der Vanille könne Hautausschläge, unerklärliche Erregung, Schlaflosigkeit, Blasenschwäche, gesteigerte geschlechtliche Erregung und bei Frauen Menstruationsbeschwerden zur Folge haben. Stimmschwäche bei Sänger(inne)n löse der Duft von Veilchen, Flieder, Mimose und Tuberose aus. Der Geruch von Bilsenkrautsamen steigere die Neigung zum Zorn (vgl. ebd., S. 43). Das Einatmen bestimmter Reizgase kann zur sofortigen Atemverhaltung führen (vgl. Bräuer, S. 49).

Unangenehme Visionen erzeugende Düfte gehören sicher auch hierher. Wer den Rauch einer Kerze einatmet, deren Docht mit dem Ohrenschmalz eines Hundes eingerieben ist, glaubt, einen Hundekopf zu haben, oder er sieht auf dem Hals eines etwaigen menschlichen Gegenübers einen Hundekopf sitzen. So etwa läßt Umberto Eco in seinem Roman "Der Name der Rose" einen Mönch dem Klostervisitator William berichten, und der Mönch gibt vor, diese Weisheit in einem Buch der Geheimnisse von Albertus Magnus, wie er glaubt, gelesen zu haben (vgl. Eco, S. 119 f.).

4.4 Theater - Film

Friedrich Schiller hat in der Regieanweisung für Kabale und Liebe (1784) angeordnet (1.6..), den Auftritt des Hofmarschalls von Kalb mit einem durchdringenden Bisamgeruch zu unterstreichen (vgl. Schrödter, S. 17). In Spanien wurde 1959 der erste Duftfilm gedreht. Abwechselnd habe es nach Rosen (Liebesszene), nach Blut, Schweiß, Pferden und Leder (Arena) geduftet. Hierfür muß eine sogenannte Duftorgel in die Synchronisation integriert werden, wenn es im Kino szenengemäß duften (oder stinken) soll (vgl. ebd., S. 17 f.).

4.5 Verhaltensbeeinflussung

Weder Tiefenpsychologie noch Verhaltensbehindertenpädagogik haben sich bislang eine Methode nutzbar gemacht, die Arnold Krumm-Heller schon 1934 vorgestellt hat: die mit Düften gekoppelte Suggestion. Ein Kind, das das Stehlen nicht lassen konnte, wurde angehalten, drei Suggestionen, die sein Fehlverhalten bestrafen und ändern sollten, aufzuschreiben. Gleichzeitig atmete es einen (nicht genannten) Duftstoff ein, der ihm dann im Schlaf aufs Kopfkissen gelegt wurde. Nach einigen Wiederholungen des Experiments sei die Unsitte verschwunden (vgl. ebd., S. 19 f.).

Menschliches Verhalten kann durch Einatmen bestimmter Düfte nicht nur im positiven, sondern auch im negativen Sinne beeinflußt bzw. verändert werden. Einer neueren Untersuchung zufolge kann es dabei zu beabsichtigten wie auch zu unbeabsichtigten Reaktionen kommen. Manche Duftsubstanzen können süchtig in Form der Abhängigkeit machen. Düfte, die im Experiment positive Reaktionen erzielten, sollten am Arbeitsplatz, in der Hygiene und bei Entscheidungen zum Umweltschutz eingesetzt werden. Es fehle jedoch noch an entsprechenden Labortechniken (vgl. Wood).

4.6 Schnüffeln

Bekannt ist das Einatmen von Weihrauch, Räucherstäbchenduft, Tabakrauch, aber auch von Azeton und Benzin zur Bewußtseinsveränderung. Hexen sollen unter anderem auch den Hexen-Ruch, ein Rauchwerk aus Giftkräutern, benutzt haben, um "fliegen" zu können. Rauchopfer in antiken und modernen Religionen sind geläufig. Schiller soll am angeregtesten geschrieben haben, wenn ein angefaulter Apfel aus der Schreibtischschublade duftete (vgl. Schrödter, S. 21 f.).

4.7 Liebe, Sympathie

In Böhmen hatte sich das Brautpaar in der Nacht vor der Trauung erst einmal zusammenzuriechen (vgl. ebd., S. 22). Mongolen drücken ihre Liebe nicht durch Küssen, sondern durch intensives Beriechen aus (vgl. ebd.), Eskimos lassen es beim Nasenaneinanderreiben bewenden. "Der Nasengruß arktischer, hinterindischer und ozeanischer Völker ist...nachweisbar eine Geruchsreaktion" (Henning, S. 60). Im Neuseeländischen bedeutet "hongi" ursprünglich sowohl riechen als auch küssen und Nasengruß (vgl. ebd.). Nordamerikanische Schülerinnen sollen gemäß einer Umfrage (1948) den Duft des Regens und frisch gemähten Grases als das "Allerschönste" bezeichnet haben, was etwas naiv anmutet. Ein britischer Industrieller, "Fanatiker des Landlebens", habe sich in sein Arbeitszimmer eine Beduftungsanlage einbauen lassen, die ihm den Duft von getrocknetem Kuhmist um die Nase blies, wobei ihm die besten Einfälle gekommen seien (vgl. Schrödter, S. 23).

4.8 Spermageruch

Sperma ist wohl "die stärkste Od-Kondensation"; Raubtiere merkten bei Dompteuren eine Od-Minderung und hätten dann weniger "Respekt" vor ihnen, weshalb Tierbändiger gezwungen seien, sexuell abstinent zu leben. In Faust II läßt Goethe die Damen am Kaiserhof wissen:

"Es ist des Wachstums Blüte
im Jüngling als Ambrosia bereitet
und atmosphärisch ringsherum verbreitet."

Sexuelle Abstinenz erziele bei Männern einer indischen Weisheit zufolge einen angenehmen Duft. Zölibatäre zögen mit ihrem besonderen Duft die Frauen an (vgl. ebd., S. 23 f.), was einen Vergleich zu den abstinenten Dompteuren herausfordert. "Bestätigungen" für solche Beobachtungen finden sich im 18. und 19. Jahrhundert recht zahlreich (vgl. Corbin, S. 54 f.).

4.9 Übersinnliche Geruchserscheinungen

Duftwirkungen angenehmer Art seien bei Totenerscheinungen wahrgenommen worden. Bei der Öffnung der Gräber von vor Jahrhunderten verstorbenen Persönlichkeiten hätten sich liebliche und feine Düfte, herrlicher als die der edelsten Bäume, ausgebreitet. Ein Duft "ganz feiner wunderbarer Art", der von keinem irdischen Parfum gestammt haben konnte, habe sich in den Räumen eines Bekannten Schrödters, der sich von seiner verstorbenen Frau umhegt fühlte, ausgebreitet (vgl. Schrödter, S. 24 f.). Seit vielen Jahrhunderten fließe Myrrhe aus den Gebeinen des heiligen Nikolaus von Meyra (um 350), die in der Basilika von Bari (Italien) aufbewahrt werden. Heiligenerscheinungen seien mit besonderen Düften verbunden, oft mit Rosen- oder Veilchenduft. Auch von willentlicher Dufterzeugung mit besonderem Ziel und von Gefahrsignalisierung durch Duft, der aus großer Entfernung zugeweht worden sei, ist die Rede (vgl. ebd., S. 26). Den Theologen des 15. Jahrhunderts sei die Duftbegleitung der Heiligen so geläufig gewesen, daß man Jeanne d'Arc bei ihrem Prozeß, in dem sie sich damit verteidigte, Heiligenbesuch empfangen zu haben, danach fragte, ob sie auch etwas gerochen habe, was sie bejaht

haben soll. "Die andere Welt" offenbare sich mit Düften, alle jenseitigen Wesen seien von einem spezifischen Duft begleitet, der sich je nach ihrer Stimmungslage ändere. Visuelle Repräsentanz genügt ihnen also nicht: sie sind bei ihren Erscheinungen, um das burschikos im Psychologendeutsch zu apostrophieren, auf Ganzheitlichkeit oder Integration aus (vgl. ebd., S. 27 f.).
Mit einer Handbewegung alle diese "Bezeugungen" abzutun, ist sicher ungerechtfertigt. Für alle Fälle echten, aber rein subjektiven Erlebens hält auch die Psychiatrie Beispiele bereit. Manche Schizophrenen fühlen sich von Gerüchen verfolgt; sie glauben, man wolle sie ärgern oder ihnen Schaden zufügen. Andere haben visuelle, auditive oder Berührungserlebnisse; sie spüren zum Beispiel Strom. Zusammenhänge wie die erwähnten überläßt man heutzutage nicht mehr esoterisch aufgewerteten Pseudowissenschaften; sie gehören zum Forschungsbereich der Parapsychologie, die sich seit mehr als fünf Jahrzehnten in Ost und West anerkannter wissenschaftlicher Methoden bedient (vgl. Ostrander/Schroeder). Doch gibt es auch Zeugnisse aus dem Bereich der Medizin. Man unterscheidet dort Hyper- und Hyposmie, Geruchshalluzinationen und -sensationen. Die Hyperosmie tritt auch als halluzinatorische Erscheinung auf.

Seltener als die Hyposmie, die qualitativ eingeschränkte Geruchsfähigkeit, ist die Hyperosmie, eine gesteigerte Form des Riechvermögens. Freud will solche "Riecher", wie er sie nennt, unter seinen Patienten festgestellt haben (vgl. Freud 1966, S. 462). Es ist sicher unangebracht, jeden Menschen, der seinen Geruch stärker einsetzt als ein anderer, als krank zu bezeichnen. Doch gibt es auch bei anderen Autoren Berichte über den Zusammenhang einer gesteigerten Geruchsfähigkeit und seelischen Abnormitäten. So beschreibt M.Bourgeois zwei Personen, die ihre gesteigerte Geruchsempfindlichkeit regelrecht beklagten, die es selbst als abnorm empfanden, den Geruchssinn bevorzugen zu müssen, sich davon ganz in Anspruch genommen fühlten. Es handele sich dabei zumeist um unangenehme Gerüche, die sie verfolgten; auch die Bezeichnung giftig soll gefallen sein. Solche Erscheinungen sind dem Psychiater als Geruchshalluzinationen besonders bei Schizophrenen bekannt. Zu diesem Krankheitsbild besteht jedoch bei der rein olfaktorischen Übersensibilität kein Zusammenhang. Man nimmt an, daß hormonale Veränderungen in der zweiten Lebenshälfte für diese oft mit Angst einhergehende Hyperosmie verantwortlich zu machen sind. Auch die mit Drogen künstlich herbeigeführte Erregbarkeit wie überhaupt jede Streßsituation können den Geruchssinn beeinflussen, und das Klimakterium ist nun einmal eine permanente Streßsituation, von Frauen manchmal stärker empfunden als von Männern. Der alternde Mensch wird "hellhöriger" im Umgang mit anderen und vorsichtiger, wenn er auf Fremdes stößt. So wird der bisher weniger beachtete Geruchssinn zum Sicherheitssinn, der entweder akzeptiert oder Alarm schlägt (vgl. Bourgeois). Vermutlich spielt die Geruchswahrnehmung auch für die Distanzhaltung autistischer Kinder eine erhebliche Rolle; aber darüber wissen wir noch wenig.

Einen Zusammenhang zwischen der halluzinatorischen Parosmie bei Schizophrenen, bei hirnorganisch Kranken, Verletzten und nach Intoxikationen sieht W.Klages. Das Gemeinsame seien, wie bei dem Beispiel von Bourgeois, die Geruchsmißempfindungen und die Störungen der seelischen Befindlichkeit.

> "Es zeigten sich bestimmte Gesetzmäßigkeiten, die für eine thalamische Irritation zu sprechen scheinen und die Geruchssensationen auf die Ebene anderer psychopathologischer Phänomene stellen lassen, die gleichfalls kaum ohne eine thalamische Mitbeteiligung denkbar sind" (Klages, S. 875).

Klages betont ausdrücklich, daß die Patienten mit den genannten

Krankheitsbildern ihre Geruchsmißempfindungen mit "demselben Grundvokabular" kennzeichnen: Leichengeruch, süßlich-fauliger Geruch, Geruch nach Rauch, Gas, Benzin, Schmieröl, Urin, Kot, verbranntem Fleisch, faulem Eiweiß, Blut, altem Fisch, ja sogar nach Stinkbomben (vgl. Klages, S. 874 f.). Lediglich bei den Schizophrenen komme es zusätzlich zu wahnhaften Umdeutungen des halluzinatorischen Erlebens (vgl. ebd.); man fühlt sich von den Gerüchen bedroht, verfolgt, nennt auch die Namen von Leuten, die für den Geruch verantwortlich gemacht werden, und wo zur Geruchs- auch die Geschmackswahrnehmung hinzutritt, ist man der Überzeugung, jemand ganz Bestimmtes wolle einen vergiften. Der Prozentsatz der Geruchshalluzinationen bei Schizophrenen liege mit 34 % recht hoch (vgl. ebd.).

4.10 Duftwirkungen auf Tiere

Es genügt an dieser Stelle eine kurze Ergänzung einer ausführlicheren Abhandlung andernorts (vgl. Dröscher) zum Stichwort anzufügen.

Wer Hundefleisch zu essen pflegt, müsse es sich gefallen lassen, von Hunden attackiert zu werden. Räume, in denen man Artgenossen viviseziert hat, würden von Hunden gemieden werden (vgl. Schrödter, S. 39). Ist es der Hundeblutgeruch, der sie abhält, sind es Schreckstoffe oder auch nur die solchen Räumen anhaftenden spezifischen Düfte, die ihnen zu Warnstoffen werden? Die Erfahrung, daß man auf der Jagd zu Pferde näher an das Wild herankommt, vielleicht weil der Pferdegeruch den Menschengeruch "übertüncht", habe einen Bilderschützen einen Trick anwenden lassen. Er parfumierte sich mit einem Gemisch aus Pferdeschweiß, Latschenöl, verschiedenen Gebirgskräutern und einem

Tropfen Amber als fixierender Komponente und soll damit näher ans Wild herangekommen und die besten Aufnahmen geschossen haben. Schon in der Renaissance sei dieser Trick angewendet worden. Sicher ist, daß Tiere von bestimmten Düften angezogen, von anderen abgestoßen werden. Wer den bösen Nachbarn ärgern will, legt Baldrian vor dessen Haus aus, und der Besuch maunzender Kater ist sicher. Krauseminze soll lästige Fliegen von Wundstellen der Pferde abhalten. Mit Gurkenschalen ließen sich Küchenschaben aus ihren Verstecken vertreiben. Ein Bündel getrockneter Fliederblüten, Tomatenlaub oder angebrannte Kürbisblätter sollen Fliegen fernhalten. Chemie aus dem Garten! Warum nicht? Gottfried Benn, Arzt, Lyriker und Essayist, hat einen seiner Romanhelden sich darüber beklagen lassen, daß ihm mit fünfzig Jahren der duftberücksichtigende und erfolgversprechende Umgang mit einer Mausefalle nicht bekannt gewesen sei (vgl. ebd., S. 30 f.).

4.11 Riecher

Hier ist an menschliche Vertreter mit erstaunlichen Geruchsleistungen zu erinnern. Die taubblinde amerikanische Schriftstellerin Helen Keller habe dazu gehört. Sie soll Städte an ihrem Geruch wiedererkannt haben (vgl. ebd., S. 31). Aus einem eigenen Protokoll vom 17.11.86 die folgende Notiz: Eine 33jährige Frau, seit zwölf Jahren erblindet (Diabetes), erkennt den jeweiligen Waschgang am Geruch der eingebrachten diversen Waschmittel. Aufgewärmtes Wasser intensiviere die Gerüche, besonders die der aggressiveren Vollwaschmittel. Als besonders unangenehm empfinde sie Staub und kalten Rauch. Den Pastor erkenne sie am Geruch ebenso wie die nächsten Verwandten. Patchouli- und Moschusduft bezeichnet sie als beißend. Der Frühling dufte ihr nach Wiesenblumen und Tau, den Sommer verbindet sie mit Schweißgeruch; Herbst, besonders der November, erinnere sie an den Geruch einer Gruft; der Winter wird duftlich mit Schneeluft zusammengebracht. Von den Speisen und Gewürzen rieche sie Fritiertes und Essig auch aus großer Entfernung. Bei einer Prüfung für Maschinenschreiben seien alle Bewerber, auch sie, durchgefallen. Man habe nicht arbeiten können, weil ein Mann zu stark nach Knoblauch gestunken habe. Beschwerden führten zu einer Wiederholung der Prüfung. Auch ein Duftgel mit einem sehr starken Nachduft (Fachausdruck Fond-Duft), das eine Dame ausgeströmt habe, hätte bei einer anderen Prüfung zu Störungen geführt. Wohlgemerkt: es hat sich immer um blinde Prüflinge gehandelt, und es bestätigt sich, was an anderer Stelle unterstrichen ist: Riechen läßt sich trainieren, das Training wird für Späterblindete unabdingbar, Geburtsblinde lernen es ohnehin rechtzeitig. Für die Verbesserung des Geruchssinnes bei Späterblindeten lassen sich in der medizinischen Literatur weitere Beispiele finden. W.Klages berichtet über einen 54jährigen Landwirt, der durch Unfall ein Auge verlor und auf dem anderen nurmehr 1/8 der normalen Sehkraft behielt; der Mann habe auch seine Hörkraft als "nicht sonderlich gut" beschrieben. Nach dem Unfall sei sein Geruchssinn ganz stark geworden, so daß er sich auf Spaziergängen außerordentlich gut geruchlich orientieren könne. Sein inneres Erleben habe dadurch eine Bereicherung erhalten (vgl. Klages, S. 873 f.). Eine 31jährige Frau, die achtzehn Jahre zuvor erblindete, beschrieb ihr Geruchserleben in ähnlicher Weise wie die erwähnte 33jährige: "Geruchsempfindungen beherrschen mich oft ausschließlich; weniger die Düfte einzelner Blumen als das Zusammenwirken von Wohlgerüchen, wie es bestimmten Jahreszeiten oder Landschaften eigen ist. Darum sagt mir die winterliche Landschaft nicht viel" (Klages, S. 874 zit. nach W. Steinberg). Henning glaubt nicht, "daß Blinde schärfer oder feiner als Sehende riechen", er hält es jedoch für möglich, daß einige Blinde geübter im Riechen sind (Henning, S. 280), was freilich besagt, daß auch er die Trainierbarkeit des Geruchssinnes bejaht und damit zugesteht, daß die Unausgeprägtheit dieser Sinnesmodalität Ergebnis individueller Entwicklung ist, die den geschichtlichen Menschen seit Tausenden von Jahren rein olfaktorisch benachteiligt.

Kaspar Hauser, das weltweit bekannte Findelkind (1812-1832), hat Grund zu Spekulationen der verschiedensten Art gegeben. Auch er soll ein Riecher gewesen sein. Man erzählt, er habe Dinge gerochen, die für andere geruchlos sind. Friedhöfe soll er aus großer Entfernung gerochen haben. Blumendüfte habe er gar nicht gemocht. Obstbäume habe er schon weit von ihrem Standort geruchlich ausgemacht. Alkohol duftete ihm abscheulich. Friedhof- und Tabakfeld hätten Frostgefühle, Fieber und Schweiß ausgelöst. Vor dem Geruch frischen Fleisches habe er sich geekelt (vgl. Schrödter, S. 31 f.).

Berufsriecher wie Sherry-Prüfer, Kellermeister, Tabakmischer, Köche, Schinkenriecher und Käseriecher würden es zu erstaunlichen Differenzierungsleistungen bringen, deren Anzahl in Tausenden zu messen sei (vgl. ebd., S. 32), ganz abgesehen von gelernten Parfumeuren, bei denen wir die Anzahl nach Zehntausenden zu schätzen haben.

Auch von Todschmeckern und Todriechern wird berichtet, Menschen also, die den Tod eines Kranken zwei Tage vorausriechen bzw. gerochen haben sollen. Der Versuch eines "Metaphysischen Instituts" (wir würden heute Institut für Parapsychologie sagen) in Warschau habe 1931 die diesbezügliche Fähigkeit eines polnischen Bauern bestätigt (vgl. ebd., S. 35).

4.12 Orientierung

Von einem Indianerstamm wird berichtet, die Mitglieder fänden bei völliger Dunkelheit, nur am Flurgeruch orientiert, zum Lager zurück, andere witterten Seemeilen entfernt bereits Land, und die Pygmäen seien in der Lage, ihr beliebtestes Jagdobjekt, eine Antilopenart, schon aus drei Kilometern Entfernung zu wittern. Unter den kanadischen Indianern soll es Radiumriecher geben, obwohl wir nicht in der Lage sind, die daran haftenden Spuren von Schwefel an deren viel zu minimalen Ausdünstungen wahrzunehmen. Ein Oberägypter rieche Kobras und Skorpione, und er behaupte, das nicht nur in seiner Heimat zu können. In Indien und Abessinien (Äthiopien) fänden sich sogar Diebesriecher; das wären also Leute, die imstande sind, aufgrund gewisser olfaktorischer Anhaltspunkte dem Dieb auf die Spur zu kommen und ihn zu stellen (vgl. ebd., S. 32 f.). Entweder ist ihre Leistung tatsächlich wie die eines Polizeihundes oder wie die eines Kriminalbeamten einzuschätzen; festlegen kann man sich da nicht. Glaubhaft klingt der Bericht über ein Riechgenie, dessen "Feinnasigkeit" an ein Wunder erinnert. Seine Leistungen sind aktenmäßig festgehalten (Breslau 1896). Schrödter empfiehlt für solche Genies die Bezeichnung "Hellriecher" (ebd., S. 37).

Im Gegensatz zu den von Schrödter erwähnten Beispielen wird die Fähigkeit des Fährtenriechens von Henning bestritten. Nicht die überlegene Sinnesschärfe verhelfe den Angehörigen von Naturvölkern zu besserer Orientierung; jedoch werteten Primitive ihre Beobachtungen besser aus als der Europäer (vgl. Henning, S. 52). Er belegt seine Behauptung mit Zeugnissen namhafter Autoren. Hingegen hält er "das geruchliche Aufspüren von Tieren" wegen deren besonderer Ausdünstung für möglich (ebd., S. 52).

4.13 Krankheiten erriechen

Zahlreiche Krankheiten verursachen einen spezifischen Geruch, der geübten Ärzten zu einer ersten Diagnose verhilft. Bei Schrödter findet sich eine recht knappe Zusammenstellung (Schrödter, S. 36), die in eine neuere Übersicht (vgl. Nallet u.a., S. 133) zu einer Art Geruchssemiotik eingebaut wird.

Krankheiten	spezifische Gerüche
Blattern	Pferdedung
Blausäurevergiftung	Bittermandel
Bleivergiftung	Fauliger Atem
Darmverschluß	Atem nach Kot
Diabetes(-Koma)	Fruchtiger Azetongeruch
Diphtherie	Süßlich-fade
Ekzeme	Muffig
Gelbfieber	Fleischwaren
Harnvergiftung	Urinöser Geruch
Koma bei Alkoholvergiftung	Alkohol
Krebs (best. Arten)	Stinkend
Leberstörungen	Faulig (fetor hepaticus)
Magen-Darm-Störungen	Übler Mundgeruch
Masern	Frisch gezupfte Federn
Pest	Apfel
Phenylketonharn	Muffig, nach Mäusen
Pocken	Stinkend
Scharlach	Alte Äpfel
Skorbut	Stinkend (nach Corbin der widerlichste Geruch; vgl. Corbin, S. 60)
Tuberkulose	Aasartig, zwiebelig
Typhus	Frisches Brot

4.14 Technik

Duftstoffe werden auch "in den Dienst der Technik" gestellt. Schrödter erwähnt eine schon vor Christus in China entwickelte Duftuhr; es soll sich um eine "Kombination von Kerzen und Räucherwerk" gehandelt haben. Die herabbrennenden Kerzen gaben die Tageszeit an. Der Stundenwechsel kündigte sich olfaktorisch durch Entzünden verschiedenartiger Rauchwerke an (Schrödter, S. 16). Sie waren wohl in Form von Stäbchen in bestimmten Abständen so an die Kerze herangebracht und irgendwie fixiert, daß sie sich erst dann entzündeten, wenn die Flamme auf ihr Niveau herabgebrannt war. Man könnte auch mit zwölf verschieden starken Kerzen gearbeitet haben, deren Abbrennzeit auf je eine bestimmte Stunde und ein bestimmtes Niveau "vorausberechnet" war. Dann hätte man bei diesem Niveau jeweils ein Räucherstäbchen befestigen müssen. Menschen in der Nähe dieser Uhren vernahmen also sowohl den Stundenwechsel am Geruch wie auch die Tageszeit, weil die Stäbchen einen auf die jeweilige Tageszeit abgestimmten Duft ausströmten. Es muß nicht besonders betont werden, daß die Konstrukteure einer solchen Uhr astronomische Kenntnisse besitzen mußten, welche sie Zeit als einen Parameter begreifen ließen, der sowohl Ablauf und Dauer wie auch Phasen impliziert.

Ausgerechnet in Nürnberg, wo zuvor das Urbild unserer heutigen Uhr erstmalig funktionierte, habe ein Handwerker die chinesische Idee der Duftuhr, die er neu entdeckte, in die Praxis umgesetzt. Um sich nachts das lästige Lichtmachen zu ersparen, legte er eine große Uhr so, daß das Zifferblatt waagerecht lag, brachte unter jeder der zwölf Ziffern Näpfchen an, die mit verschiedenen flüssigen Duftstoffen gefüllt waren; diese prägte er sich als zu einer bestimmten Stunde gehörig ein; in der Dunkelheit brauchte er also nur nach dem Stand des kleinen Zeigers zu tasten, den Finger ins darunter liegende Näpfchen zu tauchen und daran zu riechen. Nun wußte er, was die Stunde geschlagen hatte. 1961 fand eine Uhrenausstellung in Chicago statt, auf der eine Neuauflage der chinesischen Duftuhr vorgestellt wurde. Es handelte sich um einen Wecker, der die eingestellte Weckzeit statt akustisch mit Duft ankündigte (vgl. Schrödter, S. 17).

Weitere Möglichkeiten für die Duftausnützung wurden bald entdeckt. Damenstrümpfe, Unterwäsche, Verpackungsmaterial usw. erhalten Düfte, die zum Kauf anreizen, Gebrauchtwagen werden mit einem Duft eingesprüht, den sonst nur ein neuer Wagen hat. Die "Sell with Smell"-Verkaufsmethode (Verkaufe mit Geruch!) steigert den Gewinn (vgl. ebd., S. 18). Seit 1962 macht man in Detroit sogar Versuche, Automotoren mit einem Aerostat zu verbinden, so daß sie nur auf den Individualduft des Wageneigners hin anspringen; eine geniale Diebstahlssicherung (vgl. ebd., S. 15)! Hoffentlich vergißt man den Knopf nicht, der den Aerostat ausschaltet, sonst werden die Monteure bei der Inspektion Schwierigkeiten haben. Die nach verbranntem Holz riechenden Werbezettel einer Feuerversicherungsgesellschaft zielten sicher tiefer als bloß unter die Haut (vgl. Krumm-Heller, S. 26). Die nach Erdbeeren (oder anderen Früchten) duftenden Schreibflüssigkeiten mancher Schülerschreibstifte und duftende Radiergummis haben zugleich Werbe- und Motivationseffekte.

4.15 Heilwirkungen von Düften

Wie schon bei den Philosophen bis weit ins Altertum zurück und auch noch bei Ärzten des Mittelalters ist immer wieder die Rede davon, daß man Düfte als Heilmittel einsetzen könne und solle. Am bekanntesten ist das in Antike und Mittelalter verwandte Rauchwerk zur Vertreibung schlechter Luft, die häufig mit bösen Geistern in Zusammenhang gebracht wurde. Häufig gebraucht wurde diese Art des Räucherns zur Bekämpfung von Seuchen.

Eine Art von Gasmaske ließen sich mittelalterliche Pestärzte anfertigen; man nannte diesen Mund- und Nasenschutz "Doctor-Schnabel". Er bedeckte den gesamten vorderen Kopf, lag eng an und besaß für die Augen Gläser wie heutige Gasmasken. Als Filter wurden aromatische Kräuter in den Schnabel praktiziert, von denen man sich eine desinfizierende Wirkung erwartete. Die

Mittelalterlicher Pestarzt
in seiner Schutzkleidung. Der „Doctor-Schnabel" war mit desinfizierenden Kräutern gefüllt; mit dem „Haudegen" hielt sich unser „Marsmensch" notfalls Personen vom Leib, die ihm nicht ganz „ladenrein" vorkamen.

Pestdoctores waren zudem in einen wallenden, bis auf die Füße reichenden Mantel gehüllt und trugen als Waffe gegen Leute, die sie sich vom Leibe halten wollten, einen "Haudegen" (Schrödter, S. 37). Schrödter hat das Bild eines solchen Pestarztes in sein Buch aufgenommen und entsprechend apostrophiert (ebd., S. 38). Es ist als Photokopie hier wiedergegeben.

In unseren heutigen Krankenhäusern leisten die Betten nurmehr funktionale Dienste. Auch die oft angepriesene Wassermatratze macht da keine sonderliche Ausnahme; freilich mag sie bei manchen Leiden ihren schmerzlindernden Dienst tun; sie unterstützt einen Heilungsprozeß damit indirekt. Einen direkten Einfluß versprach man sich von Heilbetten anderer Art. Der von Schrödter zitierte Arzt des 17. Jahrhunderts, William Maxwell, der fast ein Jahrhundert vor Franz Anton Mesmer bereits eine Art magnetischer Heilkunst versuchte, sah eine lebensverlängernde Wirkung in der Benutzung von Betten, in denen man auf heilsamen Kräutern schläft. Er empfiehlt vor allem Rosmarin, Salbey, Betonien und Balsamminze als Komponenten für den Matratzeninhalt. Im Sommer solle man sich ganz einfach nackt in diese Kräuter legen (vgl. Maxwell, S. 174 f.). Seegras und Kapok, Pflanzensubstanzen, die noch bis in die jüngste Zeit als Füllmaterial benutzt wurden und werden, entsprechen sicher nicht den Anforderungen Maxwells. Er war der Meinung, daß jede Krankheit ein besonderes Bett erforderlich macht (vgl. ebd., S. 58). Was er wohl zu den heutigen Kunststoffunterlagen sagen würde?

Mit Düften heilen ließe sich so manche Krankheit. Die zerfallenden Kräfte des Patienten würden regenerieren, wenn man ihm "in warmen Wein getunktes Brot vor die Nase" halte. Von belebender Wirkung seien die Düfte gemähten Grases, frisch gemahlenen Kaffees, eben gesägten Holzes, dampfenden Teers und ofenfrischen Brotes. Anregend wirke auch die Luft am Gradierwerk sowie über Wasserfällen (Schrödter, S. 39 f.). Bis in unsere Zeit hinein schreibt man dem Aufenthalt im Gaswerk eine beruhigende Wirkung bei Keuchhusten zu. Aus einer Beschreibung gesundheitsfördernder Düfte von Johann Friedrich Osiander, Medizinprofessor in Göttingen und Fürstlich Waldeck'scher Hofrath (1787-1855) erstellte Schrödter eine zusammenfassende Übersicht, die hier wiederveröffentlicht wird (ebd., S. 40 f.).

Seite	Nr.	Riechstoff	gegen	Quelle
25	35	Kampfer auf Flanell und den auf Brust	Husten	
25	37	Justitia triflora	Husten	Arabien
26	38	Schlüsselblumen	Husten	
26	51	Katzenkraut (Teucrium marum), frisch, zerrieben	Stockschnupfen	
88	23	Eau de Luce (Liquor ammonii succ.)	Brustkrampf	
120	3	Salmiakgeist	Fallsucht	Dr.Pinel (1745-1826)
126	6	Juchtenleder	hyst. "Zufälle"	Rußland
126	10	pulv. Mastix in ausgesteinte Dattel füllen, auf glühenden Kohlen braten. Leidende inhaliert über dem Feuer mit der Nase, ißt dann die Frucht	desgl.	Levante
149	9	Terpentinöl; hiermit Kleider besprengen	Diabetes der Kinder im Säuglingsalter	Dr.Dewees
160	4	Schwefel räuchern	Pestilenz (Pest)	"Odyssee" (XXIII,481); Maternité zu Paris

161	10	Essig verdunsten	desgl.	Deutschland
162	15	Weihrauch	Pestacontagium von sich abhalten	Dr.Howard
	16	Storax räuchern	desgl.	Stambul
201	22	Ambra, Moschus (Kadaver)	Impotenz	Linné (1707-1778)
201	23	Emanation (faulender)	desgl.	Anatom Mascagni
247	8	Honiggeruch einatmen	Lebensverlängerung bei Sterbenden	Demokritus lt. Athenaeus (L. II; c.7)
247	9	Weinessig, Köln. Wasser, durchschnittene Zwiebeln, zerriebener Meerrettich	Ohnmacht Schwindel	
247	10	angebrannte Feder unter die Nase halten	Ohnmacht bes. Hysterische	
254	23	auf mit Hopfen gefüllten Kissen schlafen	Schlaflosigkeit	Engl.Volks. Med.
254	26	Schafgarbe (Achillea millefolium) in Wochenstube aufhängen	Schlaflosigkeit der Wöchnerinnen	Italien

5. DUFTWIRKUNGEN BEI BESTIMMTEN ERKRANKUNGEN

Gesundheitsfördernde Wirkungen der Düfte wurden schon im Altertum angenommen. Angenehme Düfte lassen an Natur erinnern. Wachsende Industrialisierung, Verbetonierung der Landschaft und die damit im Zusammenhang stehenden unangenehmen Geruchseinwirkungen ließen das Bedürfnis und damit auch das Empfinden für natürliche Düfte verkümmern; in jüngster Zeit erinnert man sich ihrer wieder. Sinnlos und voreilig geplante Betonwüsten sollen da und dort der Landschaft weichen.

Die Wirkung der Düfte liegt in der Stimulierung besonders des Zwischenhirns, in dem wir innerhalb des zentralen Nervensystems eine Steuerinstanz zu erblicken haben. Von hier aus wid dann das vegetative Nervensystem beeinflußt. Als "vegetative Störung" wid so manche Irritation des Allgemeinbefindens bezeichnet, auch wenn sie von einer noch latenten, aber ernstzunehmenden Erkrankung herrührt.

Eine Blut-, Urin- und Kotanalyse verschafft gewöhnlich ein Bild über mögliche Ursachen der Störung. Es werden Medikamente injiziert oder geschluckt. Das wird bei akut-bedrohlichen Zuständen der rascheste Weg zur Abhilfe oder Hilfe sein. Nur wenige Ärzte erinnern sich heute an einen Weg, den man früher gegangen ist, den Weg über den Atem, der eine Dauerbeeinflussung von Heildüften möglich macht, ohne Speiseröhre, Magen und Darm als empfindliche Zwischenkanäle zu strapazieren. Einer dieser Ärzte war Arnold Krumm-Heller, der auch als Oberstleutnant-Arzt in einem mexikanischen Militärhospital mit seiner osmologischen Heilmethode über mehrere Monate hin erfolgreich gewirkt hat. Es wird ihm eigens bescheinigt, daß während seiner Tätigkeit keine Todesfälle registriert wurden. Eine Beglaubigung der Kommandantur der Armee ist nachstehend wiedergegeben.

Procopio I. Elizondo
Oberst der Cavallerie
und Standortältester

Ich bescheinige, daß der Oberstleutnant - Arzt Krumm-Heller, welcher heute seine neue Mission im Auftrag der Regierung an der Grenze der Vereinigten Staaten antritt, hier Leiter des Militärhospitals war, während der letzten Monate.

Es freut mich bestätigen zu können, daß er wertvolle Heilmethoden im Krankenhaus einführte, dadurch die Ausgaben verminderte und die Organisation verbessert und vereinfacht hat.

Er zeichnete sich durch seine Aktivität in der Bekämpfung der Blattern aus und in der Behandlung unserer tapferen Soldaten, welche vom Schlachtfeld zurückgebracht wurden, mit solchem Erfolg, daß während seiner Tätigkeit in mehreren Monaten keine Todesfälle registriert wurden.

Es tut uns leid, daß er uns verlassen muß.

Constitutionelle Armee — **Matamoros, Tam. a 10. Febr. 1915**
der Republik Mexiko
Kommandantur der Armee — **gez. (Unterschrift)**

Nicht weniger als 107 Duftgrundlagen, denen er heilsame Wirkungen bei jeweils dazu erwähnten Erkrankungen und Krankheiten zuschreibt, nennt **Krumm-Heller** im Anhang seines Buches S. 137-142. Er findet sich in guter Gesellschaft aller derer, die da fest davon überzeugt sind, daß gegen jede Krankheit ein Kräutlein gewachsen ist, was hier keineswegs bezweifelt werden soll, obschon bzw. weil wir ja nicht in der Lage sind, alles fein säuberlich zu überprüfen. Ein direkter Hinweis auf einen Duftstoff, der das Gedächtnis stärkt, wird vermißt. Allenfalls dem Zitronenöl wird eine Wirkung bei Kongestionszuständen im Gehirn zugeschrieben, was nahelegt, Personen mit Bluthochdruck dahingehend zu überprüfen. Ein Mittel, das solchen Patienten beim Lernen helfen könnte? Auch Weihrauch mag beruhigend bei nervösen Leuten wirken und auch Pfefferminz, am besten als Kaugummi, weil es Kopfschmerzen beeinflußt und weil das Kauen Verkrampfungen lockert.

Die Zusammenstellung Krumm-Hellers läßt nicht erkennen, ob er die erwähnten Heildüfte ausnahmslos auch selbst erprobt hat. Ohne Zweifel ist sie von einer Art "astrologischer Esoterik" beeinflußt, was er selbst ja besonders unterstreicht (vgl. Krumm-Heller, S. 62 ff.). Dies gilt mehr noch für die Übersicht (S. 137-142) als für die Kennzeichnungen (S. 62 ff.). Es sei versucht, eine kleine Synopse in alphabetischer Reihenfolge zu konzipieren, in die auch neueste Erkenntnisse über die Wirkungen von Duftstoffen einbezogen werden, wie z.B. die von H.Karsten, Sanatoriumsleiter in Remagen-Kripp, und Sch.Gassanow, Moskau.

Auch einige Hinweise der Heilpraktikerin Susanne **Fischer** sollen in die Übersicht aufgenommen werden. In ihren Büchern "Medizin der Erde" und "Blätter von Bäumen" erwähnt sie des öfteren eine einfache Methode, Pflanzendüfte für längere Zeit zur Wirkung zu bringen. Wie schon W.Maxwell 1678 seinen Kranken empfahl, in Kräuterbetten zu schlafen (vgl. Maxwell, S. 174 f.), erinnert sie an den alten Brauch der Herstellung und Benutzung von Kräuterkissen, die es ermöglichen, den Kräuterduft ganze Nächte lang einzuatmen. Als weitere Anwendungsmöglichkeit nennt sie die Verdampfung und Inhalation der aus den Pflanzenteilen gewonnenen ätherischen Öle.

Es gibt noch einfachere Methoden, die Heilkraft besonders von Früchten nutzbar zu machen. So lassen sich Wacholderbeeren zerkauen; auch dabei gelangen Duftstoffe in die Atemwege. Bekannt ist die Wirkung des Roßkastanienextrakts bei rheumatischen Erkrankungen; noch bis vor kurzem (vielleicht auch heute noch) trugen ältere Menschen eine Roßkastanie in einer Kleidertasche in unmittelbarer Körpernähe bei sich, um sich gegen rheumatische Erkrankungen zu schützen oder ihnen entgegenzuwirken. Als Aberglaube kann dies kaum bezeichnet werden, jedenfalls nicht mehr, seitdem man den Heileffekt der Roßkastanie kennt. Es wird hierbei zwar nichts über die Nase eingeatmet, doch gibt es auch die Hautatmung, die hierbei als Transportmittel denkbar ist.

Pflanze	Krankheiten
Ahorn	Geschlechtskrankheiten
Alpenrose	Beinleiden, Bronchien, Krämpfe
Anis	Bronchien, Lunge, Geschlechtskrankheiten
Apfelbaum	Blähungen, Darm, Krämpfe, Leber, Stoffwechsel
Arnika	Stärkende und aufrichtende Duftwirkung; früher auch als Tabakersatz verwendet
Baldrian (Cumarin)	Blähungen, Epilepsie, Gereiztheit, Kehlkopf, Koliken, Magen, Unruhe, Unterleibskrämpfe, Schlaflosigkeit, Schwindel, Streß
Begonie	Gicht, Hüftschmerzen, nervöse Störungen, Oberschenkelleiden
Cumarin (im Heu)	Gereiztheit, Streß, Unruhe
Edelgeranie	Nervöse Zustände, psychosomatische Erkrankungen
Edellorbeer	wie Edelgeranie
Efeu	Knieleiden, Lähmungen, Rheuma
Eiche	Blutkreislauf, Fieber, Herz, Rücken
Erdbeeren	Blase und Nieren, Leber
Farne	Blut, Fußleiden, Geschwüre
Fichtennadeln	wie Anis
Flachs	Furunkel, Hals, Heiserkeit, Katarrhe
Flieder	wie Flachs
Gänseblümchen	wie Flachs
Hanf	Fieber, Infektionen, Kopfschmerz, Masern, Zahnleiden

Pflanze	Krankheiten
Heidekraut	wie Anis
Holunder	wie Eiche
Honigklee	Wiederherstellung des seelischen Gleichgewichts
Hopfen	Blase, Drüsen, Eiterungen, Erregtheit, Gallensteine, Gelbsucht, Gliederschwere, Menstruation, Migräne, Nierenkolik
Huflattich	Schwerer Husten, Bronchitis, Asthma; ursprüngliche Anwendung: Blätter oder Wurzeln werden verbrannt, der Rauch eingeatmet
Kamille	Koliken, Reizbarkeit, Unruhe, Schlafstörungen
Kampfer	Husten
Kiefer	Schleimlösend bei Bronchitis
Knoblauch	wie Hanf
Latschenkiefer	Bronchien-Verschleimung, Flechten, Hautausschläge, Rheuma
Lorbeer	Arm-Schulterverletzung, Bronchien-Lunge, Rippenfell
Melisse (Cumarin)	Nervöse Magen- und Herzbeschwerden, Schlafstörungen
Moose	wie Flachs
Myrrhe	wie Alpenrose
Narde	wie Alpenrose
Palme	wie Begonie
Rose	wie Erdbeeren
Rosmarin	Abgespanntheit, Blähungen, Epilepsie, Hypotonie, Kreislauf, Lähmungen, Menstruation (Anfall), Rheuma, Verdauung, Wassersucht
Roßkastanie	Zu Schnupftabak verarbeitet: adstringierende Wirkung bei Nasenpolypen. Rheumatische Erkrankungen
Santolin	wie Edelgeranie
Schafgarbe	wie Lorbeer

Pflanze	Krankheiten
Schlüsselblume	Kopfschmerzen, Schlaflosigkeit
Thymian (Feldquendel, Feldkümmel)	Allgemein: vitalitätsstärkend, belebend, Angst, Verstimmung, Erkältungskrankheiten (hartnäckiger Husten), Keuchhusten, Koliken, Kopfschmerz, Krämpfe, Magenkrämpfe, Skrofulose, Tuberkulose (Wunderheilungen am Gralsberg Montserrat bei Barcelona, der von Thymian übersät ist, werden als Duftheilungen erklärt)
Veilchen	wie Erdbeeren
Wacholder	Erkältung, Bronchitis, Lungenkrankheiten
Wasserpflanzen (und Kohlsorten)	Krebs, Magen, Stoffwechsel, Verdauung
Ysop	Husten, Bronchitis; Anregung der geistigen Funktionen
Zitrone	Hypertonie; belebend, gedächtnisstärkend
Zwiebel	wie Hanf

Außer den vorangestellten Hinweisen für die Art und Weise, die Duftstoffe nutzbar zu machen (Duftkissen, Inhalation, Zerkauen), können Gebrauchsanweisungen nicht erteilt werden; sie wären Sache von Heilkundigen. In der Synopse sind, um nicht den Eindruck zu erwecken, es handele sich jeweils um Rezepturen, die Kräuter und nicht die Anwendungsgebiete nach vorne gestellt. Wer eine auf die diversen Erkrankungen zugeschnittene Zusammenstellung sucht, findet diese in dem Buch von Robert B.Tisserand "Aromatherapie" im "Register nach Indikationen" (S. 341- 350).

Wie man sich Anwendung und Wirkungsbereich in etwa zu denken hat, mögen zwei Beispiele (im Rezeptjargon) andeuten.

- Bei Abgespanntheit und Schlaffheit zähle man 20 Tropfen Rosmarinöl in ein warmes Bad und halte sich 15-20 Minuten darin auf, wobei tiefes Atmen die Duftwirkung verstärkt.
- Bei Erkältungskrankheiten gebe man 10 Tropfen Thymianlösung auf einen Wattebausch und lege diesen in ein offenes Gefäß (Glas, Tasse); der Duft soll dann über eine Zeit von 10 Minuten langsam ein- und ausgeatmet werden.

Die von H.Karsten am häufigsten verwendeten Duftstoffe waren gemäß einer persönlichen Mitteilung der Witwe des Arztes: Edelgeranie, Edellorbeer, Rosmarin und Santolin. Sie hätten sich vor allem bei nervösen Störungen, psychosomatischen Krankheitsbildern und Schlaflosigkeit bewährt (vgl. auch H.Karsten, S. 32).
Eine mehr oder weniger enge Zusammenarbeit bestand über Jahre hinweg zwischen dem Remagener Sanatorium und dem Institut des Psychiaters Prof.Dr.W.Klages an der TU Aachen sowie dem russischen Professor Schukja Gassanow (Moskau), der in Baku am Kaspischen Meer mit Unterstützung der Sowjetischen Akademie der Wissenschaften mit denselben Duftstoffen, die auch Karsten bevorzugt eingesetzt hat, über sechs Jahre hinweg eine erstaunlich hohe Anzahl von Patienten erfolgreich behandelte.

Bei den in der Synopse genannten Duftstoffen ist die Wirkung längst nicht durchgängig so erprobt wie bei den zuletzt genannten. Es mag sich bei manchen um Wirkungen handeln, die eine religiöse Überzeugung oder eine Weltanschauung dahinter vermutet. Doch da die Substanzen in der Literatur von früher und heute häufig erwähnt werden, sind sie hier in alphabetischer Reihenfolge gewissermaßen als heuristisches Prinzip aufgereiht für den, der Mutter Natur den Vorzug vor den Synthetiks gibt.

6. ANTIKE DUFTWELT

6.1 Rauchopfer und Düfte in geschichtlicher Zeit

Die Darstellung folgt dem Vorbild des Arztes Arnold **Krumm-Heller.**

Dem Lexikon des Geheimwissens von Horst E. Miers entnehmen wir die folgenden recht spärlichen biographischen Daten; sie sind durch Angaben ergänzt, die Krumm-Heller selbst geliefert hat. Er ist 1876 geboren, der Geburtstag ist nicht vermerkt; gestorben ist er am 19.5.1949 in Marburg. Er hat zwei Doktorgrade; einer davon ist wohl ein medizinischer. Während der innermexikanischen Kriege wirkte er nach Zeugnis einer Militärverwaltung 1915 als Oberstleutnantarzt mit großem Erfolg (siehe Seite 64 im vorliegenden Buch).

Sein weltanschaulicher Standpunkt ist durch seinen Einsatz für die Rosenkeuzer charakterisiert. Das Lexikon nennt ihn Hochgradfreimaurer. Er war Großmeister des Orientalischen Templerordens und Patriarch der Gnostisch-katholischen Kirche (Brüder des Lichts der sieben Gemeinden in Asien oder Orden der Templer im Orient). Er ist Gründer der Fraternitas Rosicruciana Antiqua. Seine Behandlungsmethoden beschreibt er in seinem Buch "Osmologische Heilkunde". Daneben soll er auch als Magnetiseur gewirkt haben. Zusammen mit seiner Frau lernte er die geheimen Heilmethoden südamerikanischer Indianerstämme kennen. Doch sollen manche Indianer seine ärztlichen Fähigkeiten denen ihrer Schamanen vorgezogen haben. Er hat sich auch mit dem Biorhythmus (Bioritmo 1930), mit "Heiligen" Pflanzen, worunter sowohl gottgeweihte als auch heilende Pflanzen zu verstehen sind (Plantas sagradas 1931) sowie mit dem Schamanismus (1947) beschäftigt.

Seine Veröffentlichungen zum Thema Geruch können hier nicht ausgeklammert werden, wenngleich ihre Inhalte zum Teil in den Bereich der Metaphysik gehören. Ähnlich wie Henning (1924, S. 5-23) versuchen wir uns an einer Gliederung, deren Systematik sich am Duftgebrauch von Juden, Römern, Griechen, Arabern, der katholischen Kirche in West und Ost, Mexikanern und Buddhisten orientiert. Wegen zahlreicher Überschneidungen ist eine historisch getreue zeitliche Einordnung nicht vorgesehen. Vorbild bleibt stets die Aufzeichnung Krumm-Hellers, der nicht immer die gleichen Überlieferungen und Aspekte wie Henning berücksichtigt. Wiederholungen seien also ohne Verweis gestattet.

6.1.1 Juden

Man geht wohl nicht fehl in der Annahme, daß das Rauchopfer schon lange vor unserer Zeitrechnung eine doppelte Bedeutung hatte: Gabe für die Gottheit und Verbindung zu ihr. Gute und Böse haben Rauchopfer dargebracht; die Verbrennungssubstanz war kultur- und umweltabhängig. Kain opfert Feldfrüchte; sein Rauch steigt nicht hoch zu Gott, er findet keine Gnade, keine Verbindung zu ihm und wird zum Mörder, zum Abgesonderten, zum Sünder. Abel bringt ein Tieropfer dar; sein Rauch steigt nach oben, er hat Verbindung zu Gott, findet aber ebenfalls keine Gnade: der Neid seines Bruders tötet ihn.

Das Rauchopfer auf pflanzlicher Basis hat das Rauchopfer auf tierischer Basis allmählich abgelöst; von den ersten beiden Menschensöhnen wird es nebeneinander praktiziert. Ob die biblischen Erzähler den verschiedenen Substanzen eine Wertung beigemessen haben, wissen wir nicht.

Wer dem Geruchssinn eine mediale Verbindung zum Übersinnlichen, zur Gottheit, zur Allnatur usw. zumißt, findet Bestätigung bei den Religionen fast aller alten Völker. Wer da glaubt, aus fast völligem Fehlen solcher Rauchopfer in den heutigen Synagogen darauf schließen zu dürfen, die Juden hätten seit eh und je darauf verzichtet, ist im Irrtum. Den Verzicht haben sie sich nach der Zerstörung des Tempels in Jerusalem selbst auferlegt; die in alle Welt zerstreuten Juden ließen das Gebet an Stelle des Opfers treten (vgl. Krumm-Heller, S. 10). Vor der Tempelzerstörung und Vertreibung verwendeten sie in ihren Stiftshütten und im Tempel wohlriechende Substanzen, darunter eben auch den Weihrauch, der eine nicht geringe Rolle spielte, auch zu den Gaben gehörte, welche die "Drei Könige" dem neugeborenen Messias dargebracht haben.

Die meisten dieser Duftstoffe, die den herkömmlichen Sammelnamen "sam", das Grundwort von "basam" (= Balsam) hatten, mußten aus dem Ausland bezogen werden. Neben dem Weihrauch waren es die Myrrhe, das Harz eines afrikanischen Strauches, der Safran, Gewürz einer Krokuspflanze (in Europa noch im 19. Jahrhundert als Färbemittel für Kuchen- und Nudelteig angewandt), die Narde, ein Sammelname für wohlriechende Wurzelstöcke, Cypernblumen, der Kalmus, eine schilfförmige Sumpfstaude, der Zimt, eine bekannte feine Gewürzrinde, die Aloe, ein Liliengewächs, und sonstiger Gewürzstaub (vgl. ebd., S. 10); zu diesen pflanzlichen Substanzen traten früh auch tierische Produkte, so die Ambra (oder der Amber), eine krankhafte Ausscheidung des Pottwals, der Moschus, eine Drüsenausscheidung des Moschustieres, eines geweihlosen Hirsches Innerasiens, wohl auch schon das Bibergeil, eine Ausscheidung aus den Afterdrüsen des Bibers, und Zibet aus einer Afterdrüse der nordafrikanischen Zibetkatze. Die meisten der genannten Substanzen finden auch in der modernen

Parfumerie noch Anwendung. Die Weihrauchsubstanz, heute ein Mischprodukt, damals reines Harz eines latschenähnlichen Baumes, stammte aus Südostarabien. Vieles deutet darauf hin, daß er von einem Volk, das im Gebiet des heutigen Jemen lebte, den Sabäern, von Südostasien auf den sogenannten Weihrauchstraßen zu den westlichen Verbrauchern gebracht wurde; ob sie ihn im Herkunftsland auch geerntet oder gekauft haben, wissen wir nicht. Sein hebräischer Name "l'bhonah" läßt darauf schließen, daß die Juden dieses Produkt aus dem Libanon, der damaligen Heimat der Phönizier, einem Seefahrervolk, bezogen haben. Über die Wege und Ursprünge des Weihrauchs wird auch an anderer Stelle berichtet.

Die oben genannten pflanzlichen und tierischen Substanzen wurden längst nicht alle zu Räucherwerk verarbeitet. Man war schon damals in der Lage, käufliche, allerdings nicht wohlfeile, Fertigpräparate daraus herzustellen. Das konnten Duftwässerchen, Duftöle oder auch Duftfette sein. Salben, die man daraus herstellte, dienten als Heil- und Schönheitsmittel, für feierliche Weihehandlungen, z.B. bei Königskrönungen, brauchte man ein geweihtes Salböl. Maria Magdalena, die des Herren Füße salbte und mit ihren Haaren trocknete, hat sicher eine flüssige Salbe benutzt. Infolge der Bibelübersetzung durch Luther ist der irrige Eindruck entstanden, es habe sich in jedem Fall, wenn von einer Salbe die Rede ist, um eine feste Substanz gehandelt. Das schon im Althochdeutschen vorkommende Wort salba weist Ähnlichkeit mit dem tocharischen Salype, was Fett, Öl bedeutet und mit dem altindischen elpos (Öl, Fett, Talg) auf; englisch heißt es salve, was genau so geschrieben wid wie der altrömische Gruß: "Salve" - bedeutet als Grußformel ursprünglich "Heil dir!" - ein frommer Wunsch also für den Ge- oder Begrüßten. Nur, was hat man daraus gemacht! Beim Hitlergruß war man sich keineswegs sicher, daß der Grüßende dem damit Angesprochenen Heil, das ist Gesundheit, lat. salus, wünschte. Die meisten Heils galten wohl dem Führer der Verführten, wenn sich der so Grüßende überhaupt etwas bei der Floskel gedacht hat. Arm und Hand wurden dabei erhoben, wie auch beim römischen Gruß. Doch dort hatte das Handheben, wie sicher auch bei einigen Germanenstämmen, die Bedeutung: siehe, ich komme dir friedlich und ohne Waffe entgegen. Als Grußformel bedeutet "salve" auch ganz einfach "sei gegrüßt" wie zum Beispiel im katholischen Gebet "Salve regina", was "Gegrüßt seist du, Königin" heißt. In der Militärsprache versteht man unter Salve heute das gemeinsame Abfeuern mehrerer Gewehre oder Geschütze; ursprünglich war ein Salut eine Grußform lauter Art oder eine Form besonderer Ehrenbezeugung.

Zurück zu den Gerüchen! In den Synagogen der jüdischen Diasporagemeinden ist das Rauchopfer also nicht mehr ausgeübt worden. Das Gebet trat an die Stelle des Opfers. Es gibt jedoch eine winzige Ausnahme für den Einsatz von Duftwerk. Sowohl der Vorbeter in der Synagoge wie auch das Familienoberhaupt zu Hause gebraucht bei der Feier der "Scheidung" am Sabbatsabend, welcher die neue Woche ankündigt, einen Behälter mit frischduftenden Gewürzkörnern, die als "b'somim" bezeichnet werden, weshalb der an mehreren Stellen durchbrochene Metallbehälter "B'somim-Büchse" genannt wird. Dieses Gefäß in der Hand haltend, spricht der Vorbeter: "Gelobet seist Du, Herr unser Gott, König der Welt, der Du aller Arten Gewürze erschaffen". Nach diesem Segensspruch wird der Deckel der Büchse geöffnet und der Duft eingeatmet. Der mit dem Gewürzduft sinnbildlich eingeatmete Sabbatgeist wird in die neue Woche eingebracht. Nach Zeugnis des AT wurden Duft- und Räucherstoffe schon von Hesekiel und Jesaias dringend anempfohlen, Salomo erließ Richtlinien für die Herstellung von Rauchwerk (vgl. Krumm-Heller, S. 10 f.).

Wohlgerüche sind für die alten Juden eine Art Inbegriff des Göttlichen. Man muß deshalb das Allerheiligste, auch wenn es nur ein Zelt war, mit köstlichen Düften erfüllen, daß Gott sich darin wohlfühlen kann.

6.1.2 Griechen

Für die alten Griechen war der Duft noch Stellvetreter für einen Gott, und der Riechende glaubte ihn in seiner Nähe. Was Götter berühren, erhält Göttergeruch, ihre Kleidung duftet nach Ambrosia, die Windeln des Götterkindes Hermes ebenso wie seine Badewanne. Götter, die den Menschen wohlwollen, duften angenehm, Götter, die sich als Feinde des Menschen aufspielen, stinken, ähnlich wie die Erynnien, die einen Gifthauch verbreiten (vgl. ebd., S. 12). Gemäß Homer (Ilias) ruft Hera den Göttervater Zeus mit speziellen Düften herbei. Wie der Ort Grasse später in Südfrankreich waren die attischen Inseln für die Herstellung des Parfums und sonstiger Duftmittelchen bekannt. Sogar Kleider und Möbel wurden im alten Griechenland beduftet.

6.1.3 Römer

Auch die Römer verbinden den Geruch mit dem Göttlichen. In "Fasten" (5, 375-376) führt **Ovid** den Duft auf das Wirken der Göttin Flora zurück.

> "Omnia finierat (flora); tenues secessit in auras.
> Mansit odor; posses scire fuisse deam".

Sinngemäß, dabei aber fast wörtlich heißt dies:

Sie hat alles bestellt; ist in linde Lüfte entwichen.
Es bleibt der Duft; sei gewiß, die Göttin ist es gewesen.

Die Göttin wird hier mit ihrem Werk, den Blumen und dem ihnen entströmenden Duft, identifiziert, und ähnlich wie bei den Griechen stehen Blumen stellvertretend für Duft, und der Duft wiederum liefert den Beweis für die Anwesenheit der Gottheit.

Nero, der sich wie andere römische Kaiser selbst Gott nannte, habe bei der Bestattung seiner Frau Sabina Poppäa 65 n.Chr. mehr als eine volle arabische Jahreslieferung von Räucherstoffen verbrennen lassen. Wofür hat der Zyniker sich wohl so duftig bedanken wollen? War er tatsächlich Pyromane?

Bei den Christen hat es fast drei Jahrhunderte gedauert, bis sie sich des Duft- und Rauchwerks für rituelle Zwecke bedienten. Als Intellektuellem war es Paulus nicht gegeben, den "göttlichen Duft" mit einer göttlichen Leiblichkeit oder Nähe zu identifizieren. Der göttliche Duft wird ihm "zum Gleichnis der Wirkung und Offenbarung des göttlichen Geistes" (Krumm-Heller, S. 12).

6.1.4 Araber

Parfums waren in Europa schon lange vor Christus Handelsprodukte. Doch nirgends blühte das Parfumgeschäft damals so wie in Arabien, wo Boden und Klima die Zucht der pflanzlichen Grundstoffe begünstigten. Eine regelrechte Parfumflotte brachte die kostbare Ware, so weit die Winde sie trieb. Mohammed versprach seinen Kriegern, um ihnen die Todesfurcht zu nehmen, die höchsten Wonnen in Allahs Himmelreich; dort warteten die schwarzäugigen Huris auf sie; deren Körper seien aus reinem

Moschus geschaffen. Noch heute wäscht man die Wände der Moscheen mit Rosenwasser, so wie es Sultan Saladin einst angeordnet hat. In unseren christlichen Kirchen dagegen riecht es gar nicht selten recht muffig.

Es finden sich auch ältere Zeugnisse für Herstellung von Parfums und für den Handel damit. Schon 1500 v.Chr. soll die ägyptische Königin Hatschepsut Landesprodukte gegen Räucherwerk und Duftmittel eingetauscht haben. Handelspartner waren wohl die Phönizier. Bei der Beisetzungsfeier des Herodes sollen 500 Sklaven dem Leichenzug mit Duftwerk vorangegangen sein, um die Teilnehmer in eine Glocke des Wohlgeruchs einzuhüllen.

Auf ihren Eroberungs- und Bekehrungsfeldzügen brachten die Araber die Kunst der Parfumherstellung auch nach Afrika, Spanien und Frankreich. In spanischen Bibliotheken sind noch heute Duftrezepturen aus der maurischen Zeit nachzulesen. Von Spanien gelangte die Kunst der Duftherstellung dann nach Frankreich und später nach Mexiko, wo sich die maurischen Rezepte mit denen der Ureinwohner mischten. Auch von böswilligen Zweckentfremdungen mancher Duftstoffe ist zu berichten. So soll es heute noch bei südamerikanischen Stämmen vorkommen, daß die Zauberer unter anderem von ihnen zubereitete Seifen verteilen, um mißliebige Stammesbrüder durch den Duft krank zu machen. Katharina von Medici habe solche Duftgifte in ihrem Handschuh versteckt, um ständig eine Mordwaffe zur Stelle zu haben. Unsere sogenannten Scheintotnotwehrinstrumente sind demgegenüber geradezu noch als human zu betrachten.

6.1.5 Franzosen

Den Franzosen sagt man nach, die größten Parfumverschwender in Europa zu sein. König Ludwig XV. preßte seinem Volk Steuern aus dem Leibe, daß er sich so viele Duftstoffe leisten konnte, seine Räumlichkeiten täglich mit neuen Gerüchen anzufüllen. Doch wer denkt schon daran, daß hinter solchem Gebaren im 17., 18. und 19. Jahrhundert nichts als die nackte Angst stand, sich mit todbringenden Ausdünstungen von Menschen, Tieren und Pflanzen, ihren Exkrementen und Verwesungsprodukten zu infizieren. Die Menschen waren hellhörig und geruchsempfindlich geworden, nachdem Gelehrte und Publizisten auf echte und vermeintliche Gefahren aufmerksam gemacht hatten. Laufend kam es zu Beschwerden über Geruchsbelästigungen (vgl. Corbin, S. 84). Begriffe wie Gestank, Krankheitskeime, Übelriechendes, Ungesundes, Luftverderbnis und Erstickungsgefahr wurden dabei verwechselt oder synonym gebraucht (vgl. ebd., S. 86). Es gab kein Kanalisationssystem, die Kloaken mußten praktisch per Hand entleert werden. Was blieb übrig, als sich mit Parfums und Räucherstoffen gegen Gestank und Infektion zu schützen; denn die Gefahr der nasalen Inhalation von giftigen Substanzen wurde wegen der Nähe des Riechorgans zum Gehirn überschätzt (vgl. ebd., S. 88). Den einfachen Leuten wurde die Herstellung von Duftkissen noch im 19. Jahrhundert empfohlen. An Duftsubstanzen wurden verwendet: Raute, Melisse, Majoran, Minze, Salbei, Rosmarin, Orangeblüten, Basilikum, Thymian, Quendel, Lavendel, Lorbeerblätter, Orangen-, Limonen- und Quittenschalen. Solche Duftkissen sollten vor allem in Pestzeiten bereitgehalten werden (vgl. ebd., S. 90). Auch Schwämmchen mit Essig oder Kampfer getränkt wurden als Schutz gegen Gestank und Ansteckung benutzt. Zum desinfizierenden Räuchern fanden neben Schwefel selbst Schießpulver und Siegellack Verwendung (vgl. ebd., S. 92).

Selbstverständlich durfte auch "Frau Nachbarins Riechfläschchen" nicht fehlen. Spezialgeräte wie das Räucherkistchen zur Verbrennung von Räucherkügelchen standen reichen Leuten und Lazaretten zur Verfügung (vgl. ebd., S. 92).

6.1.6 Katholische Kirche

Duftstoffe und Salben haben in der katholischen Kirche heute nur mehr geringe Bedeutung. Ein besonderes Duftöl wird bei Firmung und letzter Ölung verwendet, Weihrauch beim "Hochamt", Weihungen und Begräbnissen. Die orthodoxen Kirchen messen solchen Stoffen bis zum heutigen Tage noch größere Bedeutung zu. Eine feierliche Handlung war und ist die rituelle Vorbereitung der Altartischplatte, die in der Regel schon aus duftendem edlen Zypressenholz gefertigt ist. Nach der Waschung mit warmem Wasser und wohlriechender Seife wird sie vom Bischof mit Rosenwasser bestrichen. Ein Behälter unter dem Altar enthält Reliquiensplitter, die in Wachsmastix eingegossen sind. Dieser Mastix ist eine über Feuer zubereitete Mischung aus Bienenwachs, pulverisiertem Mastixharz (vom Mastixbaum), zwei Sorten Weihrauchharz, Aloe, Thymian und Fichtenharz. Das Mengenverhältnis dieser Stoffe ist in liturgischen Büchern genau vorgeschrieben. Schon die Herstellung dieser Masse ist ein feierlicher Akt.

Aus stark aromatischen Grundstoffen besteht auch das "heilige Myron", das bei heiligen und heilenden Handlungen bzw. Behandlungen Anwendung findet. Seinen Namen hat dieses Myron von der in dem Gebräu vorkommenden, aber nicht überwiegenden Myrrhe. Dieses Heil- und Kultusmittel besteht in der griechischen Kirche aus vierzig, in der russischen aus zwanzig Ingredienzien; das häufige Einatmen des Gemischduftes soll einer Wunderkur gleichkommen. Die Myronherstellung ist ebenso wie die des Mastix eine heilige Handlung, die von Montag bis Gründonnerstag der Karwoche dauert; die aromatischen Substanzen kochen in der ganzen Zeit in Wein und Rosenöl. Der Myrongebrauch ist in der Ostkirche noch sehr verbreitet. Auch die russischen Zaren wurden bei der Krönung mit dem Mittel "gesalbt", was ihnen die Kraft verliehen haben soll, durch Handauflegen zu heilen. Die große Bedeutung der Myronherstellung geht allein schon daraus hervor, daß es in orientalischen Kirchen nicht selten zu regelrechten Kämpfen um die Herstellungsrechte gekommen ist. Die übernatürliche Kraft, die man vielen Heilkräutern zuspricht, wird verstärkt durch besonders ritualisierte Weihen, für die im Osten eine bestimmte Gebetsformel von jeher vorgeschrieben ist. Die so geweihten Duftkräuter heilen und schützen vor Krankheit bei Mensch und Vieh, bewahren Haus und Hof vor Gefahr. Einer koptischen Regel zufolge kann der Gläubige auch Absolution erhalten, wenn er Weihrauch verbrennt und über dem wohlriechenden Duft seine Sünden bekennt. Der Weihrauch spielt hier ähnlich wie bei den Schamanen eine Art Priestervikariat, eben aber nur, wenn kein Priester zu erreichen ist (vgl. Krumm-Heller, S. 13 f.).

6.1.7 Mexiko

Als die Spanier in Mexiko gelandet waren, stellten sie bald fest, daß es dort für sie völlig unbekannte Pflanzen und Früchte gab, Kartoffeln, Kakao und Tabak. Sie lernten aber auch Ge- und Verbrauchsmöglichkeiten der einzelnen Pflanzenteile kennen, die ihnen völlig fremd waren. Die ursprünglich ganz den Göttern, also dem Opfer, zugedachten Früchte dienten zur Herstellung von

Extrakten, zum Teil in Form von Säften, zum Teil von Ölen und Riechstoffen. Auch Erdnüsse und Mais wurden zu ähnlichen Zwecken verwandt. Zum ersten Mal begegneten Europäer Menschen, die rauchten. Diese Menschen verstanden es auch lange vor uns, aus Asphalt Riechstoffe herzustellen. Grauenhaft und unverständlich muß freilich der Brauch der Kinderopfer auf Matrosen und Krieger gewirkt haben, die von dieser Art Opfer keine geistige Brücke zu jenen Opfern zu schlagen verstanden, die jeder Krieg von vornherein einplant. Wie sollten sie auch Verständnis für ein Ritual aufbringen, bei dem Priester und Gläubige sich über die freigelegten Kinderherzen beugten, um den Duft von Fleisch und Blut, vermischt mit Weihrauch, einzuatmen, in der Überzeugung, sich "die geistigen Kräfte der Kinder einzuverleiben" (ebd., S. 23). Die damaligen Mexikaner waren der Überzeugung, die Kinder seien durch ihren Opfertod zu göttlichen Wesen geworden, die durch das Eingeatmetwerden den Weg in den eigenen Körper finden.

6.1.8 Buddhisten

Die Bedeutung heiliger Pflanzen und der daraus bereiteten Duftstoffe ist fast in allen Religionen anzutreffen. Die Ähnlichkeit des Rituals beim Einsatz der Düfte läßt auf eine gemeinsame Herkunft schließen. Nicht wenige Forscher einschlägiger Disziplinen sehen den Ursprung in Ostasien, in Indien und China. Nun ist der dort verbreitete und in mehreren Formen und Farben schillernde Buddhismus - so haben wir alle es in der Schule gelernt - keine Religion, weil er ursprünglich gar keinen Gott kannte bzw. anerkannte. Gründer und zentrale Figur ist Gautama Buddha, der für sich selbst jede kultische Verehrung abgelehnt hat, auch gegen den Gebrauch zum Beispiel des Weihrauches und anderer Duftstoffe gewesen ist. Inzwischen hängt der Himmel Asiens so voller Buddhas und anderer Götter, daß weder die alten Griechen und Römer noch Germanen oder irgend ein anderes göttergläubiges Volk oder Völkergemisch dieser Erde je hätten in eine Quantitätskonkurrenz treten können. Und allen diesen Göttern wurde und wird geopfert. Warum sollen sie es auch schlechter haben als die Menschen, die sich duftende Blumenkränze um den Hals hängen, um dem Gestank der engen Gassen und Kanäle olfaktorisch-antagonistisch zu begegnen. Das Emblem der Blumenkinder hat einen durchaus realen Hintergrund! Mit Blumenstreuen und Düfteverbreiten ehrte man ursprünglich irdische Machthaber, später dann auch den nicht mehr real präsenten, doch als Holz- oder Metallbuddha überall thronenden "Religionsstifter", der mehr und mehr zum Gott avancierte. Und wie fast in jeder Religion, mit wenigen Ausnahmen, traten zu diesem Urgott weitere Götter; in Indien soll es Leute geben, die bis zu dreitausend aufzählen können. Der Religionsunterricht verlangt von seinen Schülern allerhand Mnemotechnik, um solches Wissen im Langzeitspeicher zu verankern. Alle diese Götter wollen beduftet werden. Auf Gemälden mag man sie alle entsprechend bedienen, ein echtes Weihrauchgefäß, das ständig in Betrieb gehalten wird, schwelt im Tempel meistens nur vor der vergoldeten Hauptfigur des "Oberbuddha". Mönche tragen auch mobile Weihrauchgefäße an einem kurzen Stiel. Der darin "brennende Weihrauch gilt für die Gottheit als Genußmittel, als Speise" (ebd., S. 18). Besonders die lamaistische Kunst versteht sich auf die Herstellung solcher Weihrauchgefäße sowie kostbarer Weihelampen, in denen neben Butter auch Duftöle verbrannt werden, Lampen übrigens, die niemals erlöschen dürfen, wie das "Ewige Licht" im katholischen Gotteshaus. Auf den Altären sind Räucherstäbchen angebracht. Entzündet verbreiten sie zumeist sehr süße Düfte, die uns Europäern nicht immer ausgesprochen angenehm sind. Doch mancher hat sich auch hierzulande daran gewöhnt und beduftet damit seine Meditations- oder Relaxationsstube. Für die Asche der Räucherstäbchen bzw. Räucherkerzen gibt es eigens dafür angefertigte Aschekästen; die Asche findet als Feststoff in medizinischen Präparaten Anwendung. Pflanzliches Substrat dieses Räucherwerks ist das Harz der Abart eines Wacholderbaumes. Stäbchen und Kerzen, welch letztere die Höhe von drei Metern erreichen können, werden noch ebenso in Manufaktur hergestellt, wie edle Wachskerzen von unseren Kerzenziehern, Leute eines Gewerbes, das sich bis zum heutigen Tag gehalten hat. Stäbchen und Kerzen im lamaistischen Glaubensbereich dürfen nicht nach Moschus duften, um nicht Eidechsen und Schlangen aus dem Tempel zu vertreiben; sie dürfen auch nicht wie die chinesischen Kerzen aus tierischem Fett hergestellt sein, weil man Tiere nicht töten darf und weil solcherart Kerzen qualmen und die Altarfiguren beschädigen.

Wenn nicht aus Metall gegossen, sind viele Buddhastatuen aus dem wohlriechenden Sandelholz geschnitzt, das freilich seinen Geruch häufig unter einer Goldauflage verstecken muß. Aus Sandelholz werden Duftstoffe und Arzneimittel hergestellt; auch westliche Parfumeure verwenden das Sandelholz heute noch, sowohl das kostbarere ostindische als auch das wohlfeilere westindische. Der Duftstoff wird durch Wasserdampfdestillation aus dem zerkleinerten Holz gewonnen; der ostindische Duftcharakter gilt als balsamisch-süßer, samtig-weicher Holzduft mit leicht urinösem Unterton, der westindische hat die "Note" mild, waldig-süß, zedernholzartig (vgl. Hall u.a., S. 123 f.). In Indien gibt es für den kultischen Gebrauch eine Schrift mit dem Titel "Das erhabene Sandelgebet" (Krumm-Heller, S. 19). Amtsstäbe von Priestern und Ärzten sowie die Eßschalen lamaistischer Mönche werden aus einem anderen wohlriechenden Holz hergestellt, dem

Akaru-Holz, das freilich die Bedeutung des Sandelholzes nie erreicht hat (vgl. ebd.). Indische Weise, und derer hat es viele, sollen Düfte einfach aus dem Licht der Sonne zaubern können (vgl. ebd.). Aus einer Geschichte, die einem auch andernorts begegnet, geht hervor, daß ein solcher Weiser imstande war (ist), das Sonnenlicht über ein Brennglas auf einen Seidentuchzipfel zu konzentrieren und Blumendüfte gemäß vorheriger Absprache entstehen zu lassen. Wie weit hier Suggestion im Spiel ist, sei dahingestellt. Ob der Versuch auch gelingt, wenn ein realistischer Untersucher verlangt, einen nur von ihm vorgestellten (gedachten), aber nicht ausgesprochenen Duftwunsch herzuzaubern, ist nicht bekannt. Auch die Krankenheilungen in vielen Lama-Tempeln mögen zum Teil auf diese Weise zu erklären sein, aber eben nur zum Teil. Die Lama-Priester sind fast durchweg arzneikundig. Sie sammeln und trocknen wohlriechende Kräuter, füllen damit "Stoffbälle" großen Ausmaßes und befestigen sie an der Tempeldecke, daß jeder Besucher den Kräuterduft mit jedem Atemzug aufnimmt. Sicher kommt es immer wieder zu Heilungen, so daß der Besuch von Kranken in diesen Tempeln nie abreißt. Mit dem Duft der Kräuter mischt sich die Geruchsausstrahlung von Räucherkerzen und Duftwässerchen, die in Opferschalen auf den Altären stehen. Von der heilenden Wirkung der Duftwässerchen scheinen die Lamas nicht mehr sehr überzeugt zu sein; sie verwenden an Stelle der ursprünglichen natürlichen Riechstoffe billigere Toilettenseife, die sie bei den Engländern kennengelernt haben.

Niemanden wundert es, daß auch die indische Wahrsagepraxis nicht ohne betörenden Duft auskommt; die Medien, denen es obliegt, den Willen der Götter zu verkünden, werden zuvor in einen durch Rauch oder Dampf oder beides verursachten Trance-Zustand versetzt, exakt so, wie wir dies auch in alten westlichen

Kulturen praktiziert finden. Die an Düfte gewöhnten, ja vom Geruch lebenden Götter vermögen sich auch in niedere Wesen, in Insekten und Larven zu verwandeln, um auch in diesem Zustand von (uns) angenehmen wie von (uns) unangenehmen Düften zu leben. Es wird unter anderem an sogenannte Astrallarven geglaubt, die von den Ausdünstungen Suchtkranker, Morphinisten und Alkoholikern ihr Auskommen beziehen. Sie treiben, um dauernd von ihnen profitieren zu können, die Menschen immer tiefer in die Abhängigkeit, und um geheilt zu werden, hilft einzig das Einatmen von Heildüften. Eine famose Konkretion des Begriffes Sucht! Sucht wird also verlebendigt, wird zur Mißbrauch schürenden Astrallarve. Mit Entschuldigungen für den Süchtigen war man also schon immer zur Hand (vgl. ebd., S. 16 ff.).

6.2 Zur Herstellung von Rauchwerk, Düften und Spezereien

Die Grundsubstanz für den Weihrauch liefern strauch- bis baumförmige Nadelhölzer, die bei Einschnitten im Holz einen klebrigen Stoff abgeben, der nach dem Trocknen zu Harz erstarrt. Beim Erhitzen des Harzes entsteht ein auffällig starker Duft, der für die Herkunft charakteristisch ist. Schon lange vor unserer Zeitrechnung spielte der Weihrauch bei Kulthandlungen eine erhebliche Rolle. In Kleinasien und in Europa benutzte man ursprünglich das Harz eines südostarabischen latschenähnlichen Baumes. Bäume und Sträucher dieser und verwandter Arten zapfte man später in Java, Mittelamerika, besonders in Mexiko, auf der Insel Sokotra, neuerdings auch in Westafrika (ehemals Kamerun), dem Somaliland und in Äthiopien an.

Auch aus dem würzig duftenden Wacholderstrauch, der zur Familie der Zypressen gehört, lassen sich wohlriechende ätherische

Öle für Heilzwecke gewinnen. Von Anfang an war er Lieferant für ein Weihrauchharz. Sogar die Beeren dienen als Räuchermittel, das Produkt wird pauschal als Weihrauch bezeichnet. Wacholder kommt je nach Wuchslage in mehreren Arten und Abarten in Arabien, Europa, Mexiko, Tibet, Neapel, Kaschmir und Sibirien vor.
Das Harz all dieser Sträucher und Bäume gelangt gewöhnlich als "harte Gußmasse" in den Handel und wird vor Gebrauch pulverisiert. In der katholischen Kirche wird heute eine Mischmasse aus diversen pflanzlichen und mineralischen Stoffen verwendet, die zu Kügelchen geformt angeliefert wird. Es handelt sich also nicht mehr um reines Harz einer Weihrauchart. Einzelne Sekten sind jedoch wieder auf das kostbarere unverfälschte Weihrauchharz zurückgekommen (vgl. Krumm-Heller, S. 28).

Wahrscheinlich hat für die Gewinnung des Räucherharzes noch ein weiterer Baum eine Rolle gespielt. Die Ägypter bezogen bereits mehr als 1500 Jahre v.Chr. Zedern zum Bau von Palästen und Schiffen aus dem Libanon, aber auch ein Produkt dieser Bäume, ein dickflüssiges balsamisches Öl, in dem die Tuchstreifen getränkt wurden, mit denen man die Toten umwickelte und konservierte. Auch dieser Saft verharzt, wenn er eintrocknet, wie der aller Nadelhölzer. So darf angenommen werden, daß auch dieses Harz als Räuchermittel benutzt wurde und im Bauch der Schiffe jenes handelsfreudigen Volkes, das die Geschichte Phönizier nennt, an die entlegensten Plätze gelangte.

Räucherstoffe

Die Umschlaghäfen mögen von Norden nach Süden aufgezählt Arwad, Byblos, Beruta, Sidon und Tyros gewesen sein. Die Holzausfuhr wie auch der Handel mit dem balsamischen oder harzigen Zedernprodukt mag zu dem Zeitpunkt, da Alexander der Große die Wasserfestung Tyros nach einer glänzenden Pionierleistung seiner Soldaten - sie verbanden die Insel mit dem Festland durch einen Damm - eingenommen hat, bereits stagniert haben, da man mit den Wäldern jahrhundertelang Raubbau getrieben hatte. Vielleicht lag hier der Grund, weshalb bereits die phönizischen Kauffahrteischiffe schon eine ganze Weile vor dem Fall von Tyros mit dem südostarabischen Harz handelten, das ihnen von den Sabäern zugebracht wurde oder das sie bei den Händlern dieses Volkes erwarben. Diese Phönizier nannten sich selbst Kanaanäer, doch hat es sich kaum um ein rein semitisches Volk gehandelt, wenngleich der Einfluß arabischer Nomadenstämme phänotypisch bis in die heutige Zeit an vielen Libanesen unverkennbar ist. Doch das ethnische Problem kann hier ausgeklammert werden.

Auch der Rosmarin darf als Duftlieferant nicht unerwähnt bleiben. Er wächst im gesamten Mittelmeerraum. Ins Deutsche übersetzt ist sein Name Meerestau, seine Blüten wirken im Zusammenklang von blau, lila, rosa und weiß wie die Farbe des Meeres. Der immergrüne Strauch wird etwa einen Meter hoch. Seine Blätter sind so schmal und spitz wie Nadeln. Der Rosmarin duftet eindringlich und hat deshalb schon die Völker des Altertums auf sich aufmerksam gemacht. Man hielt ihn für eine heilige, also den Göttern gehörige Pflanze. Heute sammelt man seine Zweige und trocknet sie, um daraus wohlriechende Öle und heilsame Badezusätze herzustellen. In der Küche ist Rosmarin ein beliebtes Gewürz. Was weniger bekannt ist: Die Griechen waren ursprünglich sparsame Leute, sie wollten und konnten sich die teuren arabischen Weihrauchimporte nicht leisten und verbrannten den wohlriechenden Rosmarin, wie manche von uns zur Weihnachtszeit Fichten- und Tannenzweige verbrennen, um die Zim-

merluft zu verbessern; die Griechen damals taten es zu Ehren der Götter.
Längst nicht alle Räucherstoffe der antiken Welt waren Importwaren. Man benutzte so ziemlich alles in der Natur Vorkommende, sobald man sich darauf verstand, es in einen Zustand zu bringen, der sich zum Räuchern eignete. Holz, Blätter und mancherlei Früchte brauchten dafür lediglich getrocknet zu werden. Andere Stoffe wurden zerstampft, pulverisiert, gesotten, vermischt und in entzündbare Substanzen und handliche Formen umgewandelt. Die Verwendung als Räuchermittel darf für folgende vierzig Substanzen als gesichert gelten (vgl. Henning, S. 4-23). Bei den Römern waren einige der "Geruchsbringer" bestimmten Göttern geweiht; die Namen sind in Klammern hinzugefügt.

Alve (Apollo)
Ambra
Ammoniakgummi
Ampfer
Aspalathus; Ginsterart
Asphalt
Balsamharz
Benzoe
Feigenblätter
Galbanum
Galgan; Baumharz
Gerste
Gummiharz (Mars)
Honig
Iris
Kalmus
Kampfer
Kardamon
Kassia
Krokus
Kyphi
Ladanum
Lavendel
Lorbeer (Jupiter)
Mastix (Merkur)
Moschus
Muskatnuß
Myrrhe
Opoponax
Rosinen
Sandelholz
Safran (Venus)
Stakte
Steinklee
Storax (Saturn)
Spelt, geröstet

Wacholderarten	Zentifolien
Weihrauch (Luna)	Zimtwurzel

Spezereien

Auch Salben enthielten die diversesten Duftstoffe. Man muß sich diese Salben nicht in allen Fällen so zäh vorstellen, wie wir sie gewöhnt sind. Wenn in der Bibel von Kopf- und Fußsalben berichtet wird, können diese recht flüssiger Natur, z.B. Öle, gewesen sein.

Eine ägyptische Salbe, das Metopium, bestand aus Bittermandelöl, Olivenöl, Kardamon, Andropogongrasöl, Kalmus, Honig, Wein, Myrrhe, Balsamkräutern, Galbanum und Pistazienterpentin; sie duftete "vorwiegend nach Bittermandel und Balsam" (Henning, S. 4). Flüssige Salben waren das Parfum des Altertums. Jüdisches kultisches Salböl, das nicht profan verwendet werden durfte, bestand aus Myrrhe, Zimt, Kalmus und Kassia (vgl. ebd., S. 5).

In Ostasien waren und sind Moschus, Ambra, Kampfer und Borneol Hauptbestandteile der Parfums (vgl. ebd., S. 11). Griechische Salben - ursprünglich kannte man dort nur die Rosensalbe - bestanden später aus Importprodukten aus Ägypten und Phönizien. Für jeden Körperteil gab es ganz bestimmte Sorten (vgl. ebd., S. 12 f.). In Deutschland spielte zuerst die Rose eine Hauptrolle. Seit Karl dem Großen wurden in den Gärten seiner Pfalzen 73 verschiedene Pflanzen angebaut, deren Öle und Extrakte zu Salben verarbeitet wurden. Rose und Lilie standen an erster Stelle, doch auch Rosmarin, Liebstock, drei verschiedene Minzarten, Salbei, Sadebaum, Koriander, Anis, Petersilie und Senf mußten unter anderem angebaut werden, wie es aus einem kaiserlichen Erlaß aus dem Jahre 812 ("Capitulare de villis et cortis imperialibus", übersetzt in Frühlings Landwirtschaftlicher Zeitung 1878, S. 241-260) hervorgeht. Im Reiche Karls war man fein geworden! Die Seife ist übrigens eine germanische Erfindung; sie war Hauptexportprodukt zu den Römern (vgl. Henning, S. 20).

Schminke kannte man schon im alten Ägypten. Man verwendete besonders Mestem (Kochl, Schwefelantimon). Die Augenpartien wurden mit roter, weißer oder gar schwarzer Schminke besonders hervorgehoben; dieselben Farben wurden auch von den Griechen bevorzugt (vgl. ebd., S. 4, 13). Der feine Mann, die feine Dame durften nicht übel aus dem Mund riechen. In Ägypten kaute man Mastixzweige oder "Pastillen" aus dem Kompositum Kyphi. Auch die Juden und Griechen kauten Mastix, die letzteren mit Vorliebe jedoch Kostus. Eifersüchtige Griechen ließen ihre Frauen vor dem Ausgehen Zwiebeln essen (vgl. ebd., S. 4, 5, 13). Badezusätze hat es seit eh und je bei vielen Völkern gegeben. In Deutschland benutzte man im Mittelalter Rosmarin und Majoran, Pfarrer Kneipp empfiehlt in neuerer Zeit Kamillen, Lindenblüten und Wiesenblumen (Heublumen), aus denen auch Tees bereitet werden (vgl. ebd., S. 22).

Der Aroma-Disk-Spieler, ein amerikanisches Spielzeug, das Wohlgerüche zerstäubt (vgl. Cooper), hat seinen Vorläufer in Japan, wo man in Teezeremonien geruchliche Ratespiele einfügte oder noch einfügt. Gedörrte Wurzeln, Blätter, Knospen und Früchte von Sandelholz, Zimt, Nelke, Magnolie, Baldrian, Hedychium, Sternanis usw. wurden (werden) in zeremonieller Weise in besonderen Räuchergefäßen verbrannt, wobei es für Quizmaster und Rateteam besondere Spielregeln gibt (vgl. Henning, S. 12). Man erkennt: verbinden sich Namen, die es zu raten gilt, mit Duft und Rauch, sind diese Namen eben mehr als "Schall und Rauch". Doch wer kennt hierzulande schon die Namen von nur zehn Duftstoffen!

7. GERUCHSDIMENSIONEN IN ANTIKE, MITTELALTER, NEUZEIT UND GEGENWART

Unter Geruchsdimensionen werden essentielle und funktionale Bereiche oder Aspekte verstanden, die für Geruch und Geruchssinn charakteristisch sind.

Die **Duftempfindung** meint die rein subjektive Seite des Geruchs, der mit einem Duft konfrontiert wird. Die älteste und wohl auch allgemeinste Unterscheidung ist die in angenehm und unangenehm.

Die **Geruchsempfindlichkeit** geht über bloßes Unterscheiden von angenehm und unangenehm hinaus; es ist die Fähigkeit, Gerüche zu erkennen und zu differenzieren. Auch Gewöhnung und Abstumpfung gehören hierher.

Der **Geruchscharakter.** Eine wesentliche Rolle spielt hier die Flüchtigkeit von Geruchs- und Duftstoffen, von der es abhängt, ob ein Duft z.B. als Ausdünstung (Dunst ist feucht) oder als Rauch definiert wird, und ob man Riechen mehr mit der Wahrnehmung des Feuchten oder des Trockenen in Verbindung bringt (vgl. Henning, S. 119; Aristoteles a), S. 60 f., b), S. 42; Galen Kom., S. 109).

Die **Geruchswahrnehmung.** Manche Autoren sehen im Geschmack einen Nahsinn, im Geruch einen Fernsinn. Es ergeben sich Alternativen wie mehr direktes und mehr indirektes Riechen, Riechen auf materieller oder sphärischer Grundlage, mittelbares oder unmittelbares Riechen, aktive und passive Komponenten usw.

Die **Duftwirkung.** Es geht um die Frage, ob ein Duft bekömmlich oder schädlich ist. Der objektive Anteil hängt dabei am Duft, dem ein Mensch ausgesetzt ist; einen subjektiven gibt es erst, wenn man sich dem Duft willentlich aussetzt oder entzieht. Positive und negative Wirkungen zeigen sich im Bereich der Sexualität, des Wohlbefindens und der Gesundheit.

Die fünf Geruchsdimensionen finden, wie sich zeigen wird, bei den einzelnen Autoren verschiedener Epochen unterschiedliche Beachtung. Auf Duftempfindung, Geruchswahrnehmung und Duftwirkung ist man am häufigsten eingegangen. Die Beschäftigung mit dem Geruchscharakter setzt physikalische, mit der Geruchsempfindlichkeit mehr physiologisch-neurologische Interessen und Kenntnisse voraus; diese beiden Aspekte werden seltener berücksichtigt. Sie spielen jedoch in der Literatur der letzten Jahrzehnte eine Hauptrolle, was auf die Experimentierfreudigkeit gerade in diesen Bereichen hinweist. Im Abschnitt über die Geruchsprüfung wird über entsprechende Versuchsanlagen und -ergebnisse berichtet. Die Vorstellung der einzelnen Autoren aus Antike, Mittelalter, Neuzeit und Gegenwart erfolgt in chronologischer Reihenfolge. Wir hoffen, eine Auswahl getroffen zu haben, die für unser Thema bedeutsam ist.

7.1 Platon

geb. 427 v.Chr. in Athen, gest. 347 dortselbst

Im Gegensatz zu seinem Lehrer Sokrates, der in seiner Verteidigungsrede betonte, außer während seiner Militärdienstzeit nicht aus seiner Heimat herausgekommen zu sein, hat Platon ein bewegtes Leben geführt, er ist viel gereist. Acht Jahre lang war er Schüler des Sokrates. Auf seinen Reisen gelangte er auch nach Italien und wurde dort bekannt mit der Pythagoreischen Lehre und Schulorganisation. In seinem Leben hat er Höhen und Tiefen genießen dürfen bzw. zu überstehen gehabt. Der Tyrann Dionys von Syrakus verkaufte ihn als Sklaven an den spartanischen Gesandten. Doch er wurde losgekauft und kehrte nach Athen zurück. Dort gründete er 387 eine Akademie. Seine Lehre gipfelt in der Empfehlung, dem vergänglichen Sinnlichen zu entsagen und sich unvergänglichen Ideen hinzugeben; allein über die Dialektik führe der Weg dahin, womit Platon die Kunst der scharfsinnigen Gesprächsführung meinte.

Es ist nicht immer klar auszumachen, ob hinter der "Idee" Platons sich eine Allgemeinvorstellung auf empirischer Grundlage oder eine Vorstellung a priori im Sinne von Descartes, Kant, Schopenhauer oder Jung usw. verbirgt. Ist sie letzteres, dann erinnert sich der Mensch an etwas, das er längst besitzt, aber vergessen hat; ist sie ersteres, dann handelt es sich um das Ergebnis der Dialektik. Die Methode des Sichwiedererinnerns ist die Hypothese, worunter Platon, anders als wir heute, den Beweis in der Form des satzlogischen Schlusses verstand, was auf eine Art von Konvergenz von apriorischem und empirisch erworbenem Wissen hinausläuft.

Platons Lehre ist nicht frei von logistischen Spitzfindigkeiten. Schon bei Sokrates erhob sich die Frage nach der Lehrbarkeit der Tugend; auch für Platon stand sie immer noch im Raum. Doch für Platon kann es die Lehrbarkeit der Sittlichkeit schon allein aus dem Grunde nicht geben, weil es keine Tugendlehrer gibt. Die Frage nach dem Vorbild im Guten und im Bösen, die Sokrates das Genick gebrochen hat, taucht bei Platon in ihrer vollen Schärfe nicht auf; bloße Vorbilder sind noch keine Lehrer!

Platons Ansicht vom Sitz des Wahrnehmungszentrums und der Kognition überhaupt war vergleichsweise modern. Die bereits im 6./5. vorchristlichen Jahrhundert von Alkmaion von Kroton vertretene Meinung, das Zentralorgan der Sinneswahrnehmungen sei das Gehirn, hat Platon geteilt. Sein Schüler Aristoteles hingegen stellte sich das Herz als Zentrum vor; Galen berichtigte diesen Fehler (vgl. Galen, Kom., S. 101). Homer ließ seine Helden im Zwerchfell denken. Der Geist ist also vom Zwerchfell über das Herz ins Gehirn gestiegen, wohin er denn auch gehört.

Über den Geruch selbst hat Platon sich nicht geäußert. Doch seine Bemerkung zum Charakter des Sinnlichen läßt vermuten, daß man auch die olfaktorische Modalität in ähnlicher oder gleicher Weise zu verstehen habe. In ihrem Gespräch unterhalten Sokrates und Menon sich kurz über das Sinnliche, insbesondere das Sehvermögen, als einen "wahrnehmbaren Ausfluß der Körperflächen". Demnach seien es also die Dinge, ihre Gestalt und ihre Farben, die uns zum Wahrnehmen animieren; eine recht passivisch orientierte Auslegung der Sinnestätigkeit! Demgemäß, so meint Sokrates, ließen sich auch "das Wesen des Tones und Geruches und vieler anderer ähnlicher Erscheinungen deuten" (ebd., S. 30). Fazit: die Umwelt macht auf sich aufmerksam, wir nehmen sie deshalb wahr. Der voluntaristische Aspekt, das ich-hafte Begreifenwollen, die Eigendynamik, der wesensimmanente Ausgriff auf und in die Umwelt, das Streben nach Internalisierung alles mit Sinnen Erreichbaren, nach Aufbau und Formung der inneren Welt, wird dabei noch außer acht gelassen. Dennoch vermag diese monopolare Sicht einen Beitrag zum Thema zu liefern, denn es impliziert einen monopolar-passivischen Auftrag: positive Beeinflussung der Lernsituation durch passive Duftstimulation. Die Pharmazeutik arbeitet bereits auf diesem Kanal; sie beeinflußt (versucht es zumindest) kranke, gestörte Atemwege (Erkältung, Grippe usw.) durch Einatmen heilsamer, ätherischer Substanzen, die, lediglich im Raum, am Arbeitsplatz aufgestellt, ihren stillen Dienst tun, zu regenerieren (siehe Apotheken-Schaufensterreklame Nov. 1986). Neben dieser mittelbaren Beeinflussung durch die im Raum verduftende Substanz wird weit länger schon auch die mehr unmittelbare praktiziert. Den Inhalierstift benutzt man seit mehr als einem halben Jahrhundert, er wird direkt in die Nase eingeführt; Inhalation ist freilich nur möglich, weil Löcher am Fuß des Stiftes das Einziehen von Atemluft und somit die Beförderung der Duftstoffe in Richtung Riechflächen gewährleisten. Eine Mittellösung, das Einatmen z.B. heißen Kamillendampfes zum Aufweichen eines Stockschnupfens, war schon im Altertum bekannt. Die Nase wird dabei über die kochende Kamillenbrühe gehalten, ein über den Kopf gestülptes Tuch konzentriert den Dampf auf kleinem Raum. Der unmittelbare Weg wird auch bei der Narkose und, mit umgekehrter Wirkung, bei der künstlichen Beatmung eingeschlagen. Unser Thema erhält von Platon wenig Unterstützung; für Ärzte, Alchimisten, Kräuterweibchen, für sonstige volkstümliche Heilkundige, Parfumhersteller und -benutzer hat der Geruch jedoch schon seit Jahrtausenden eine weit aktivere Note, als dies bei Platon deutlich wird.

Was die **Geruchswahrnehmung** betrifft, gibt Platon allenfalls zu verstehen, daß sie sich, wie andere Wahrnehmungen, aufdränge. Der Mensch spielt dabei eine passive Rolle; andere Geruchsdimensionen sind nicht angesprochen.

7.2 Aristoteles

Der gebürtige Makedonier lebte von 384 - 322 v.Chr. Mit 18 Jahren wurde er Schüler Platons in Athen. Teils als Schüler, teils als Lehrer verbrachte er dort etwa zwei Jahrzehnte. Gegen Ende seiner Athener Zeit war er mit den Lehrmeinungen Platons nicht mehr einverstanden; er wagte es, sich gegen ihn zu stellen. Von 343 - 334 war er Lehrer Alexander des Großen. Danach gründete er in Athen die sogenannte peripatetische Schule.

Obwohl seine Aussagen zur Naturwissenschaft und Philosophie über 1800 Jahre hinweg so gut wie unangefochten geblieben sind, kann man ihn nicht als echten Empiriker bezeichnen, denn für ihn beruhen die Grundlagen des Wissens nicht ausschließlich auf persönlicher Erfahrung. Erfahrungen sind zwar wichtig, doch sie münden in ein vorgefertigtes System ein, das von vornherein "weiß", wie und wo sie einzuordnen sind, weil alle Erfahrungen nur Teile eines von eh und je vorhandenen Ganzen sind. Dies ist keine Empirie, es ist Spekulation, von der sich auch Kant, Schopenhauer und Jung noch nicht freigemacht haben. Hier interessiert, was er über die Wahrnehmung, insbesondere über die Geruchswahrnehmung geäußert hat. Wichtig zu wissen ist, daß Aristoteles wie seine Vorgänger und einige seiner Zeitgenossen nicht das Gehirn, sondern das Herz für das Wahrnehmungszentrum gehalten hat, woraus folgt, daß es für ihn auch als Zentrum der Geruchswahrnehmung galt (vgl. Galen, S. 104), das seine Informationen über seine "Außenstelle", das Gehirn, empfängt.

Aristoteles unterstreicht vor allem die Eigentümlichkeit des Geruchs, die es erschwert, zu so sicheren Feststellungen zu kommen wie bei den übrigen vier Sinnen. Er lieferte die Fünfsinnessystematik, an der die meisten bis zum heutigen Tag festhalten. Der Geruchssinn sei beim Menschen nicht "scharf" genug, schlechter als bei vielen Tieren. Er führe in der Regel nur zur Unterscheidung von angenehmen und unangenehmen Gerüchen; die olfaktorischen Fähigkeiten des Menschen seien also sehr begrenzt. Aristoteles sieht die Geruchsarten in Analogie zu den Geschmacksarten, wodurch rein subjektiv eine zusätzliche Begrenzung erfolgt, da der Geschmack genau besehen nur vier Richtungen, nämlich süß, salzig, bitter und sauer, unterscheidet. Was wir Wohlgeschmack nennen, ist Ergebnis eines synästhetischen Erlebens, in dem Geschmacks- und Geruchswirkungen zusammengeführt werden, wobei auch noch an die zusätzlichen Einflüsse des Gesichts- und Tastsinns zu denken ist. Man sagt, wir essen mit den Augen, und meint damit, daß eine schön hergerichtete Speise das Geschmackserlebnis einleitet und verstärkt. Wir tasten die Speise auch mit der Zunge und dem Mundinnenraum und kontrollieren so ihre Temperatur, ihre Oberflächenbeschaffenheit und den Härtegrad. Kaum einem genüßlich Speisenden wird je bewußt, wie stark eben auch der Tastsinn zu dem abgerundeten Erlebnis Mahlzeit beiträgt. Aristoteles war das sicher bekannt, denn er äußerte die Überzeugung, daß gerade die Schärfe des Tastsinns den Menschen zum klügsten Lebewesen mache (vgl. Aristoteles a), S. 59). Die aristotelische Vorstellung des Riechvorgangs entnehmen wir dem Kommentar von Jutta Kollesch:

> "Das Symphyton Pneuma (der vereinte Atem, d. Vf.), das, vom Herzen ausgehend, durch die Adern zum Gehirn und von da aus durch Gänge (Poroi) in die Nase gelangt, nimmt dort die mit der eingeatmeten Luft in die Nase eindringenden Gerüche auf und leitet sie an das Wahrnehmungszentrum weiter. An anderer Stelle lehrt Aristoteles dann auch, daß das Osphrätikon-organon (Geruchsorgan, d. Vf.) irgendwie durch einen Deckel verschlossen ist, der beim Einatmen geöffnet wird und so die Geruchswahrnehmung ermöglicht. Daraus können wir schließen, daß Aristoteles die Gänge, die seiner Meinung nach von der Nase ins Gehirn führen, als Riechorgan bezeichnet haben muß, da er nur von ihnen an-

nehmen konnte, daß sie durch Deckel zu verschließen sind, und daß er der Ansicht war, daß in ihnen die Vermischung der Geruchsstoffe mit dem Symphyton Pneuma stattfand, daß aber die eigentliche Geruchswahrnehmung erst im Herzen vor sich ging" (Galen, Kom., S. 106 f.).

Galen kritisierte diese, jeder anatomischen Grundlage entbehrende, Darstellung mit Recht.

Bei den Gerüchen unterscheidet Aristoteles süß, bitter, scharf, herb, stechend und ölig (vgl. Aristoteles a), S. 60); es handelt sich hierbei um eine mehr vom Geschmack her getroffene Grobeinteilung, die bei den geistigen Agnaten zu einer Geringschätzung des Geruchs führte, und dies bis zum heutigen Tage. Für Aristoteles gibt es auch nur ein mittelbares Riechen, was zur Verwunderung Anlaß gibt, da er den Geruch vom Geschmack her beurteilt, der ganz gewiß ein mehr unmittelbares Erlebnis ist; "das Riechen erfolgt durch ein Medium, Luft oder Wasser" (ebd.). Er hält den Geruch einseitig für einen mittelbaren Fernsinn. Riechstoffe verändern die umgebenden Medien Luft oder Wasser qualitativ; diese Veränderungen führen dann im Riechvorgang zur Empfindung. Moderne Auffassungen unterstreichen auch die Unmittelbarkeit des Geruchs, d.h. der Geruch gasförmiger oder fester Stoffe kann "direkt" zum Riechorgan gelangen, z.B. wenn diese sich im Mundraum bereits festgesetzt haben. Man spricht dann vom Geschmacksriechen; d.h. das Riechorgan wird zur Erkennung bzw. Beurteilung eines Aromas mitbeteiligt, weil der Mundraum nicht ausreichend qualifizierte Rezeptoren dafür besitzt. Die Einschränkung des Aristoteles, Riechen bedürfe des Mediums Luft, ist demnach in dieser stringenten Form nicht aufrechtzuerhalten. Der Satz, Riechen erfolge "durch ein Medium, Luft oder Wasser", hat bezüglich des Wassers nur für die kiemenatmenden Wassertiere Gültigkeit, für den Menschen ist er nur auf Luft zu beziehen, weil wir im Wasser nicht einatmen können. Doch gehört auch die Feuchtigkeit zum Riechvorgang, was Aristoteles nicht beachtet: "Der Geruch gehört zum Trokkenen, wie der Geschmack zum Feuchten" (ebd., S. 61). Der Satz bedarf also einer Ergänzung; auch das Feuchte spielt beim Riechen eine Rolle. Der Mensch (Hund u. dgl.) kommt nur dann zum vollen Geruchserlebnis, wenn die Nasenschleimhaut genügend feucht ist (vgl. Schwertschlager, S. 210). Hier wird deutlich, daß es zweckmäßig wäre, die Bedeutung des Geruchsbegriffes auf die olfaktorische Fähigkeit eines Lebewesens einzugrenzen, wohingegen die Od-Ausstrahlung von Wesen und Stoffen besser als Duft bezeichnet würde. Ein Duft kann sich aufdrängen, dann geschieht dies medial (Luft). Mensch und Tier vermögen jedoch auch hinzuriechen, wo sie aufgrund eines medial vermittelten schwachen Duftes oder eines anderen Sinneseindruckes eine exaktere Duftinformation vermuten. Dann gehen sie mit der Nase gezielt an einen Gegenstand heran, um einen unmittelbareren Eindruck zu empfangen. Voraussetzung für jeden Geruchseindruck bei Säugern sind jedoch das Einatmen und die Feuchtigkeit der Nasenschleimhaut. Der kranke, fiebrige Hund will nicht fressen, weil er mit seiner ausgetrockneten Nase die Nahrung nicht zu kontrollieren vermag. Berücksichtigen wir die Notwendigkeit dieser Feuchtigkeit, stellt sich heraus, daß Aristoteles mit der Kennzeichnung der beiden Duftträger Luft und Wasser, freilich ohne den Zusammenhang genau zu kennen, nicht ganz unrecht hatte. Zur Unterscheidung eines mittelbaren oder mehr unmittelbaren Riechens bedarf es eines Kompromisses: zum mittelbaren Riechen ist Zielgerichtetheit nicht erforderlich; um mehr unmittelbar zu riechen, muß man die Nase direkt an den Duftstoff heranbringen, wobei dann je nach Intensität des Duftes ein stärkeres oder schwächeres "Hinschnuppern" nötig wird. "Die Brücke" zwischen unmittelbarem und mittelbarem Riechen liegt dann in der Entfernung zwischen Nase und Duftstoff; sie entspricht dem Sprachgebrauch und bietet, außer im Falle des Geschmacksriechens, fast keine wahrnehmungspsychologischen oder physiologischen Diskriminationskriterien.

Was bei Aristoteles wie bei den meisten anderen Beschreibern des Wahrnehmungsgeschehens außer acht gelassen wird, ist die Frage nach der Symbolhaftigkeit des Geruchsgeschehens. Sie ist bei Mensch und Hund - um auf diese Wesen einzugrenzen - sicher grundverschieden, seitdem der Mensch dazu überging, und das ist noch gar nicht lange her, eine ganze Reihe von Düften zu meiden. Es sind dies die sogenannten unangenehmen Düfte, z.B. von Schwefelwasserstoff, die sich in der Regel mittelbar aufdrängen. Von einer bestimmten Luftfeuchtigkeit ab werden sie intensiver; wenn die Aborte stanken, schloß man auf Regenwetter, mit Siphons trennt man in heutigen Toiletten den unangenehmen Duft der Ausscheidungen - er wird vom Wasser nach unten gedrückt - von der oberen Atmosphäre der sanitären Einrichtung, die zusätzlich durch künstliche Duftzusätze verbessert wird. Was uns duftlich unangenehm berührt, wird uns auch in dem, was es signalisiert, zum negativen Symbol; ab damit! Wir wissen, anders als das Kleinkind und der Hund, nicht mehr damit umzugehen. Kaum ein Mensch denkt noch daran, daß man auch aus Abfällen Geld machen kann; das bleibt der Landwirtschaft und der chemischen Industrie überlassen. Die fortschrittliche Zivilisation hat die Entduftung zur Auflage gemacht. Die Entdeckung des "Unangenehmen" beraubt uns weitgehend der geistigen Verarbeitung einer Sinnesmodalität. Einschlägige Vorstellungen werden verhindert oder verdrängt. Wir erleben die Welt als Augenmenschen, Jugendliche verschließen sich die Ohren als Fußgänger und Radfahrer, um sich durch Akustisch-Rhythmisches, wiederum sehr einseitig, stimulieren zu lassen.

Unangenehmen Gerüchen geht man aus dem Wege, angenehme werden allenfalls noch an duftträchtigen Orten wahrgenommen, jedoch kaum deutlich unterschieden. Als Orientierungssinn hat der Geruchssinn auch in Integration mit anderen Sinnen weitgehend aufgehört, eine Funktion zu haben. Im Dunkeln riechen wir unseren Partner nicht einmal unter drei Menschen heraus, der Hund findet seinen Herrn unter Tausenden. Ihm ist der Duft nach wie vor Hauptsymbol geblieben: Herr gleich Duft, Duft gleich Herr! Man verzeihe diese Zuspitzung. Sicher läßt sich nicht verallgemeinern, was für viele, vielleicht die meisten Menschen gilt. Deshalb soll ja untersucht werden, ob nicht Düfte bestimmter Art in der Lage sind, über das Allgemeinbefinden hinaus auch Geistiges zu beleben und zu verbessern. Daran allerdings hat Aristoteles nicht gedacht, was ihm keiner verübelt.

In dem Werk "Die Lehrschriften", das einen Nachtrag zu "Über die Seele" darstellt (wie der Hrsg. S. 5 vermerkt), ergänzt Aristoteles seine Aussagen über den Geruch. Wie weit später bei Schopenhauer (1949, S. 31) erfolgt eine Zuordnung der Sinne zu den Elementen, die Sehkraft zum Wasser, die Geräusche zur Luft, der Geruchssinn zum Feuer. Aristoteles begründet die Zuordnung des Geruchssinnes zum Feuer folgendermaßen: "Nun ist der Geruch eine rauchartige Ausdünstung, die rauchartige Ausdünstung wieder stammt vom Feuer." Aristoteles sagt vorsichtig "rauchartig", spricht aber auch von "Ausdünstung", was die Vermutung nahelegt, daß er sagen wollte: Ein Brand läßt sowohl Rauch als auch Wasserdampf entstehen. Wesentlich für unsere Aufgabe ist seine Feststellung, daß der Geruchssinn seinen Platz in der Nähe des Gehirns habe, seine Begründung dazu ist allerdings wenig verständlich und bedarf des Kommentars des Herausgebers, auf den hier verzichtet werden kann (Aristoteles b), S. 29 f.). Es wurde bereits erwähnt, daß für ihn das Herz das

Wahrnehmungszentrum darstellt. Wie schon in "Über die Seele" erfolgt hier ein Hinweis für die Vernachlässigung der Geruchsentwicklung auch in alexandrinischer Zeit und für die Favorisierung des Geschmackssinnes: "Geschmack ist ja eine Art des Tastsinnes", und diesen hätten alle Geschöpfe am besten ausgebildet (Aristoteles b), S. 36). Aristoteles denkt hierbei einzig an die Tastarbeit von Zunge und Mundhöhlenwand, nicht aber an die chemischen Vorgänge, die bei Geruch und Geschmack eine wesentliche Rolle spielen. Freilich gibt es auch in unserer Sprache Kennzeichnungen für integrierte Geruchs- und Geschmacksleistungen, die ausschließlich an das Taktile erinnern. So z.B. schmeckt etwas abstoßend, scharf oder stechend, was an Tätigkeiten erinnert, die mit der eigenen oder des Gegners Hand ausgeführt werden und entweder ihm oder mir Schmerzen bereiten.

Für die Beurteilung von Wassereigenschaften, also von dem, was daran wahrnehmbar ist, genügt Aristoteles der Geschmackssinn. Seine Erklärungen für die Hintergründe verschiedener Wassergeschmäcke gelten aber auch für den Geruchssinn. Wasser ist zwar kein "Grundstoff für alle Geschmacksarten", wie er meint, aber es wird zum Träger der Düfte aller Substanzen, die ihren Geschmacks- bzw. Duftstoff in es einbringen, wie am Beispiel der Lachsorientierung nachgewiesen ist. Als Geschmacksquelle nennt er den "Erzeugungsgrund" des Wassers, also den Boden, dem es entspringt, und er erinnert an salziges, bitteres und scharf schmeckendes Wasser, Eigenschaften, die dann auch den Geschmack der im Wasser lebenden Pflanzen beeinflußten. Unbekannt scheint ihm die Tatsache gewesen zu sein, daß diese Pflanzen den Wassergeschmack und -geruch erst charakteristisch machen (vgl. ebd., S. 35 ff.); denn er erinnert auch nicht an diese Einwirkung, wo er auf die Riechfähigkeit von Wassertieren - "Fischen und Schalentieren" - zu sprechen kommt. Was ihn ganz offenbar irritiert, ist die Relativität von feucht und trocken: "Die Urkörper, wie Feuer, Luft, Erde, Wasser haben keinen Geruch, weil ihre feuchten und trockenen Teile keinen Geschmack haben, falls man nicht Beimischungen vornimmt" (ebd., S. 42).

Die Integration von Geruch und Geschmack ist Aristoteles jedoch bekannt. Er kommt zu Schlüssen und Folgerungen, die nicht gerade den guten Beobachter verraten: "Auch der Stein ist geruchlos, weil geschmacklos, Holz dagegen riecht, weil es auch schmeckt, je wässriger es ist, um so weniger". Riechen kann nur das, was schmeckt. Das ist seine Überzeugung, und die ist falsch, denn längst nicht alles, was schmeckt, muß einen Duft von sich geben. Vor allem reine Substanzen der Geschmacksrichtungen süß, salzig und bitter brauchen nicht unbedingt auch zu duften, und umgekehrt, was süß duftet, kann durchaus bitter schmecken. Aristoteles aber steht für die unbedingte Übereinstimmung von Geruch und Geschmack (vgl. ebd., S. 42 f.). Er unterscheidet "zwei Arten des Riechbaren" (ebd., S. 43), den Nahrungsgeruch als angenehm, solange Sättigungsbedürfnis besteht, und den Blumenduft als "an sich angenehm". Natürliche Wohlgerüche wahrzunehmen, etwa die von Blumen, hält Aristoteles für eine rein menschliche Fähigkeit. Er führt dies auf drei Dinge zurück: Der Geruch des Menschen liegt nahe beim Gehirn, der Mensch hat "die meiste Hirnmasse im Verhältnis zu seiner Größe" und er hat die feuchteste Hirnmasse unter den Geschöpfen (ebd., S. 45); das Gehirn wird als eine Art Wahrnehmungslieferant für die Zentrale Herz verstanden, als dessen "Filiale" im Kopf. Aristoteles ist bekannt, daß auch "nicht atmende Tiere Geruch wahrnehmen"; er meint hier nicht wie Menschen atmende Tiere, und er verweist auf Fische, Kerbtiere, Bienen, kleine Ameisen und Purpurschnecken, die wie viele andere Tiere im Interesse der Nahrungsfindung einen scharfen Geruch haben. Seine Begründungen für die Dennochriechfähigkeit solcher Tiere sind spekulativer Natur.

Dem Geruchssinn gibt Aristoteles eine Mittelstellung zwischen den fünf Sinnen. Fünf ist eine ungerade Zahl und hat eben eine Mitte! Doch diese willkürliche Einstufung führt ihn zu der sicher nicht falschen Überzeugung, daß der Geruch ein Bindeglied zwischen den anderen Sinnen darstelle und ihnen anhafte (vgl. ebd., S. 47). Er schreibt dem Geruch auch eine gesunderhaltende Wirkung zu, die heute keiner mehr anzweifelt (vgl. ebd., S. 48). Er unterscheidet eine äußere Atmung, gemeint ist die eingeatmete Luft, und eine innere, die "Lebensluft", die aus der Nahrung kommt und von der äußeren positiv oder negativ beeinflußt wird (vgl. ebd., S. 158 ff.).

Insgesamt beurteilt Aristoteles vier Geruchsdimensionen.
Bei der **Duftempfindung** unterscheidet er angenehme Gerüche, die von der Nahrung kommen und die an sich angenehmen Blumendüfte von den unangenehmen Gerüchen.
Die **Geruchsempfindlichkeit** des Menschen nennt er unscharf.
Den **Geruchscharakter** bezeichnet er als rauchartige Ausdünstung, wobei er sich nicht ganz auf feucht oder trocken festlegt, da eine "Ausdünstung" durchaus feuchter Natur sein kann.
Die **Geruchswahrnehmung** erfolgt mittelbar über die Medien Luft und Wasser, die Möglichkeit einer unmittelbaren Geruchswahrnehmung wird nicht eingeräumt.

7.3 Galen, Claudius

geb. 129 (oder 131) n.Chr. in Pergamon, gest. 199 (oder 203) n.Chr.

Einige biographische Angaben finden sich in der Abhandlung über Paracelsus.

Das Altertum hat sich mit der Lokalisation der Wahrnehmungsorgane und -zentren schwergetan; ganz besonders gilt dies für den Geruchssinn. Das mag an der Überbewertung der Gegensätze trocken und feucht gelegen haben. Manchmal hat es den Anschein, als ob man sich vor lauter Voreingenommenheit nicht dazu entschließen konnte zuzugestehen, daß etwas, beispielsweise die Luft, zugleich oder abwechslungsweise trocken und feucht sein kann. Luft gehört nun einmal zum Trockenen, Wasser zum Feuchten. So finden sich zwei völlig entgegengesetzte Meinungen für die Voraussetzungen des Riechvermögens. Nach Anaxagoras können Sinneseindrücke nur durch entgegengesetzte Medien hervorgerufen werden (vgl. Galen, Kom., S. 103). Für den Riechvorgang würde das bedeuten, daß Gerüche nur wahrgenommen werden, wenn sie in trockener Luft zum feuchten Riechorgan transportiert werden oder in feuchter Luft - wenn man sich dazu bekennt, daß sie feucht sein kann - zum trockenen Riechorgan. "Für Galen gilt ... der Grundsatz, daß Gleiches nur durch Gleiches erkannt wird" (ebd., S. 109). Für Galen gelangen die Geruchsstoffe mit Hilfe der Luft in die Gehirnkammern; die Zufahrtswege dorthin stellt er sich wohl als Hohlräume vor (vgl. ebd.). Sind diese Hohlräume trocken, erkennt man die Gerüche trockener Luft, sind sie infolge einer Verschleimung feucht, riecht man nur, was eine feuchte Luft an Duftstoffen heranführt. Das Altertum fürchtet also den Kompromiß. Da es noch keine Luftfeuchtigkeitsmesser gab, hielt man die Luft für das trockene Element. Also wäre Riechen, so wir Galens Gleichheitsprinzip folgen, nur bei trockenem Sinnesorgan möglich, nach Anaxagoras 'Gegensatzprinzip' könnte nur trockene Luft den Dufttransport zur feuchten Nase übernehmen. Wir wissen heute, daß keiner von beiden völlig richtig liegt, da nur feuchte Nasenschleimhäute den Riechvorgang ermöglichen, gleichgültig ob das Vehikel Luft trocken oder feucht ist. Eine Andeutung für diesen Kompromiß findet sich bei Galen: "Zwischen Luft und Feuchtigkeit aber liegt (die Qualität) der Geruchsstoffe, die weder so feinteilig sind wie die Luft noch dick wie das Feuchte. Denn das, was sich von jedem Körper absondert, (eben) das ist die Substanz der Geruchsstoffe" (Galen, S. 41). Und je mehr sie absondern, um so trockener werden sie, gibt Galen am Beispiel der Rose zu erkennen (vgl. ebd.). Galen hat sich in drei Büchern mit den Kräften der Nahrungsmittel auseinandergesetzt. An keiner Stelle ist die Rede davon, daß man auch und einzig vom Trockenen (Luft) und vom Feuchten (feuchter Erde auf den Leib gelegt) leben kann, wie das Paracelsus mit einem Seitenhieb auf Galen bemerkt hat (vgl. Paracelsus I, S. 343).

Galen äußert sich zum Riechorgan, betont aber, daß es Sache der Anatomie sei, dessen Beschaffenheit zu beschreiben; sein Part wäre, die Art und Weise der Geruchswahrnehmung darzustellen. Und gleich ist er wieder beim Riechorgan, da es ja nicht nur um die Wahrnehmung der Geruchsstoffe gehe, sondern um jenen Körperteil, der sie wahrnimmt. Geruchswahrnehmung und Einatmen finden gleichzeitig statt; doch ist es nicht die Nase, die riecht, es sind die "Ausbuchtungen der vorderen Gehirnventrikel". Ein Teil der eingeatmeten Luft gelangt ins Gehirn, was zu beobachten sei: beim Einatmen dehnt das Gehirn sich aus, beim Ausatmen zieht es sich zusammen (vgl. ebd., S. 31

ff.). In die Nase eingebrachte Geruchsstoffe werden nicht unmittelbar wahrgenommen, sondern erst beim Einatmen, wenn also der Luftstrom sie nach oben transportiert. Da aber nicht alle wissen, wie es da oben aussieht, hält Galen es für angebracht, die Organe zu kennzeichnen, "die sich an die Nasengänge anschließen" (ebd., S. 35). Und schon wieder wird er anatomisch, was er den Fachleuten überlassen wollte; interessant dabei ist allerdings, daß es einen Hinweis auf die Nasenschleimhaut gibt, die Galen aber nicht für so fein hält, daß sie als Sitz der Geruchswahrnehmung in Frage käme; sie "müßte also dampfartig sein", wenn sie diese Funktion erfüllen sollte (vgl. ebd., S. 41 ff.). Beim Ausprobieren eines Schnupfenmittels (Melanthion), das bei sehr kräftiger Einatmung "ein starkes Beißen tief im Kopf" hervorrief, kam Galen schließlich der Gedanke, daß das eigentliche Geruchsorgan tiefer sitzt als die Nasenschleimhaut und "dampfartig" sein müsse, weil ja nur Gleiches von Gleichem wahrgenommen werden kann. Zwischen dampfartig und rauchartig wird allem Anschein nach nicht oder fast nicht unterschieden. In Anlehnung an Aristoteles und in Analogie zum Auge fragt Galen, ob etwa im Riechorgan ein Deckel sei, der sich beim Einatmen wie ein Ventil öffnet (vgl. ebd., S. 49); hier fehlt der Schluß, daß er sich beim Ausatmen schließt; doch Galen spürt, daß es nicht so sein kann; wir könnten sonst nicht ausatmen! Den Widerspruch versucht er auszuräumen, indem er daran erinnert, daß das Öffnen der Gänge weder auf eigenen Entschluß noch auf natürliche Weise bewerkstelligt werde (vgl. ebd., S. 53). Allein der Anprall der Luft sei imstande, die Atmungsorgane zu öffnen, und dieser Anprall ließe sich auch ohne Einatmen erzeugen (vgl. ebd., S. 55). Doch so eingebrachte Luft gelange nicht in das Gehirn, wenn es sich nicht ausdehne (vgl. ebd.). Folglich sei die Deckeltheorie abzulehnen und festzuhalten, daß die Riechgänge immer, auch im Schlaf, offen seien (vgl. ebd., S. 59 ff.).

Abschließend wendet sich Galen der heilsamen Wirkung des Niesens zu. Schlafsucht und Schwindelanfälle ließen sich durch Niesmittel heilen. Starker Sonneneinfall reize zum Niesen. Niesen verhelfe auch "dem dicken und zähen Schleim aus dem Gehirn in reichem Maße zum Durchbruch, indem es ihn durch das Ausstoßen der Luft mit ausstößt" (ebd., S. 61). Schließlich wissen auch wir erst seit dem 17. Jahrhundert, "daß die Nase kein offener Kanal des Gehirns ist" (Henning, S. 70).

Gewarnt wird vor starken Düften, die Kopfschmerzen verursachen, bisweilen sogar Geistesstörungen hervorrufen. Galen sieht darin einen Beweis, daß die Düfte ins Hirn gelangen. Andererseits wird auch der Rosenduft wie das Einatmen von kalter Luft bei erhitztem Gehirn empfohlen. Dem Gehirn wird eine Art Steuerfunktion zugesprochen, "um das richtige Maß der Wärme im Herzen zu bewahren" (Galen, S. 63). Das Gehirn hat daneben Aufgaben wie andere Organe, z.B. der Magen und die Gebärmutter. Es nimmt das Nützliche auf und stößt das Schädliche ab (vgl. ebd.).

Zweifellos hat Galen rein physiologisch eine Reihe von Anstößen geben können, doch zum Kern des Geruchswahrnehmungsvorganges ist er nicht vorgestoßen, jedenfalls nicht in seinem dem Riechorgan gewidmeten Werk; dieser Kern aber liegt nicht nur in dem von Galen bearbeiteten Bereich. Die Abhandlung über das Riechorgan basiert teilweise auf Erkenntnissen, die über das Wissen der griechischen Ärzte hinausgingen, beruht aber auf Vermutungen, die zu jener Zeit noch nicht bestätigt werden konnten. Der subjektive Einfluß beim Riechorgan wird überhaupt nicht angesprochen, es sei denn, Galen habe etwas davon zum Ausdruck bringen wollen, als er von der allmählichen Abnahme des starken Beißens im Kopf, das durch das Melanthion verursacht worden war, berichtet (vgl. ebd., S. 47). Hier hat es sich ganz offensichtlich um Abstumpfung durch Gewöhnung gehandelt, eine Erscheinung, der wir einen subjektiven Einfluß kaum aberkennen.

Bezüglich der **Duftempfindung** findet sich bei Galen kein direkter Hinweis. Es geht ihm mehr um das Riechorgan und die organischen Grundlagen des Riechvermögens. Diese nüchterne Einstellung klammert subjektive Einflüsse aus.

Die **Geruchsempfindlichkeit** dieses Riechorgans ist gekennzeichnet durch die Theorie der Gleichheit: Nur was seinem Wesen nach mit der Beschaffenheit des Organs (feucht, trocken, rauch-, dampfartig) übereinstimmt, kann von ihm empfunden werden.

Für den **Geruchscharakter** gilt: Gerüche sind rauch- bzw. dampfartig. Die Qualität der Geruchsstoffe liegt zwischen Luft und Feuchtigkeit.

Die **Geruchswahrnehmung** erfolgt auf indirektem Wege. Die Geruchsstoffe werden durch den Atem (Luft) transportiert.

Hinsichtlich der **Duftwirkung** werden zunächst einmal chemische (Schnupfenmittel) und physikalische (Sonnenlicht) Ursachen des Niesens erwähnt. Das Niesen selbst, also das explosionsartige Ausstoßen der Luft, wird als gesundheitsfördernd herausgestellt. Empfohlen werden Rosenduft und das Einatmen kalter Luft bei überhitztem Gehirn.
Es wird auch an starke Düfte erinnert, die von schädlicher Wirkung sind, da sie Kopfschmerzen oder gar Geistesstörungen (Narkosemittel?) hervorrufen.

7.4 Maimonides (Rabbenu Mosche Ben Maimon)

Über die Veröffentlichungen des Maimonides (1135-1204), des spanisch-jüdischen Leibarztes des Sultans Saladin, vermerkt der Übersetzer, ebenfalls Jude: "Nur ein Arzt, der gleichzeitig ein großer Talmudgelehrter war, konnte ein solches Werk verfassen" (Süssmann Muntner, S. 9). Man möchte hinzufügen: Nur ein Mensch, der sich in der mittelalterlichen Geistesgeschichte Arabiens, Afrikas, Spaniens, Frankreichs, der Türkei und Süddeutschlands einigermaßen auskennt, vermag diese Einschätzung des Süssmann Muntner voll zu verstehen. Es kann und darf heute nicht mehr geleugnet werden, daß Juden es waren, denen eine über Jahrhunderte währende Verbindung und gegenseitige Befruchtung abend- und morgenländischer Kultur gelungen und zu verdanken ist. Sie sorgten für den Austausch von Wissen und Können vor allem auf den Gebieten der Philosophie, der Medizin, der Gesetzeslehre und der Architektur. Ihre Talmudschulen in Südwestdeutschland, in Mainz, Speyer und Worms, später säkularisiert, bildeten die Basis des deutschen Hochschulwesens. Ihre Verbindungen - oft sehr freundschaftlicher Art zu Christen und Moslems gleichermaßen - eröffneten ihnen sowohl im christlichen Europa und in seinem südwestlichen mohammedanischen Teil als auch in Arabien, der Türkei, bis weit nach Asien hinein und in Afrika Wege und Möglichkeiten auch für Handelsbeziehungen, die den zeitweiligen Kontrahenten total verschlossen gewesen sind. Sie wurden unter dem Namen "Radaniten" (vgl. Keller, S. 182 ff. und 188 f.) zu einer Art Nachfahren der Phönizier, die bis zu ihrem Untergang das Mittelmeer beherrscht hatten. So belieferten sie im frühen Mittelalter die katholische Kirche, die etwa ab dieser Zeit sich daran gewöhnt hatte, Rauchwerk als kultisches Mittel einzusetzen, mit der Natursubstanz des Weihrauchs. Dieser ist ursprünglich das Verbrennungsprodukt eines aus einem südostarabischen latschenähnlichen Baum gewonnenen Harzes. Um einen modernen Slogan zu gebrauchen: ihre Handelsflotten, die im Mittelmeer weitgehend unangefochten blieben, erwiesen sich als Embargobrecher. Das läßt sich nicht einfach mit der abschätzigen Beurteilung "jüdischen Geschäftsgeistes" erklären; wenn Juden ihren Teil für das religiös-kirchliche Ritual der katholischen Kirche beigetragen haben, kann das auch mit ihrer Toleranz gegenüber Andersgläubigen zusammenhängen, von seiten derer sie nur allzuoft Intoleranz und Schlimmeres erfahren haben.

Die Bedeutung des Maimonides für Mittelalter und anbrechende Neuzeit geht daraus hervor, daß sein Werk 1477, schon wenige Jahre nach der Erfindung der Buchdruckerkunst, in Florenz in lateinischer Sprache veröffentlicht worden ist. Das Wissen um Wirken und Werk dieses Mannes war also über 270 Jahre lang nicht verloren gegangen (vgl. Maimonides, S. 9).

Die "medikamentösen Verordnungen" des Arztes Maimonides sind überholt, doch "seine Gedanken zur Präventivmedizin, öffentlichen Hygiene, seine Einstellung den leidenden Kranken gegenüber, seine Ansichten über die Erhaltung der Seelengesundheit sind nicht veraltet" (ebd., S. 10). Er verlangt "nicht nur eine Behandlung des Körpers oder eines Körperteils, nicht nur eine Behandlung der Krankheit, sondern eine Behandlung des Kranken" (ebd., S. 11). Das sind Forderungen, die die heutige Medizin nur im Ansatz verwirklicht, die aber der Heil- und Sonderpädagogik, psychotherapeutisch orientierten Ärzten, Psychologen und Psychiatern längst Leitlinie geworden sind. Der medizinischen Wissenschaft mißt er "propädeutischen Wert" zu ("Theorie"), ihr habe die Praxis als "ärztliche Kunst" zu folgen; der Mensch könne "durch die richtige Beherrschung seines Körpers - wozu er vom Arzt anzuleiten sei (sinngemäßer Einschub des Vf.) - seine geistige Erfahrung erhöhen". Nicht unwidersprochen bleibt der einen falschen Schluß implizierende Nachsatz "...denn eine gesunde Seele wohnt nur in einem gesunden Körper". Total irreführend ist das ausklammernde "nur". Bei Juvenal, der die Jugend betreffend einen Wunsch, ja eine Beschwörung ausspricht, heißt es: "Sit mens sana in corpore sano", d.h.: Es sei ein gesunder Geist in einem gesunden Körper! Und das bedeutet: Juvenal wußte genau, daß die kraftstrotzenden Körper im Stadion nicht immer eine gesunde Seele (einen guten Charakter) beherbergten. Doch Juvenals Beschwörung ist von eh und je mißdeutet worden. Der kaum 120 Jahre alten Heilpädagogik ist der Fehler schon bald aufgefallen. Wer es mit Behinderten besonders im körperlichen Bereich zu tun hat, weiß, daß auch in einem verkrüppelten Körper eine gesunde Seele stecken kann, wenn die Umwelt bei der Erziehung des Behinderten und im Umgang mit ihm mindestens ebensoviel positive Zuwendung gewährt hat, wie sie bei einem Gesunden gewährt hätte (vgl. ebd., S. 122).

Große Bedeutung für Körper und Seele hat nach Maimonides die Beschaffenheit der Atemluft. Schon eine geringfügige Verschlechterung der Außenluft könne sich negativ für den Geist auswirken; vor allem Konzentration und Gedächtnis seien betroffen, die rein vitalen Funktionen seien weniger verändert (vgl. ebd., S. 96). Es ist daher angeraten, die Luft "zu verbessern und sie durch Wohlgerüche und Räucherungen trocken zu halten, wie es gerade bei der jeweiligen Beschaffenheit des Klimas angebracht ist". Maimonides hat wohl die Zimmerluft gemeint, wie der Übersetzer auch ergänzt hat (vgl. ebd., S. 97). Wir Heutigen feuchten die Luft in unseren durch Spezialfenster hermetisch abgeschlossenen Räumen an, machen also das Gegenteil von dem, was Maimonides empfohlen hat. Wir orientieren uns eben an der "Beschaffenheit des Klimas" in unseren Räumen. Die Empfehlung, für trockene Luft zu sorgen, ist sicher nicht eine generelle, sie richtet sich an den Sultan, und die Beschaffenheit des Klimas seiner Umwelt ist uns nicht bekannt. Bekannt hingegen ist die Gepflogenheit zu räuchern schon in vorchristlichen Jahrhunderten in Mesopotamien, Ägypten, Griechenland und in Rom. Kein Gastgeber von Rang hätte es gewagt, seine Gäste in unberäucherten Räumen feiern zu lassen. Für den Weihrauch sorgten bereits etwa 900 v.Chr. die Sabäer (heute Jemen), die das Weihrauchharz auf den Weihrauchstraßen nach Nordwesten, Westen und Südwesten brachten, worüber berichtet wurde. Hauptumschlagplätze im vorderen Orient waren zunächst wohl Handelshäfen des Libanon, die europäische Verteilerbasis ist später Venedig gewesen. An den Libanon erinnert noch die hebräische Bezeichnung des Weihrauchs "l'bhonah" (vgl. Krumm-Heller, S. 9). Es zählte zu den teuersten Luxusartikeln. Gibt doch ein Baum bei einer Zapfung allenfalls zwei Händchen voll ab! Auch Christus erhält entsprechend dem Neuen Testament von den Weisen unter anderem Weihrauchharz als Geschenk; ebenso gehört Myrrhe, Harz eines afrikanischen Strauches, das verdampft wurde, zu den Gaben, die man nur Königen oder sonstigen hochgestellten Persönlichkeiten darbrachte.

Bezüglich der "Gehirnsubstanz", damit sicher auch deren Leistungsfähigkeit, empfiehlt Maimonides Kräftigung durch "Einatmen wohlriechenden Pflanzenduftes von Gewürzen aller Art, entsprechend der Konstitution und der Jahreszeit". An Duftspendern nennt er: zu Pulverstaub zerriebene Nelke, womit man das "Vorderhaupt" während der Winterzeit pudern sollte; für die gleiche Zeit werden Einreibungen der Kopfhaut mit gewürztem Guilanda-Öl angeraten. Im heißen Sommer hingegen eigneten sich Kopfbestreichungen mit persischem Rosenparfum oder dem Parfum der Weißrose sowie die Puderung mit feinpulverisiertem Macis (vgl. Maimonides, S. 109).

Die seelischen Kräfte solle man "stimulieren durch Einatmen wärmender Wohlgerüche, wie z.B. des Moschus und des Ambers, des kleinblättrigen Basilikons bei Krankheiten ohne Fieber, bzw. durch Einatmung kühlender Wohlgerüche, wie z.B. der Rosen, Seerosen, Myrthen und Veilchen bei Krankheiten, die mit Hitze einhergehen" (ebd., S. 79; es wurden nur die Übersetzungen Muntners verwendet). In der Tat ein respektabler Duftkatalog, von dem auch die Parfumeure späterer Jahrhunderte gezehrt haben mögen. Maimonides rät in diesem Zusammenhang auch noch zu anderen Mitteln, mit denen die vitalen Kräfte des Kranken anzuregen seien, so die Instrumentalmusik, Erzählung erfreulicher (will sagen, erbaulicher, Vf.) Geschichten, humoristische Neuigkeiten zur Ablenkung, die ihn zum Lachen bringen, letztendlich eine ihm angenehme Pflegeperson (vgl. ebd.). Häufigkeit und Dauer der Anwendung solcher Mittel sollte man (wohl die Umgebung des Patienten, Vf.), wenn kein Arzt zur Stelle ist, selbst abschätzen (vgl. ebd., S. 80).

Wir stellen fest: an Anregungen zum Thema fehlt es nicht. Düfte sind Stimulatoren für die Geisteskraft ebenso wie sie für die begleitende Behandlung der Kranken von emotional-stimulierender Wirkung sind. Sie verändern die Grundstimmung und damit die Fähigkeit, am Leben teilzuhaben. Anstatt eine Versammlung mit "Stinkbomben" zu schockieren, ist man heute in der Lage, sie auf chemischem Wege zum Lachen zu bringen. Die Fa. Reimex AG in der Schweiz verteilt millionenweise Lachspraydosen, deren Substanz die Erfindung des Lachsack-Herstellers Walter Thiele ist. Lachen wird nicht wie in früheren Zeiten befohlen, es wird evoziert.

Den Arzt interessiert an den Düften in erster Linie deren heilende **Wirkung.** In dieser Dimension wird an die Stimulierung durch Einatmen wärmender und kühlender Wohlgerüche erinnert. Doch auch die negative Wirkung schlechter Luft wird erwähnt, vor allem die schädliche Beeinflussung des Geistes.

7.5 Theophrastus Bombastus von Hohenheim alias Paracelsus

Geb. 1494 in Einsiedeln/Schweiz, gest. 24. Sept. 1541 in Salzburg

Autorität für ärztliche Fragen und Entscheidungen bis in die Zeit Martin Luthers (1483-1546) hinein war in Europa der römische Arzt Claudius Galen, der neben Hippokrates wohl als der bedeutendste Vertreter seines Faches galt. Er behandelte die römische Aristokratie und war Leibarzt des Kaisers Marc Aurel. Der Wert seines wissenschaftlichen Werkes wird in der lückenlosen Systematik seiner Darstellungen gesehen. Neben der Medizin beschäftigte er sich mit Mathematik, Philosophie und der Rechtswissenschaft (vgl. Diepgen 1949). Im 16. Jahrhundert haben nur wenige Mediziner gewagt, Standpunkte einzunehmen und zu vertreten, die der Lehrmeinung des Galen zuwidergelaufen sind.

Kommt da so ein kleiner, unansehnlicher Schwabe und wagt es, in Wort, Schrift und Tat wider den Stachel zu löcken, eine eigene Meinung zu haben, den Kollegen vorschreiben zu wollen, wie man z.B. die Syphilis anders als bisher zu behandeln habe. Untersteht sich dieser Mensch sogar, seine Ansichten in deutscher, statt in lateinischer Sprache kundzutun! Kann man ihn als Arzt überhaupt ernst nehmen? Und man erinnert sich: Da gab es doch schon einen Zeitgenossen Christi, der sich unter Kaiser Tiberius (Regierungszeit 14 - 37 n.Chr.) als Enzyklopädist betätigte, der unter dem Sammelnamen "Artes" ein Werk von mehr als zwanzig Büchern veröffentlichte, in denen er sein Wissen über Landwirtschaft, Rhetorik, Kriegswesen und als Nichtarzt sogar über Medizin ausbreitete. Dieser Römer hat es unzweifelhaft verstanden, sauber aufzuzeichnen, was die griechischen Ärzte der Zeit Alexanders des Großen hinterlassen hatten. Der Name dieses Mannes war Aulus Cornelius Celsus (vgl. Ilberg). Der bediente sich doch wenigstens der klassischen lateinischen Sprache! Dieser Schwabe aber mit seinem schier unaussprechlichen Namen schreibt deutsch, übersetzt jeden guten lateinischen und griechischen Fachausdruck ins Deutsche; an wen wendet er sich überhaupt mit seinen Veröffentlichungen? Nein, das ist kein zweiter Celsus, das ist ein Paracelsus! Ausgerechnet unter diesem Pseudonym versteht es unser Schwabe, die Medizin für Jahrhunderte zu revolutionieren und sein philosophisches Gedankengut so ganz nebenbei in die Gelehrtenwelt hineinzutragen, daß selbst noch ein Goethe unter seinem Einfluß stand.

Hier interessiert vor allem, was Paracelsus über die heilsamen und verderblichen Wirkungen der Gerüche vermerkt hat.
In den Archidoxen schreibt er in Abwandlung eines Christuswortes: "Denn das Essen muß nicht solcher Gestalt beschaffen sein, daß wir Brot und Fleisch essen, und Wein oder Wasser trinken müssen, sondern aus der Luft und mit dem Erdknollen können wir unseren Leib erhalten" (Paracelsus I, S. 343). Gemeint sind die Atmung und das Auflegen feuchter Erde auf den Leib; zuvor wird an Menschen erinnert, die sich mit diesen Mitteln über lange Zeit hinweg ohne jede Nahrung am Leben erhalten haben. Der Mensch lebt, worauf auch schon Aristoteles hingewiesen hat, vom Trockenen (Luft) und vom Feuchten (feuchte Erdklumpen).

Nun, wir Heutigen besuchen sog. Luftkurorte mit Höhen um plus/minus Null, deren Luft stark angereichert ist mit der salzigen Feuchtigkeit des Meeres, wenn wir an Asthma leiden; wir besuchen wegen desselben Leidens Kurorte im Mittelgebirge, deren Luft weit trockener, aber erfüllt ist mit den Ausdünstungen von Tannen, Fichten und Lärchen. Wir lassen uns in feuchtheißen Fango einpacken, um die kranken Gelenke zu regenerieren, oder wir haben uns daran gewöhnt, täglich einen Eßlöffel voll Heilerde zu schlucken, weil wir davon überzeugt sind, daß dies "gesund" sei. So abwegig ist die Behauptung des Paracelsus also nicht, schon gar nicht, wenn wir vor sein Verb "erhalten" einfach das Wörtchen "gesund" setzen. Was tun wir am Meer oder im Gebirgswald in erster Linie? Wir atmen tief durch, viel bewußter als im Alltag, und wir merken bald, daß es uns gut tut. Freilich wird der Appetit dabei nicht geringer, sondern größer, ein Beweis, daß der Meerwassergeruch, der Tannenduft usw. ihre Wirkung tun.

Nun spricht Paracelsus zwar nicht gerade vom Riechen, wo er auf "(de) quinta essentia" zu sprechen kommt, doch der Leser versteht, daß er es nicht ausklammert. Quinta essentia ist in allen Dingen, es ist eine "Materie, die corporalisch aus allen Gewächsen und aus allem, in dem das Leben ist, ausgezogen wird, geschieden von aller Unreinigkeit und Tödlichkeit, gesubtilt auf das allerreinste, gesondert von allen Elementen" (ebd., S. 361 ff.). Gemeint sind Arzneien, die sich auf verschiedene Weise aus Pflanzen gewinnen lassen und heilsame Wirkungen bei bestimmten Krankheiten haben, so z.B. narkotisch-einschläfernde, bittere und süße, saure und betäubende. Paracelsus gibt zu erkennen, daß er sich in der Chemie seiner Zeit und in den ärztlichen Rezepturen hervorragend auskannte, beide aber in ihrer Wirkung oft überschätzte. Bleibt diese nämlich aus, dann liegt das nach seiner und seiner zeitgenössischen Kollegen Ansicht daran, daß die quinta essentia nicht immer dorthin geleitet wird, wo sie sich hätte entfalten sollen; "der Himmel muß sie dir leiten" (ebd., S. 547). Schickt er sie nicht auf den rechten Weg vom Magen zum kranken Organ, richtest du nichts aus.

Aus der Art und Weise, wie der Schwabe die Herstellung der besten Rezepturen beschreibt, spricht oft eher der Schalk, der die Gelehrten auf den Arm nimmt, als der Scharlatan, der seine Umwelt betrügt.

Paracelsus kennt sich auch in der Wirkung der Gerüche aus, wie er im 7. Buch belegt. Er erinnert an die Geruchswirkung an sich duftender Substanzen, wenn sie zusammengesetzt werden, oder wenn eine bestimmte Substanz der anderen bestimmten Substanz den Duft herauszieht; er spricht von Komposition und Digestion beim Herstellungsvorgang, Begriffe, die in der Parfumeursprache auch heute noch geläufig sind. Auf seine drastische Art schildert er auch, wie an sich übel riechende Substanzen in gehöriger Verdünnung Wohlgerüche verbreiten (vgl. ebd., S. 414).

Dem Einatmen bestimmter Düfte, als "specifica odorifera" bezeichnet, schreibt er eine heilsame Wirkung zu: "Da ist zu merken, daß specificum odoriferum eine materia ist, die einem Kranken die Krankheit vertreibt". Wie der Teufel mit Beelzebub, so läßt sich Gestank mit Gestank austreiben. Der Geruch von Zibet (gewonnen aus einer Dammdrüsenabsonderung der Zibetkatze beiderlei Geschlechts), an sich schon fäkalisch riechend, wirke laxierend, treibe also den Kot aus. Solche Weisheiten erinnern an Mathematik: minus mal minus gibt plus.

Ganz richtig wird in diesem Zusammenhang vermerkt, daß "der böse Geruch viel mehr als der gute empfunden" werde. Eine weitere Empfehlung verrät den erfahrenen Arzt: "...wenn die Kranken keine Arznei einnehmen können, wie in apoplexia (Lähmung nach Schlaganfall, d.Vf.) oder epilepsia (Schlafzustand nach akutem Anfall, d.Vf.), die Krankheiten von den odoriferis (Geruchsbringer, d.Vf.) vergehen und geheilt werden". "Vielerlei Gerüche(n)" schreibt er wenigstens eine aufweckende Wirkung zu, die den Weg zur Kurierung einleite; so ordiniert er hierfür ein Rezept, bestehend aus vierzehn Substanzen, die auf vielerlei Art zu mischen, zu digestieren usw. sind (ebd., S. 417 f.). Ebenso gibt es eine umfängliche Rezeptur für einen heilsamen Schlaf, wobei es nicht darum gehe, daß der Mensch, sondern daß die Krankheit schlafe; gemeint ist wohl 'einschlafe', was besagen soll, daß ein schmerzstillender Effekt erzeugt wird, der die Krankheit mit der Zeit verschwinden läßt (vgl. ebd., S. 419), und auch dies durch pures Riechen!

Paracelsus weiß auch, daß das Einatmen bestimmter anderer Stoffe krank machen kann. Er beschreibt dies in seiner Abhandlung über die Bergsucht (vgl. Paracelsus II, S. 284 ff.). Gedacht ist dabei an Erkrankungen der Atemwege, der Lunge ("Lungensucht"), ans "Schwinden des Leibes" (daher später Schwindsucht) und auch an Magengeschwüre. Solche Krankheiten befallen "Erzleute, Schmelzer, Knappen und was in den Bergwerken ähnliches ist" (ebd., S. 284 f.). Stoffe, die er für die Erreger hält, stecken "im Waschwerk, im Silber- oder Golderz, Salzerz, Alaun und Schwefelerz oder im Vitriolsud, im Blei, Kupfer, Zwitter, Eisen oder Quecksilbererz" (ebd., S. 285). Wer durch Einwirkung der genannten Stoffe erkrankt, ist "bergsüchtig" (ebd.).

Paracelsus beklagt sich, daß in früheren ärztlichen Veröffentlichungen darüber ebensowenig Konkretes berichtet worden sei wie über die Lungenleiden überhaupt (vgl. ebd.). Die Luft sei die Ursache solcher Übel, sie sei "wie eine Speise zu verstehen, und wie's möglich ist, daß eine Speise Krankheit macht, so ist es auch von der Luft möglich, die Dinge (gemeint sind Krankheiten, d.Vf.) zu gebären" (ebd., S. 286).

Auch das Asthma wird im Zusammenhang mit der Bergsucht erwähnt. Es ist nicht klar auszumachen, ob Paracelsus die Andersartigkeit dieses Leidens erkannt hat, er führt es aber - und das ist sicher nicht richtig - auf dieselben Ursachen zurück (vgl. ebd., S. 287 f.).

Der Krankheitskeim, der zu Lungensucht, Asthma, Husten, Keichen und Influenza führt, kommt nach Paracelsus aus dem Nebel, dessen Ursprung er sich in der Milchstraße denkt; und dieser Nebel finde sich auch in den Bergen, darin und darauf. Den Aufenthalt in den Bergen hält er für krankmachend, denn dort gebe es ja auch Regen, Reif und winterliche Kälte, "aus der das Keichen entspringt" (ebd., S. 290).

Doch er warnt auch vor der Hitze, bei der es, wie heute jedermann weiß, gefährlich ist, kalte Getränke, seien sie sauer oder süß, zu sich zu nehmen, als ob ihm jener Mechanismus bekannt gewesen ist, von dem wir wissen, warum in der Hitze genossene kalte Getränke den Körper erst recht zum Schwitzen bringen.

Als sehr gefährliche Krankheitsursache wird der Schwefel erwähnt, der zur Verharzung der Lunge führe, was dann eine "ewige starke Heiserkeit" zur Folge habe. Doch solcherlei Lungengift sei nicht nur in den Bergen, sondern überall vorhanden (vgl. ebd.,

S. 293 ff.). Auch der Ruß wird als eine für die Atemwege schädliche Substanz gekennzeichnet (vgl. ebd., S. 295 f.). Nur dem Arzt sei es gegeben zu wissen, "daß viele Dinge sind, die ihn (den Menschen, d.Vf.) töten", daß gerade von den "unempfindlichen Dingen eine Feindschaft" gegen den Menschen zu befürchten sei; er meint Dinge, die der Mensch nicht empfindet, nicht merkt, nicht kennt, gegen die er sich folglich auch nicht zu schützen vermag, wenn der Arzt ihn nicht davor warnt. Solche "unempfindlichen Dinge" finden sich nicht nur im Pflanzenreich, sondern auch unter den Mineralien: "Denn gleicherweise wie das Krokodil durch seinen Atem den Menschen verderbt und tötet, so auch töten uns die Dünste solcher Mineralien" (ebd., S. 297). Die Identifikation dieses in Europa damals wenig bekannten Tieres mit dem Fabelwesen Drachen liegt auf der Hand.

Paracelsus erweist sich auch als spätmittelalterlicher oder nachmittelalterlicher Mahner vor Umweltverschmutzung aus Eigennutz: "in dem, was wir im Garten pflanzen, ziehen wir mit ihm unser eigen Gift auf. Dabei müssen wir auch Gold und Silber haben, auch andere Metalle, Eisen, Zinn, Kupfer, Blei, Quecksilber. Wenn wir dasselbige haben wollen, müssen wir unseren Leib daran wagen und mit viel Feinden, die gegen uns stehen, leben. So auch, so wir andere Dinge haben wollen, die wir zu Nutz unsers gesunden Lebens gezwungen sind zu gebrauchen, so ist nichts, das nit unsern Feind mit sich trage" (ebd., S. 298).
Doch weiß er auch Rat für den Fall, daß ein Mensch an einer Substanz erkranke. Die gleiche Substanz kann ihn auch wieder gesund machen, wenn sie getrennt, geläutert und verdünnt wird (vgl. ebd., S. 299).

Eine Vorstellung von der Physiologie des Riechens scheint auch bei Paracelsus schon vorhanden gewesen zu sein. Er unterscheidet

Atmung, die "allein durch das Lungenrohr den Eingang nimmt" von der, die durch die Nase geht (ebd., S. 320). Wer sich die Nase zuhält und durch den Mund einatmet, riecht nichts, so gut wie nichts! Das hat seinen Grund darin, daß die durch den Mund eingeatmete Luft nicht über das Riechepithel streicht, weshalb dabei auch kein Geruchseindruck vermittelt wird. Nur bei der Nasenatmung oder dem gleichzeitigen Einatmen durch Mund und Nase wird die eingeatmete Luft geruchlich kontrolliert. Doch "von derselben Luft, die nun durch die Nase angezogen wird, was das Subtilste in ihr ist, dasselbe schlägt nit in dem Rachen nieder, sondern steigt der Höhe zu, in das Hirn und seine Region" (ebd.). Funktioniert dieser Durchzug zum Hirn nicht, so führe dies zu Kopfkrankheiten der verschiedensten Art. Als Arzt denkt Paracelsus in erster Linie an das Einatmen krankmachender Substanzen, vor dem er seine Patienten warnen will. Er kommt, und dies wundert niemanden, zu mancher Fehleinschätzung, aber auch zu berechtigten Warnungen und Mahnungen vor Atemgiften, die damals als solche nicht erkannt waren. Als Präventivmaßnahme hätte man damals wie heute empfehlen können, derlei Substanzen zu meiden. Heute wissen wir zwar mehr darüber und sind doch nicht immer in der Lage, uns vor giftigen Ausdünstungen zu schützen.

Mit der guten (und unguten) Luft hält es auch ein anderer Alemanne mehr als ein Jahrhundert nach Paracelsus, der Speyerer Arzt und Naturforscher J.J.Becher.

Zwei Zitate aus der Faksimile-Ausgabe von 1957:

> "Zum Andern ist er (der Lufft = die Luft) / damit er vertreibe die feuchte unreinigkeiten / von welchen die Geister und natürliche wärme molestirt (= beschwert, belästigt) und beschwert werden. Dann gleich wie wir sehen / daß das äusserliche Fewr (= Feuer) wann es nicht durch den Lufft

> wird aufgeblasen / verlöscht: Eben also hat es eine Beschaffenheit mit den Geistern / und natürlicher wärme / dann wann nicht allezeit durch ein immerwehrende Schöpfung des Luffts die natürliche Hitz erkühlet und erfrischet wird / so muß der Geist nothwendig verderben / dann der Geist hat von nöthen / daß er von dem Luft ernehret / erhalten / temperirt, gereiniget und geläutert werde" (Becher: Salernitanische Schul, S. 44).

> "Ein gutes Zeichen ists / wann die Wind nicht ohne den Willen des Patienten / noch mit Gerümpel / oder mit dem Stulgang fortgehen / zeigen an / entweder, daß der Krancke unsinnig (= bewußtlos) seye / oder doch grossen Schmertzen leide" (ebd., S. 157, § 24 nach Hippokrates).

Paracelsus will aber auch heilen, wo es mit Arznei nicht geht, dann eben mit heilsamen Düften. Sicher wirken die Duftkonstrukte zum Teil abenteuerlich, oft aber auch, was Herkunft und Zusammensetzung betrifft, als für die beabsichtigte Wirkung durchaus tauglich. Kaum zwei Jahrhunderte später bürgert sich in Europa, besonders in Frankreich, ein Handwerk ein, das sich auf Duftkompositionen spezialisiert, zu dem Paracelsus hätte Pate gestanden haben können, das Handwerk der Parfumeure. Ist es auch nicht erklärte Absicht dieses Handwerks, Menschen zu heilen, so ist dennoch die intendiert-positive emotionale Wirkung nicht ganz fremd dem, was Paracelsus sich von der einen oder anderen seiner "Kreationen" versprochen hat.

Eine abschließende Beurteilung für die Charakterisierung des Geruchs durch Paracelsus läßt polare Betrachtungen gleich in fünf Dimensionen zu.

Bei der **Duftempfindung** wird in Wohlgerüche und in üble, böse Gerüche unterschieden.
Hinsichtlich der **Empfindlichkeit** unseres Geruchsorgans werden böse Gerüche als stärker, folglich angenehme Gerüche als weniger eindringlich eingeschätzt.
Den **Geruchscharakter** hängt Paracelsus an seinem Grad der Feuchtigkeit auf; durch die Nase eingeatmet steht das Trockene im Vordergrund, doch auch das Feuchte, das die Haut durchdringt, ist lebensnotwendig.
Die **Geruchswahrnehmung** erfolgt mehr unmittelbar durch die Ausdünstung der Substanzen, indirekt also durch das Einatmen; das schließt eine direkte, gesteuerte, also mehr unmittelbare Wahrnehmung z.B. bei der osmotischen Heilbehandlung nicht aus.
In bezug auf die **Duftwirkung** werden sowohl heilsame Einflüsse, die specifica odorifera, also gute Gerüche mit aufweckendem Effekt wie auch böse Gerüche, die aus dem Nebel, dem Schwefel, dem Ruß und vielen Mineralien stammen, hervorgehoben.

Wenn Paracelsus auch in vielen Dingen gegen die Lehrmeinung des Galen Stellung bezogen und sich dadurch Feinde geschaffen hat, kann man kaum behaupten, daß er nicht dort von ihm gelernt hat, wo eine fast lückenlose Systematik von ihm gefordert war; in der Beurteilung des Geruchs hat er dies sicher bewiesen.

7.6 Locke, John

Geb. 29.8.1632 in Wrington bei Bristol,
gest. 28.10.1704 in Oates, Essex

Locke studierte Naturwissenschaft und Medizin. Als Arzt und Erzieher wirkte er im Hause des Grafen Shaftesbury. Zeitweilig stand er auch in Staatsdiensten. Als politisch Engagierter vertrat er die Grundsätze der "glorreichen Revolution" literarisch im Sinne der neuen liberalen Monarchie.

Locke gilt als Begründer des englischen Empirismus. Als solcher bekämpfte er die von Descartes eingebrachte Lehre von den angeborenen Ideen und schreibt seinerseits fest: Erfahrungsquellen sind einzig die Sinneswahrnehmung (sensation) und die Selbstwahrnehmung (reflection). Die wahrnehmbaren Sinnesqualitäten sind subjektiver Natur; die Sprache vertritt als Zeichensystem die Vorstellungen und ihre Beziehungen untereinander. Der Symbolcharakter der Sprache war damit hinlänglich abgesteckt.

Es wundert also niemanden, daß Locke das mangelnde Verständnis für den Geruch mit der Sprache in Beziehung bringt, der es an Symbolen für den olfaktorischen Bereich gebricht. Eine diesbezügliche, recht bemerkenswerte Aussage zu den Gerüchen findet sich im Kapitel "Über einfache Ideen der Sinne": "Den mannigfaltigen Gerüchen, deren es fast ebensoviele, wenn nicht mehr als Arten von Körpern in der Welt gibt, fehlen meist Namen. Gewöhnlich genügen uns für diese Ideen die Ausdrücke duftend und übelriechend, womit im Grunde wenig mehr gesagt ist, als wenn man sie angenehm oder unangenehm nennt, obwohl der Geruch der Rose und der des Veilchens, die beide duften, sicherlich sehr verschiedene Ideen sind" (Locke, S. 130). Tatsächlich kennt auch die deutsche Sprache längst nicht Namen genug, um die Düfte zu bezeichnen. Gewöhnlich hilft man sich und urteilt: riecht wie Tanne usw.

Ähnlich einschränkend heißt es auch im Kapitel "Über andere einfache Modi": "Auch alle zusammengesetzten Geschmacksarten und Gerüche sind Modi, die aus den einfachen Ideen dieser Sinne gebildet werden. Da wir aber für sie meist keine Namen haben, werden sie weniger beachtet und können schriftlich nicht bezeichnet werden; ich muß sie deshalb ohne weitere Aufzählung den Gedanken und der Erfahrung des Lesers überlassen" (ebd., S. 265).

Für Locke ist offenbar selbstverständlich, daß es einen Grund für die Vernachlässigung des Geruchssinnes geben muß. Es sind die fehlenden Namen für die Kennzeichnung der diversen Gerüche und Geruchsnuancen, die ein häufigeres Eingehen auf diesen Sinn im Sprachgebrauch verhindern.

Das war für Locke Grund genug, sich trotz seiner empirischen Einstellung mit der Geruchsproblematik nicht weiter auseinanderzusetzen. Seine Beurteilung kommt über die Dimension **Duftempfindung** nicht hinaus. Hier unterscheidet er duftend und übelriechend, was, wie er selbst sagt, im Grunde nicht mehr besagt, als die aristotelische Polarisierung in angenehm und unangenehm bereits zum Ausdruck gebracht hat.

7.7 Kant, Immanuel

Der von den meisten seiner Anhänger als der bedeutendste deutsche Philosoph geschätzte Ostpreuße wurde am 22.4.1724 in Königsberg geboren und starb am 12.2.1804 dortselbst. Er studierte Naturwissenschaft, Mathematik und Philosophie. Seine ersten Einkünfte bezog er, wie viele bekannte Gelehrte, als Hauslehrer (1747-1754). Wie Sokrates seine Heimat Athen, so hat auch Kant seine Heimatstadt Königsberg nur selten verlassen. Nach seinem Examen zum Magist. phil. 1755 betätigte er sich in der Schloßbibliothek als Unterbibliothekar. 1770, also bereits 46jährig, wurde er zum Professor der Logik und Metaphysik ernannt. In naturwissenschaftlicher Hinsicht stand er unter dem Einfluß von Newton, in philosophischer von Leibniz. In den Jahren 1786 und 1788 war er Rektor der Universität Königsberg. Als wissenschaftliches Hauptwerk gilt die Trias "Kritik der reinen Vernunft, der praktischen Vernunft und der Urteilskraft".

Die grundlegende Annahme in seinem Gedankengebäude ist: Erfahrung ist nur möglich, weil es apriorische Begriffe und Anschauungsformen gibt (insgesamt zwölf Ideen) wie zum Beispiel Raum, Zeit, Kausalität, Einheit, Vielheit. Somit gehört er unter den Vertretern europäischer Geistesgeschichte zu denen, die zwischen den reinen Nativisten und den reinen Empiristen anzusiedeln sind. Vereinfacht formuliert heißt dies: weder ist die Seele des Menschen bei seiner Geburt voller Wissen, das nur geweckt zu werden braucht, noch ist sie tabula rasa, die alles von Grund auf lernen muß. Wer will, kann darin eine Analogie zu dem Christuswort sehen: "Wer hat, dem wird gegeben". In jüngster Zeit glaubt man, wie z.B. Max Delbrück, die Herkunft solcher angeborener Ideen (A.Schopenhauer: "Apriorische Gewußtheiten"; C.G.Jung: "Archetypen") näher erklären zu können. Sie seien

"Sache einer evolutionären Adaption, und sie wurden entworfen, um in der realen Welt überleben zu können" (Delbrück, S. 145 f.). Wir kommen darauf zurück.

Wenn Kant von der Sinneswahrnehmung handelt, kommt der Geruch knapp weg. Er hält es mehr mit dem Geschmack wie Aristoteles. Es ist zwar nicht auszumachen, doch wahrscheinlich, daß er dem Nahsinn Geschmack - und zwar dem "empirischen, dem Sinnesgeschmack" - den Geruch gewissermaßen als dessen Fernalternative subsumiert, und daß er dem "vernünftelnden" Geschmack den Geruch als etwas im übertragenen Sinne Moralisches oder Ästhetisches hinzudenkt (vgl. Kant, Anthrop., S. 168). Das bekannte Zusammenwirken von Geschmack und Geruch, das gegenseitige Sich-Ergänzen und Steigern der beiden chemischen Modalitäten sind für Kant offenbar triviale Geschehen, die keiner eingehenden Erörterungen bedürfen. Begnügen doch auch wir Heutigen, wenn etwas mißfällt, unangenehm erscheint, uns mit dem einen oder dem anderen. Wir sagen: das schmeckt mir gar nicht oder in burschikoserem Stil: das stinkt mir! Im Buch über "Das Gefühl der Lust und Unlust" unterscheidet Kant die Wirkung, welche eine Empfindung auf unser Gemüt macht, in angenehm und unangenehm bzw. in Vergnügen oder Schmerzen bereitend (vl. ebd., S. 153 ff.). An anderer Stelle spricht er vom Wohlgefallen am Angenehmen, das mit Interesse verbunden sei (vgl. ebd., S. 42). Wenn wir unterstellen, daß diese Aussagen auch für die Geruchswahrnehmung gedacht sind, besteht eine gewisse Berechtigung, sie für die Aufnahme in unser System der Geruchsdimensionen vorzusehen.

Die **Duftempfindung** kann Lust- und Unlustgefühle wecken.
Die **Geruchsempfindlichkeit**, ob stärker oder schwächer, könnte

auf der Grundlage einer Idee des vererbten Kategoriensystems ausgeprägt sein.
Die **Geruchswahrnehmung** setzt entsprechendes Interesse voraus.

Wenn es auch unstatthaft erscheinen mag, an den "Ideen" zu manipulieren - Schopenhauer hat es jedenfalls getan -, sei dennoch ein Vergleich zwischen dem, was bei Kant als apriorisch gilt und dem, was M.Delbrück unter dem Einfluß Darwins daraus gemacht hat, erlaubt. Kants Darstellung klingt nach einer recht philogenetisch orientierten Beurteilung menschlicher Anpassungsmöglichkeit, schließt aber eine zum Teil ontogenetische nicht aus. Doch diese ist beobachtbar, jene nicht; mehr noch: wir wissen nichts davon, können allenfalls spekulieren, wie S.Freud dies tut, wenn er vom Riechverlust als Folge des aufrechten Ganges und der damit vollzogenen Abkehr vom Erdboden spricht (vgl. Freud, 4/1968, S. 462). Er hätte sich sagen müssen, daß ein Teil unserer sogenannten Stammesverwandten, die von eh und je mehr in den Bäumen als auf dem Boden leb(t)e, seinen Geruchssinn keineswegs eingebüßt hat, trotz des verminderten Erdkontaktes! Als Gegeneinwand lassen wir gelten: Affen können ihr Revier auch in und an den Bäumen "abstecken". Aber, wenn der Geruchssinn weitgehend verlorengegangen ist, warum ist er dann noch trainierbar? Warum lassen sich sämtliche menschlichen Sinne auf die jeweiligen zivilisatorischen Erfordernisse trainieren, auch wenn wir Kinder von Naturvölkern in Verhältnisse bringen, die ihre Vorfahren nie und nimmer kennengelernt haben konnten, oder wenn ein Kind aus unseren Verhältnissen aus Zufall "in die Wildnis" gerät? Die Ontogenese ist also eine Realität, die Philogenese Weltanschauung oder Glaubensfrage, wenn wir an die Entwicklung oder Schärfung einer unserer Sinnesmodalitäten denken. Kants "vererbtes Kategoriensystem" von Raum, Zeit, Objekt usw. meint nicht das Gleiche wie Delbrücks "Entwürfe" als Ergebnis einer evolutionären Adaption. Kants System läßt die Freiheit der Neugeburt, Delbrücks "Entwürfe" lassen nur einen vorgebahnten Weg zu.

7.8 Schopenhauer, Arthur

geb. 22. Februar 1788 in Danzig, gest. 21. September 1860 in Frankfurt am Main

Er studierte Naturwissenschaft und Philosophie und promovierte 1813 in Jena. Zu Goethe stand er in wissenschaftlichem Gedankenaustausch. 1820 wurde er Dozent in Berlin, 1831 wanderte er wegen der Choleraepidemie nach Frankfurt aus, wo er als Privatgelehrter wirkte, was er sich wegen eines entsprechenden Vermögens finanziell leisten konnte. Man nennt ihn gern den Philosophen des Pessimismus. Obwohl er es persönlich abgelehnt hätte, als "Kantianer" zu gelten, hält er an der Existenz "apriorischer Gewußtheiten" fest; doch reduziert er die dem Subjekt "von Hause aus" mitgegebenen zwölf Kantschen Kategorien auf eine einzige: im "Satz des Grundes" gehen nur noch die Kategorien Raum und Zeit ein. Die Welt ist nurmehr Vorstellung oder Erscheinung des Subjekts, allenfalls noch erfahrbar als Wille.

Dem Geruch mißt er keine große Bedeutung zu. Er hat als Phänomen Flüchtigkeitscharakter, als Sinn rangiert er unter "niedrig", er unterstützt allerdings das Gedächtnis. Andere Sinne, vor allem das Gehör, stehen für ihn im Vordergrund und finden mehr Beachtung.

Fast kategorisch lehnt Schopenhauer zu Anfang seiner Abhandlung "Über die Sinne" (Kap. 3) es ab, "von anderen Gesagtes zu wiederholen". Er verzichtet also unter anderem auf Vergleiche oder Diskussion fremder oder eigener Auffassungen. Die Empfindungen, "welche hauptsächlich zur objektiven Auffassung der Außenwelt dienen sollen", unterscheidet er in bekannter Weise, und obschon er ihnen einen neutralen Charakter zuspricht, hebt er angenehme von unangenehm-schmerzlichen ab, nicht anders als z.B. Kant (vgl. Kant, Anthrop., S. 153 ff., und Kritik der Urt., S. 42).

Recht eigenwillig erscheint seine Zuordnung der Sinne bezüglich ihrer "Empfänglichkeit" zu den vier Elementen, den Aggregatzuständen zusätzlich denen der Imponderabilien 1 und 2. Die Zuordnung erinnert an die von Aristoteles und Galen.

Sinn für das Feste (Erde)	ist das Getast (ohne Temperatur und Gleichgewichtssinn)
Sinn für das Flüssige (Wasser)	ist der Geschmack
Sinn für das Dampfförmige das Verflüchtigte (Dunst, Duft)	ist der Geruch
Sinn für das permanent Elastische (Luft)	ist das Gehör
Sinn für das 1. Imponderabile (Feuer, Licht)	ist das Gesicht
Sinn für das 2. Imponderabile (Gemeingefühl, auf den Willen wirkend)	ist das Temperaturempfinden
	der Gleichgewichtssinn bleibt unberücksichtigt

Geruch und Geschmack werden als niedrigste Sinne eingestuft, da sie "nicht mehr frei von einer unmittelbaren Erregung des Willens" seien ebenso wie der Wärmesinn, ihren Erlebnissen immer der Charakter des Angenehmen oder Unangenehmen eigne, und da sie deshalb mehr von subjektiver als von objektiver Natur seien (vgl. Schopenhauer, S. 31 f.).

Den Geruch bezeichnet Schopenhauer als Sinn des Gedächtnisses, "weil er unmittelbarer als irgend etwas Anderes den spezifischen Eindruck eines Vorgangs oder einer Umgebung, selbst aus der fernsten Vergangenheit zurückruft" (ebd., S. 36). Hier wenigstens wäre eine Quellenangabe interessant gewesen!

Mehr Beachtung als der Geruch findet das Gehör, das Schopenhauer einen passiven Sinn nennt im Gegensatz zum Gesicht, das er als aktiven Sinn bezeichnet. "Passiv" wird in seiner ursprünglichen Bedeutung verstanden: der Mensch "erleidet" die Geräusche; "sie zerreißen alle Gedanken, zerrütten momentan die Denkkraft" (ebd., S. 33). Wahre Schimpfkanonaden richtet er gegen die akustischen Umweltverschmutzer und gegen solche, die Lärm in ihrer Nähe dulden; sie qualifizierten sich geistig ab in ihrer "stoischen Gleichgültigkeit" als "gewöhnliche Köpfe" (ebd., S. 35).
"Keine analoge Störung" hingegen gebe es für das Auge, dem er daher keine negative Wirkung "auf die denkende Thätigkeit" zuschreibt. "Demzufolge lebt der denkende Geist mit dem Auge in ewigem Frieden, mit dem Ohr in ewigem Krieg" (ebd., S. 33). Und diese Feststellungen verstehen sich auf dem Erlebnishintergrund einer Zeit, in der es keine grellen, fluktuierenden und oszillierenden Lichtreklamen gab, keinen Atomblitz, der momentan blind macht! Doch welche der akustischen Vorstellungsgebilde haben Schopenhauer zu so sarkastischen Schimpftiraden veranlaßt? Schreiende Kinder, keifende Weiber, laut streitende Ehe-

partner sind es gewesen, Hundegebell (und bellen lassen), zugeworfene Stubentüren (vgl. ebd., S. 35), Pfeifen, Heulen, Hämmern, Peitschenklatschen (vgl. ebd., S. 36) werden tadelnd angeprangert. Schopenhauer hatte Bundesgenossen im Leide. Auch Kant, J.Paul und Goethe waren Feinde solchen Spektakels; Goethe hat sich gar in einem seiner letzten Jahre ein Ausweichquartier gekauft, da er den Lärm von Ausbesserungsarbeiten an seinem Haus nicht ertrug (vgl. ebd., S. 34 f.). In welche akustische Einöde hätte sich so ein Armer in unseren Tagen wohl noch flüchten können!

Gleichwohl kann man Schopenhauer nicht als Gehörmuffel abtun; er war Musikliebhaber und hat die "in einer besonderen Erhabenheit der Stimmung bestehende(n) Nachwirkung" dieser Kunst betont (ebd., S. 36). Er irrt hinwiederum bei seiner Beschreibung der Wirkung künstlicher Höraktivität Taubstummer, die "beim ersten Ton, den sie hören, totenblaß werden" (in Anlehnung an Gilberts "Annalen der Physik", Band 10, S. 382) und des Entzückens operierter Blinder beim Erblicken des ersten Lichts (ebd., S. 33). Die moderne Wahrnehmungspsychologie sieht die Wahrnehmung als Ergebnis unter anderem eines Lernprozesses, und was die Geburtsblinden angeht, weiß sie zu berichten, daß diese nach geglückter Operation von dem neuen Erleben eher schockiert als entzückt sind, und daß viele von ihnen mit der sichtbaren Welt lange oder nie etwas anzufangen wissen, ja daß ihr bisheriges Weltbild erheblich gestört, wenn nicht gar zerstört wird. Schopenhauer hätte hier bei seinem zu Kapitelbeginn gegebenen Versprechen, nicht zu zitieren, bleiben sollen!

Fazit, was den Geruchssinn betrifft: er gehört zwar zu den niedrigen Sinnen, ist jedoch, was die Speicherung betrifft und unterstützt, der permanenteste.

Wenn schon die Beiträge Schopenhauers zum Geruchsthema quantitativ nicht stark ins Gewicht fallen, verdienen sie in ihrer Aussagekraft dennoch Beachtung.

Bei der **Duftempfindung** wird in angehme und schmerzlich unangenehme Gerüche unterschieden.
Der **Geruchscharakter** ist eher dem Feuchten als dem Trockenen zugeordnet; er nennt ihn dampfförmig verflüchtigt, meint also Dunst. Duft ist gleich Dunst, nicht etwa Luft; die spart er aus für das Gehör als das "permanent Elastische".
Die **Geruchswahrnehmung** ist nicht frei von einer unmittelbaren Willenserregung, sie ist subjektiv, was nach seiner Ansicht einer nach außen ortenden willentlichen Welterkenntnis entspricht.
Die **Duftwirkung** ist permanent; d.h. sowohl die Düfte selbst haften fest im Gedächtnis als auch Vorstellungen, die mit ihnen assoziiert sind. Es geht aus den Aussagen klar hervor, daß er nicht nur Permanenz im Sinne der Tag- und Nachtaktivität gemeint hat.

7.9 Freud, Sigmund

geb. am 6.5.1856 in Freiberg (Mähren), gest. am 23.9.1939 in London

Seine Tätigkeit als Nervenarzt in Wien führte ihn schon sehr bald zu der Erkenntnis, daß zahlreiche organische Erkrankungen ihre Ursachen im Seelischen haben. Das war ein Grund für ihn, bei Charcot in Paris sowie bei Bernheim in Nancy seine Erfahrungen über die Voraussetzungen seelischer Erkrankungen auszuweiten. In Zusammenarbeit mit Breuer entwickelte er eine neue Therapie zur Neurosenbehandlung, bei der auf Hypnose verzichtet wurde; der Patient wirkt bewußt und aktiv beim Heilungsprozeß mit, indem er Gelegenheit erhält, sich im Gespräch abzureagieren. Diese Methode ist unter dem Namen Psychoanalyse bekannt geworden.

Seit 1885 lehrte Freud in Wien als Dozent, seit 1902 als Professor. 1930 erhielt er den Goethepreis. 1936 wurde er zum Foreign Member der Royal Society, London, ernannt; 1938 emigrierte er nach London, um als Jude der Verfolgung durch den Nationalsozialismus zu entgehen.

In seinem umfänglichen Werk kommt Freud nur selten auf den Geruch zu sprechen. Erwähnt er ihn überhaupt, dann fast ausschließlich in abschätzigem Sinne. Für ihn hat der Mensch seine Riechfähigkeit im Laufe der Phylogenese weitgehend verloren; riecht einer dennoch mehr als andere, ist das ein Zeichen für irgendeine dahintersteckende Anomalie.

Für das Kind etwa bis zum fünften Lebensjahr gibt es noch keine unangenehmen Gerüche; sie sind ein Kulturprodukt. Das Kind zeigt demnach auch keinen Ekel vor Substanzen, die für den Erwachsenen ekelerregend sind, auch nicht vor seinem Kot, im Gegenteil, es riecht ihn gern und hantiert damit. Freud bezeichnet dies als "koprophile Riechlust" (Freud, Bd. 5, S. 54, Anm. 3). Diese Riechlust sei durch Verdrängung verlorengegangen. Dieser Verdrängungsmechanismus mit dem Ergebnis des Verzichts auf die koprophile Riechlust ist also ein handfester, von außen aufgezwungener. Das wiederholte Pfui der Eltern und älteren Geschwister und die an ihnen beobachteten Riechgewohnheiten führen zu einem Lernprozeß, der die intendierte Unterscheidung in angenehm und unangenehm zur Folge hat.

Freud berichtet von einem Patienten, den er als Riecher bezeichnet. Von sich selbst behaupte dieser Kranke, in seiner Kindheit Menschen wie ein Hund an ihrem Geruch erkannt zu haben, und auch zur Zeit der Behandlung sagten ihm Riechwahrnehmungen mehr als anderen. Freud meint hierzu: "Ich habe ähnliches bei anderen Neurotikern, Zwangskranken und Hysterikern gefunden und gelernt, der Rolle einer seit der Kindheit untergegangenen Riechlust in der Genese der Neurosen Rechnung zu tragen" (ebd., S. 462). Der Patient ist dann ein Mensch, der trotz Erhaltung seiner Riechlust zum Neurotiker geworden ist; ontogenetisch läge da kein schlüssiger Beweis vor. Freud sieht den Riechverlust auch philogenetisch, wenn er die Frage aufwirft, "ob nicht die mit der Abkehrung des Menschen vom Erdboden unvermeidlich gewordene Verkümmerung des Geruchssinns und die so hergestellte organische Verdrängung der Riechlust einen guten Anteil an seiner Befähigung zu neurotischen Erkrankungen haben kann" (ebd.). An die in Band 7, S. 462, ausgesprochene Vermutung, der Mensch habe an Riechfähigkeit durch die Abkehrung von der Erde, also durch den aufrechten Gang, eingebüßt, knüpft die folgende "tiefste Vermutung": Infolge der Aufrichtung des Menschen und der dadurch eingetretenen Entwertung des Geruchssinnes drohte auch die gesamte Sexualität und nicht nur die Analerotik ein "Opfer der organischen Verdrängung" zu werden, "so daß seither die sexuelle Funktion von einem weiter nicht zu begründenden Widerstreben begleitet wird, das eine volle Befriedigung verhindert und vom Sexualziel wegdrängt zu Sublimierungen und Libidoverschiebungen". Auch der Sexualgeruch habe auf viele Menschen allmählich abstoßend gewirkt, nicht nur auf Neurotiker; die Tatsache, daß wir zwischen Urin und Kot geboren werden ("Inter urinas et faeces nascimur"), empfänden sie anstößig. Der starke Geruch der Sexualorgane verleide vielen Menschen den Sexualverkehr; andererseits wird aber auch auf europäische Völker hingewiesen, denen der Genitalgeruch nach wie vor wichtigstes sexuelles Stimulans ist (Freud, Band 7, S. 466).

Man muß sich fragen, ob die geruchsbedingte Abneigung gegen den Sexualverkehr so weit verbreitet ist, wie Freud das angenommen hat. Was spricht dafür, was spricht dagegen? Noch bis in unser Jahrhundert hinein, vor allem aber im 19. Jahrhundert, hat man die Sexualität und alles, was damit zusammenhängt, verteufelt. Wie warnte noch ein Altphilologe seine damals sechzehn- bis siebzehnjährigen Schüler, unter denen auch ein Sohn von ihm war? Ne venus, sed amor! Überspitzt und ungenau übersetzt, hat das heißen sollen: ja zur ungeschlechtlichen, nein zur geschlechtlichen Liebe! Heutzutage müßte er sich gefallen lassen, daß man ihn auslacht. Solcherart Verunglimpfung des Geschlechtlichen hat dazu führen können, daß abgelehnt wurde, was nur danach roch. Noch anfangs der dreißiger Jahre konnte es sich ein Geistlicher erlauben, von der Kanzel herab vor jedem Geschlechtsverkehr zu warnen, der nicht Zeugung zum Ziel hatte. Das Geschlechtliche war als "anrüchig" tabuisiert, es war Sünde. Hier hätten wir also eine Erklärung dafür - und Freud könnte sie akzeptieren -, daß abgelehnt wurde, was anrüchig war, nicht weil es roch.

Unsere zweite Frage sei hier die nach der Körperhygiene. Die Körperhygiene spielte in der fraglichen Zeit gegenüber heutiger Praxis noch eine sehr untergeordnete Rolle. Wer sich im Genitalbereich und unter den Armen nicht täglich ausgiebig reinigt, kann als Europäer nicht vermeiden, daß der Geruch seiner apokrinen Drüsen, die an den Stellen stärkerer Körperbehaarung sitzen, durch die Kleidung hindurchdringt und als unangenehm empfunden wird. Ursprünglich spielte dieser Geruch wahrscheinlich eine sexualisierende Rolle. Das soll nicht bedeuten, daß er diese

Rolle nicht auch heute noch - wenn auch in dezenter "Verdünnung" - spielt. Es wird damit auch nicht an die Möglichkeit einer in der Philogenese veränderten "Nase" erinnert. Dem Kind bringt man, manchmal verfrüht, bei, was gut und schlecht riecht und wie, wann, wo und wie oft man sich waschen muß, um nicht zu stinken. Es dürfte sich also um einen reinen Lernvorgang handeln, daß wir das eine als angenehm, das andere als unangenehm registrieren.

Die dritte Frage: Riecht es im Sexualbereich überhaupt unangenehm? Oder gibt es auch andere Charakterisierungen zum Beispiel für den Vaginalgeruch? Auf diese Frage antwortete der durch sein Eintreten für ein humanes Sterben bekannte Arzt Julius Hackethal: "Dort riecht es aromatisch." Sicher war ihm dabei bewußt, daß er damit mehr als eine bloße Geruchsbezeichnung vorgenommen hat; denn ein Aroma ist eine Gemischtempfindung von Geruch und Geschmack. Und darauf zielte seine Antwort ab. Es ging bei dem Gespräch nämlich um orale Sexualpraktiken.

Und dies sei in unserem Zusammenhang die letzte Frage; eine Frage übrigens, die man Ärzten heute sehr oft vorlegt: Kann Oralverkehr zu Krankheiten führen? Wir erweitern die Fragestellung: Wird der Genitalgeruch tatsächlich so stark abgelehnt, wie Freud das noch annehmen mußte? Die Frage ist eindeutig zu verneinen. Die sogenannte französische Liebe, der Oralverkehr, wird in Europa, Amerika und sicher auch anderswo in zunehmendem Maße praktiziert. Man scheut das Sexualaroma, jene würzige Verbindung von Geruch und Geschmack, keineswegs. Ursprünglich nur in Freudenhäusern angepriesen und praktiziert, ist die in verniedlichender Form als Intimkuß bezeichnete Art des Sexualverkehrs längst etabliert. Das wäre ein Beweis dafür, daß die Menschen - wenigstens in dieser Hinsicht - wieder natürlicher geworden sind. Wer beobachtet hat, wie Einführungsrituale eines Stiers aussehen, bevor er "springt", weiß, was hier unter natürlich verstanden wird: er beriecht und beleckt das Geschlechtsteil der Kuh ausgiebig, und es ist deutlich an ihm zu beobachten, daß er sich dadurch in einen sexuellen Rausch hineinsteigert. Wenn hier mit dem Begriff "natürlich" gearbeitet wird, soll das nicht als ethische Wertung verstanden werden. Die Frage, ob die Natur gut oder schlecht sei, läßt sich so einfach nicht beantworten, wie das Rousseau noch getan hat, ebensowenig die Frage nach Gut und Böse in beziehungsweise an Kultur und Zivilisation.

Die Geruchsbeurteilung fällt bei Freud recht ambivalent aus, wobei allerdings das Pendel immer weiter nach dem negativen Pol hin ausschlägt. Man geht kaum fehl in der Annahme, daß er sich schon mit dem Begriff im eigenen Netz gefangen hat. Was riecht oder mit dem Namen Geruch zu kennzeichnen wäre, verliert seine moralische Neutralität und erhält als Folge einer unbewußten verbalen Fehlinterpretation den Charakter des Anrüchigen, ja des Ruchlosen.

Bezüglich der **Duftempfindung** schlägt das Pendel aus zu den unangenehmen Sexualgerüchen. Nur das Kleinkind zeigt noch "koprophile Riechlust"; ein "Riecher" gar, also wer mehr riecht als andere, ist abnorm.
Die **Geruchsempfindlichkeit** ist beim Menschen (seit er aufrecht geht) nur schwach, bei Neurotikern kann sie stärker ausgeprägt sein.
Was die **Duftwirkung** angeht, so wird besonders vermerkt, daß Sexualgerüche den Sexualverkehr eher verhindern; nur bei wenigen europäischen Völkern wirkten sie noch stimulierend.

7.10 Steiner, Rudolf

geb. 27.2.1861 in Kraljević, Kroatien, gest. 30.3.1925 in Dornach, Schweiz

Der Journalist, Schriftsteller und Lehrer ist der Begründer der Anthroposophie, einer, wie schon der Name sagt, dem Menschen verpflichteten Weisheitslehre, der es um die Harmonie des Leiblichen und des Geistig-Seelischen geht. Trotz unverkennbarer Einflüsse des Neuplatonismus und des Humanismus läßt diese Lehre erkennen, daß sie im Christentum wurzelt. Für Steiner bedeuteten Christus und Goethe **die** Vorbilder für den Menschen des Abendlandes, was für ihn nicht ausschloß, daß er auch Gedankengut des Orients in sein System mit eingebaut hat und diesem, wo es ihm dem abendländischen überlegen schien, den Vorzug gab. In Dornach gründete er eine "Hochschule für Geisteswissenschaften", die den Namen "Goetheanum" trägt. Er hat sich für eine biologisch-dynamische Wirtschaftsweise in der Landwirtschaft eingesetzt und damit erkennen lassen, daß sein Verhältnis zur Gesundheit von Natur und Mensch hochmodernen Anforderungen entsprach.

Seine zweifellos revolutionierenden pädagogischen Ideen finden in der Waldorfschulpädagogik ihre Verwirklichung. Dabei ist es einem Zufall zu verdanken, daß er den Ort gefunden hat, wo eine Modellschule eingerichtet werden konnte. Auch die Medizin und die Theologie haben zahlreiche Anregungen Steiners aufgegriffen.

Seine Gedanken zur Wahrnehmungspsychologie sind aus seiner Geisteshaltung heraus zu verstehen, aber nicht immer nachzuvollziehen. Steiner unterscheidet zwölf Sinne, von denen er je vier zu einer Gruppe zusammenfaßt. Bei den "ausgesprochen äußeren

Sinnen" gruppiert er um den Gehörsinn den Ichsinn, den Gedankensinn und den Wortsinn. Bei den "ausgesprochen inneren Sinnen" werden Gleichgewichtssinn, Bewegungssinn und Lebenssinn um den Tastsinn angeordnet. Die übrigen Sinne, also Sehsinn, Geschmackssinn, Geruchssinn und Wärmesinn gehören nach Steiner zu den gefühlsverwandten äußerlich-innerlichen Sinnen. Die Ausweitung von fünf auf zwölf Sinne sowie die Gesetze, nach denen gruppiert wird, sollen hier weder besonders beachtet noch diskutiert werden. Uns interessiert die Stellung des Geruchssinns als eines "gefühlsverwandten, äußerlich-innerlichen Sinnes". Was dem Menschen beim Riechen begegnet, sei "in hohem Grade ein subjektives Erlebnis" (Steiner, S. 15). Dies gelte auch für das Tier, welches das, was es riecht, sich nur in sehr geringem Maße objektiv vergegenständlichen könne (vgl. ebd.). Steiner verfällt hier dem Fehler, menschliche und tierische Objektivität mit dem gleichen Maßstab zu messen, als ob Mensch und Tier die gleiche Vorstellungswelt hätten; unzweifelhaft ist die menschliche vor allem visuell, die zum Beispiel des Hundes vor allem olfaktorisch geprägt.

Als recht eigenwillig mutet dann auch die Einteilung der Sinne an in solche, die zum oberen und in solche, die zum unteren Menschen gehören. Ichsinn, Gedankensinn, Wortsinn, Lautsinn oder Tonsinn, Wärmesinn und Sehsinn werden dem oberen Menschen zugeordnet, der vor der Entspiritualisierung des Seelenlebens durch Aristoteles als für die alte orientalische Kultur charakteristisch hochstilisiert wird. Und danach "begann die Zivilisation, die sich im wesentlichen auf diese Sinne stützte: Geschmackssinn, Geruchssinn, Gleichgewichtssinn, Bewegungssinn, Lebenssinn, Tastsinn"; sie gehören zum "unteren Menschen der okzidentalischen Kultur" (ebd., S. 33 f.). Die näheren Erläuterungen zu solcher Einteilung lassen erkennen, daß Steiner lieber vom abendländischen Untermenschen als vom unteren Menschen des okzidentalischen Kulturkreises gesprochen hätte, obwohl er betont, daß er in den gegenübergestellten Polen keine Wertung vornehme: "Auf dasjenige, was unseren heutigen Vorstellungen besonders zugrunde liegt, die Art und Weise, wie wir äußere Erscheinungen zusammenfassen, auf das können wir durchaus auch in demselben Sinne hindeuten; denn das ist heute schon ein Ergebnis der äußeren Anatomie und Physiologie, wenigstens eine gut begründete Hypothese, daß eigentlich unser heutiges Denken in einer Metamorphose des Geruchssinns wurzelt, insofern das Denken gebunden ist an das Gehirn, also gar nicht an die höheren Sinne, sondern an eine Metamorphose des Geruchssinns. Diese eigentümliche Art, wie wir uns im Begreifen zu der Außenwelt verhalten, die ganz verschieden ist von dem, wie sich etwa Plato zu der Außenwelt verhalten hat, das ist nicht etwa ein Ergebnis der höheren Sinne, das ist ein Ergebnis des Geruchssinns, wenn ich mich etwas trivial ausdrücken darf. Ich möchte sagen, wir haben unsere Vollendung als Menschen heute nicht dadurch, daß wir die höheren Sinne ausgebildet haben, sondern eben dadurch, daß wir uns eine etwas umgestaltete, eine metamorphisierte, verfeinerte Hundeschnauze angeschafft haben. Die besondere Art, zur Außenwelt sich zu verhalten, ist eben eine ganz andere als diejenige, die einem spirituellen Zeitalter entspricht.

Nun, wenn das, was sich zunächst in alten Zeiten durch die höheren Sinne der Menschheit offenbart hat, als orientalische Kultur bezeichnet werden muß, so muß dasjenige, in dem wir drinnen leben und das ich eben charakterisiert habe, als das Wesentliche der okzidentalischen Kultur angesehen werden. Diese okzidentalische Kultur ist im wesentlichen aus dem unteren Menschen herausgeholt" (ebd., S. 35).

Steiner stellt die Sache so dar, als ob er die eigentliche Bestimmung des Menschen kennt; wenn er es auch bestreitet, gibt er dem altorientialisch Geprägten den Vorrang. Dieser Mensch hat Gehör und Gesicht, um die Verbindung nach außen nicht ganz zu verlieren; so spürt er auch, ob es warm oder kalt ist, im übrigen ist er denkend in sich selbst versunken. Der okzidentalische Mensch hingegen benötigt die übrigen Sinne, um sich in seiner mathematisch-wissenschaftlichen Welt, in seiner ingenieurwissenschaftlichen Philosophie zurechtzufinden, und dort lernt er sie - hoffentlich, möchte man einblenden - wieder optimal zu gebrauchen. Mit dem Geruchssinn, so glaubt jedenfalls auch Steiner, geht der Mensch aus sich heraus, kommt er ins Verhältnis zur Außenwelt (vgl. ebd., S. 85), aber nur ein wenig, da man über diesen Sinn nur wenig von der Außenwelt erfährt, auch gar nicht viel erfahren möchte, ganz im Gegensatz zum Hund! Die Außenwelterfahrung durch den Geruchssinn bewirkt nicht ein vertieftes Erfahrungssammeln, da der Geruchssinn nicht ein solcher Sinn sei, der zu einer vertieften Beschäftigung mit der Außenwelt veranlasse (vgl. ebd., S. 86). Man muß annehmen, daß Steiner hier die "unangenehmen" Gerüche meint, mit denen der Mensch sich nicht freiwillig intensiver einläßt. Er sieht keine Veranlassung, auch die angenehmen hervorzuheben; die würden hier nicht in die Argumentation passen, bei der es darum geht, eine Sinneshierarchie zu konstruieren, bei welcher der Geruch eine nach außen orientierte, doch ziemlich untergeordnete Funktion bekommt. Daß der Geruchssinn immer "eingeschaltet" ist, auch wenn andere Sinne "schlafen", daß er in der Hauptsache als mittelbarer Sinn unserer Atmung verhaftet ist, kommt in dieser Bedeutung nicht einmal zur Sprache, wo von der Atmung die Rede ist (vgl. ebd., S. 90 f.). An anderer Stelle wird allerdings eingeräumt: "Das Riechen ist schon eine bedeutsame Veränderung in unserem Inneren, und die Nasenschleimhaut ist etwas,

was viel innerlicher organisiert ist - natürlich materiell gemeint - als die Geschmackswerkzeuge" (ebd., S. 116). Der außenorientierte Geruchssinn wirkt als Rückmelder also auch nach innen, und dort wirkt er verändernd; d.h. er verschafft dem Bewußtsein Außeneindrücke olfaktorischer Art. Die Schleimhaut der vorderen Nase dient dabei freilich nicht als der Rezeptorenträger, ist gar nicht so "innerlich organisiert", wie Steiner glaubt, hat neben einigen Riechaufgaben vordergründig Atemluft zu erwärmen, anzufeuchten, zu filtern und zu kontrollieren. Der eigentliche "Riechvorgang" spielt sich weiter oben ab, wie an anderer Stelle beschrieben ist, führt aber sicher nicht zum "mystischen Einssein mit Gott" (ebd., S. 127) infolge eines "in das Innere der Seele einstrahlende(n) Geruchssinn-Erlebnis(ses)" (ebd., S. 128). Was hier im Anschluß noch ausgeführt ist, will zwar begründen, weshalb der Geruchssinn ein sowohl äußerlicher als auch innerlicher Sinn genannt wurde; die "Stoßrichtung" nach innen führt dann aber so weit und so tief, daß der Geruchssinn "in seinem höheren Aspekt" zum "Schöpfer der inneren Erlebnisse des Menschen wird" (ebd.). Was damit gemeint ist, verdeutlicht das folgende Zitat dem, der Steiner zu lesen versteht.

> "Beim inneren Erleben kommt man, ... immer in niedrigere Regionen hinein als diejenigen, die man schon im gewöhnlichen Leben hat. Beim äußeren Sich-Erheben über die Sinne kommt man in höhere Regionen hinein. Daraus sehen Sie wohl auch, wie es darauf ankommt, daß man sich über diese Dinge keinen Illusionen hingibt, daß man vor allen Dingen sich nicht der Illusion hingibt, daß man glaubt, man dringe in eine besondere Geistigkeit ein, wenn man durch das mystische Sich-Einsfühlen mit dem Göttlichen in sein Inneres hineinsteigt. Nein, da steigt man nur in die Ausstrahlungen seiner Nase nach innen hinein. Und diejenigen Mystiker, die am meisten geliebt werden, die geben uns

durch ihre Beschreibungen dasjenige, was sie durch die Ausstrahlungen der nach innen fortgesetzten Nase in ihrem Inneren fühlen" (ebd., S. 129).

Immerhin, bei Steiner findet der Geruchssinn Beachtung. Er wird zu den gefühlsverwandten, sowohl äußerlichen als auch innerlichen Sinnen gerechnet, zu denen auch Wärmesinn, Sehsinn und Geschmackssinn gezählt werden. Dem Laien erscheint diese Zusammenstellung recht willkürlich, zumindest die Hereinnahme des Wärmesinns in diese Gruppe, den man als Temperatursinn normalerweise dem Tastsinn zuordnet. Seh- und Geruchssinn um den Geschmackssinn herumzudrapieren, hat sicher seine Berechtigung insofern, als es um integrierende Vorgänge geht: es schmeckt uns besser, wenn etwas augengefällig hergerichtet ist und/oder besonders gut duftet.

Die esoterische Beurteilung des Geruchssinns durch Steiner läßt sich auf die Dimensionen Duftempfindung und Geruchsempfindlichkeit so gut wie nicht ein.

Die **Geruchswahrnehmung** ist ein subjektives Erlebnis. Der Geruch sagt nicht viel über die Außenwelt aus.
Die **Duft- bzw. Geruchswirkung** führt zum mystischen Einssein mit Gott.

Der **Geruchscharakter** ist elementarer Natur: unser heutiges Denken wurzelt in einer Metamorphose des Geruchssinnes.

7.11 Bloch, Iwan

geb. am 8.4.1872 in Delmenhorst, gest. am 19.2.1922 in Charlottenburg

Er lebte in Berlin als Dermatologe und wurde mit seinen umfänglichen Werken "Das Sexualleben unserer Zeit in seinen Beziehungen zur modernen Kultur" (1907) und (zusammen mit G.Loewenstein) "Handbuch der gesamten Sexualwissenschaft in einzelnen Darstellungen" (posthum 1925) zum Begründer der modernen Sexualwissenschaft. Die erste Hälfte im zweiten Band des Handbuchs handelt von der Prostitution. Als Dermatologe und Arzt für Haut- und Geschlechtskrankheiten hatte er Gelegenheit, Erfahrungen mit den Damen und Herren dieses "anrüchigen" Gewerbes zu sammeln, ohne daß ihm der Sinn für die Geruchsempfindung dabei verlorengegangen ist. Inhaltlich hat er so viel an Detailwissen angeboten, daß auch ein heutiger Sexualwissenschaftler kaum in der Lage ist, ein Thema aufzugreifen, das Bloch nicht schon angesprochen hat. Die Art der Darstellung ist so ursprünglich, daß man ein Buch von ihm nur ungern aus der Hand legt. Was er zu Gerüchen, insbesondere zu Sexualgerüchen, zu sagen hat, verrät seine positive Einstellung zur Sexualität überhaupt wie auch zu dem, was der "Geruchssinn in der vita sexualis" vermittelt.

Bloch nennt die Geruchsempfindung "das ursprünglichste seelische Elementarphänomen der Liebe" (Bloch, S. 17). Das Zueinanderfinden der männlichen und weiblichen Geschlechtszellen beruhe - und hier läßt er E.Haeckel zu Wort kommen - auf einer dem Geruche verwandten Sinnestätigkeit, einer sinnlichen Empfindung des Zellkerninneren selbst, die Haeckel als "erotischen Chemotropismus" bezeichne (ebd., S. 17 f.), was zu verstehen ist als ein Aufeinanderzugehen, das durch chemische Reize ausgelöst wird.

Gerüche in der freien Natur, die ein geschlechtliches Sichaufeinanderzubewegen bewirken, nennt Bloch in Anlehnung an seinen Zeitgenossen H.Zwaardemaker (Erfinder eines der ersten Olfaktometer) "Kaprylgerüche (lat.: caper - Ziegenbock, caprile - Ziegenstall; griech.: kapros - Eber; aber Kaprylsäure - Geruch nach Schweiß). Im Moment kann noch keine Einigkeit darüber bestehen, ob diese Kaprylgerüche identisch oder verwandt sind mit den von A.Butenandt (1955) als Pheromone bezeichneten Sexual-, Schreck- und Warnstoffen, weil diese bislang nur in der Tierwelt vermutet werden. Das heißt nicht, daß es überhaupt keine Anzeichen für das Vorhandensein solcher Wirkstoffe beim Menschen gibt. Es sei an Androstenon und Androstenol erinnert, zwei Substanzen des männlichen Achselschweißes, die jedoch bei weitem nicht die Wirkung von Pheromonen haben.

Eine Diskussion darüber könnte augenblicklich allenfalls auf philosophischer Ebene geführt werden, denn es geht dabei um Freiheit oder Unfreiheit. Pheromone im Verständnis von Butenandt beeinflussen das Verhalten, ohne daß man sich gegen den Einfluß zur Wehr setzen kann.

Das Verhalten im Falle der Pheromonwirkung ist ein instinktmäßiges Reagieren; man hat überhaupt keine Wahl. Rein organismisch ist solches "Verhalten" auch beim Menschen festgestellt. Einer Londoner Untersuchung zufolge kommt es zwischen engen Freundinnen zur Menstruationssynchronisation; dieses freundschaftliche Miteinanderleiden ist olfaktorisch bedingt, wie inzwischen festgestellt werden konnte (vgl. Comfort).

Schließlich sind wir heute soweit, nicht nur die Geruchsempfindlichkeit und -differenzierung mit moderneren Formen des Olfaktometers zu überprüfen; wir sind auch in der Lage, die minimalen Ausdünstungen eines Stoffes mit dem Gaschromatographen zu messen und auf diesem Wege Altersbestimmungen z.B. eines Holzes vorzunehmen. Auch die Zusammensetzung eines Geruchs läßt sich mit dem Gasspektrometer ziemlich exakt feststellen.

Bleiben wir bei den Kaprylgerüchen; ihre Lokalisationsstellen seien bei Mensch und Tier direkt oder nahe bei den Geschlechtsteilen (vgl. Bloch, S. 18); ihr organisches Substrat sei ein Sekret der Scheide oder der Vorhaut oder der Schweiß überhaupt. In einer südslawischen Erzählung werde von einem Mann berichtet, der allein durch den Duft des weiblichen Genitale geschlechtliche Befriedigung fand (nach F.Krauß, Bd. I, S. 224).

Bloch sieht den engen Zusammenhang zwischen Geruch und Sexualität mehr im Physiologischen begründet; wie es bei den Geschlechtsteilen bei sexueller Erregung zu Anschwellungen komme, so auch an bestimmten Stellen der Nasenschleimhaut, von denen aus eine Art sexueller Reizleiter zu den Geschlechtsteilen bestehe (vgl. Bloch, S. 19).
Heute erkennt man die vaskuläre Schwellung der Nasenschleimhaut bei Frauen als eine Begleiterscheinung von Menstruation und Gravidität (vgl. Goldenberg, S. 40).

In Blochs Werk gibt es auch einen Hinweis dafür, daß man noch in neuerer Zeit Krankheiten durch Raucheinfluß zu heilen versucht hat. "Ludwig XV. lag dem Studium von Büchern ob (wohl aus gutem Grunde, d.Vf.), die von der Behandlung der Syphilis zu berichten wußten, so z.B. Lalonettes neue Methode der Behandlung der Lues mittels Beräucherung" (Bloch/Loewenstein, S.

629). Wenn man gar keine Hilfe gegen eine Seuche findet, versucht man es mit alten Hausmittelchen. Im Mittelalter glaubte man, sich mit Schwefeldämpfen gegen die Pest zu schützen; warum also nicht räuchern, wo es sich bei der Syphilis doch ganz offensichtlich um eine Seuche handelt! Es kann nicht unsere Aufgabe sein, hier klarzustellen, warum man im Reich des Sonnenkönigs nicht ganz einfach auf die Quecksilbermethode des Paracelsus zurückgegriffen hat; schließlich fand sie auch noch in unserem Jahrhundert Anwendung.

Bloch äußert sich, was die Geruchswahrnehmung betrifft, lediglich zu den Sexualgerüchen. Seine Hinweise sind für unser Geruchsschema nur in zwei Dimensionen unterzubringen.

Die **Duftempfindung** für die Sexualgerüche beurteilt Bloch ausschließlich positiv, ebenso die **Duftwirkung**, da sie Orientierung im Sexualbereich ermöglicht.

7.12 Jung, Carl Gustav

geb. 26.7.1875 in Kesswyl (Schweiz), gest. 6.6.1961 in Küsnacht (Schweiz)

Der Schweizer Psychiater und Tiefenpsychologe war anfänglich ein Anhänger von S.Freud. Doch bald störte ihn dessen enger, fast ausschließlich aufs Sexuelle begrenzter Libidobegriff, den er für einen nur geringen Teil einer allgemeinen psychischen Energie hielt.

Auf Jung geht die recht streng polarisierende Typenlehre der Extra- und Introvertiertheit zurück. Zur Traumdeutung sammelte er eine große Menge mythologischen Materials, das beim Leser die Frage aufwirft, wie der Arzt so viel Zeit gefunden haben mag, die Einzelheiten nicht zur aufzustöbern, sondern auch noch auszuwerten. Allgemein bekannt ist sein "Kollektiv Unbewußtes", dem er das "Individuell Unbewußte" gegenüberstellt; das erstere sei in Form von "Archetypen" durch die Gehirnstruktur vererbt (wie bei Aristoteles, Kant und Schopenhauer), das letztere durch Erfahrung und Lernen erworben.

Wie angedeutet, hat Jung es wie kaum ein anderer verstanden, alte Mythen, Gedankengut der Mystiker, alte Gebräuche sowie früheres Gott-, Mensch- und Weltverständnis auf ihren Zusammenhang mit Inhalten des Unterbewußten zu hinterfragen, um jene seelischen Mechanismen, die zu echten Krankheitsbildern führen können, erklärbar zu machen. So stößt er auch auf Fakten, die für unser Thema interessant sind. Bei der Einteilung der Geruchsqualitäten bleibt er, sicher mit Absicht, bei der archaischen Unterscheidung von angenehmen und unangenehmen Gerüchen, er polarisiert sie als Wohlgerüche und üble Gerüche. Als üblen Geruch kennzeichnet er in Anlehnung an die Alchimisten vor allem den der Putrefaktion, also den Verwesungsgeruch oder "Gräbergeruch", der sowohl dem Leichnam als auch seinem Grabe eigne (vgl. Jung, S. 64 Nr. 119, S. 259). Sicher subsumiert er hier alle Gerüche, die beim Vergehen natürlicher Substanzen, z.B. auch bei der Gärung und der Verdauung, entstehen, ohne dies besonders zu erwähnen. Die Beschränkung auf Wohlgerüche und üble Gerüche erleichtert das Verständnis der sinnbildlichen, gleichnishaften Darstellungsweisen jener Mystiker, Alchimisten usw., die er vorstellt und deren schriftlichen Nachlaß er seinen Absichten zugrundelegt. Wer von diesen einfachen Kennzeichnungen abweicht, gerät olfaktorisch ins Schwimmen. Wenn wir heute danach fragen, wer die Luft so verpeste, sind wir bereits am

Schwimmen, denn der Geruch der Pest ist der nach Äpfeln (vgl. Nallet u.a., S. 133). Auch A.Corbin war demnach mit dem Titel seines Buches "Pesthauch und Blütenduft" nicht wohlberaten (vgl. Corbin 1984). Dies kann natürlich nur wissen (konnte gewußt haben!), wer mit Pestkranken in Berührung gekommen ist, in Europa zum Beispiel die Menschen des 14. Jahrhunderts. Pestgeruch ist also nichts, was z.B. dem Teufel anhaftet. Wenn er sein Reich, die Hölle oder die Unterwelt, verläßt, verpestet er nicht die Luft, er verdirbt sie mit seinem infernalischen Schwefelgestank. Dieser Aberglaube ist beileibe noch nicht "ausgeglaubt". Für die Alchimisten (das Wort stammt aus dem Arabischen: Al kimija = Lehre von den feuchten Dingen; griech.: chemeia) gehörten solche und ähnliche Gerüche ebenso wie die Schwärze "zur Unterwelt und damit zur Sphäre der moralischen Finsternis" (Jung, S. 215), deren Repräsentant der Teufel (geblieben) ist. Was nach Teufel riecht, ist Unmoral; Unmoral ist "anrüchig", und die Bösewichte auf der Bühne und im Film tragen schwarze Kleidung, wenigstens aber einen schwarzen Hut mit breiter Krempe, der auch noch das Gesicht dunkel hält. Schwarz als Farbe der Trauer erscheint unter diesem Aspekt gerade noch als plausibel, ebenso als Kennzeichnung einiger Berufsgruppen, wohl kaum noch als Farbe für Festtagsroben, wie sie sich in Europa eingebürgert hat, als Uniformfarbe in der ersten Hälfte unseres Jahrhunderts, erst in Italien, dann in Deutschland jedoch angemessen und erschreckend zugleich. Wie schade, daß sich die Träger nicht auch noch einen arteigenen Geruch zugelegt haben! Man hätte den Wolfsgeruch durch das schwarze "Fell" hindurch rechtzeitig wahrgenommen.

Vor allem zwei Arten von Gerüchen werden also in der Alchimie registriert, der Gräbergeruch (odor sepulchrorum) und der Blumenduft, das Symbol wiedererstehenden Lebens; in der kirchlichen Allegorik wie im Gnostizismus ist dieser Wohlgeruch dem Leben der Heiligen und den Manifestationen des Heiligen Geistes zugeordnet (vgl. ebd., S. 61). Der Wohlgeruch wird in der Alchimie als rauchartiger Dampf, also Rauchiges und Feuchtes, verstanden, wie auch schon bei Aristoteles, und in Gegensatz zum Gräbergeruch gebracht (vgl. ebd., S. 228 und Fußnote 32). Was den Rauch angeht, so spielt er als Weihrauch schon im neunten vorchristlichen Jahrhundert als Sinnbild des Göttlichen und als Opfer für die Götter schon lange vorher eine überlieferte Rolle, und auch in späterer Zeit gab man Duftstoffen, die die Luft als Träger benötigen, ihren Namen eben nach diesem Mittler, dem Rauch, lateinisch fumus. Das Wort Parfum leitet sich ab von "per fumum", zu deutsch "durch den Rauch", und das Wort Rauch ist in seiner ursprünglichen Form "Gerauch" Vorläufer von Geruch. Wohlgeruch hängt in der älteren Medizin andererseits aber auch dem Wasserdampf an. Wie mehrmals erwähnt, entsteht Weihrauch ursprünglich bei Verbrennung des Harzes eines südostarabischen Baumes, wogegen das Harz eines afrikanischen Strauches, Myrrhe, durch Erhitzung im Wasser verdampft wird. Die Verbindung mit Wasser macht Jung ebenso deutlich: "Vermutlich aus symbolischen Gründen" "gilt der Rosmarin in der alten Medizin als Gegengift" (ebd., S. 264) gegen die giftigen Ausdünstungen des Merkurius, der - ruhelos wie dieses - "äußerlich dem Quecksilber entspricht" (ebd., S. 262). Der lateinische Name des Rosmarin ist "flores rosis marini", deutet also auf Feuchtigkeit (Tau) hin, die vom Meer kommt. Der Wohlgeruch des Rosmarins macht ihn zum beliebten Symbol "bei Hochzeitsbräuchen und als Liebeszauber", man schreibt ihm eine bindende Kraft zu (ebd., S. 264). Im 15./16. Jahrhundert wurde mittels Alkohol (aqua vitae) ein Auszug aus Rosmarin und Harzen hergestellt, der Heilzwecken diente. Durch Weglassen des Harzes erhielt man das sogenannte Ungarische Wasser, ein Duftwasser, als dessen Nachfolger das Kölnisch Wasser gilt. Schon vier Jahrhunderte früher wurde im "Kräutergärtlein", einer Rezeptsammlung der Benediktineräbtissin Hildegard von Bingen, die Herstellung eines damals bekannten Duftwassers beschrieben. Doch wird der liebliche Rosmarin auch als Synonym des Mercurius ge-(miß)-braucht (vgl. ebd., S. 255) und dem Alchimistengebräu beigemixt nach der Devise: Was ist gut und was ist böse? Kann doch jedes beides sein! Jedenfalls wird klar, daß als Duftvehikel sowohl Rauch (Feuer) als auch Dampf (Wasser) ihre Rolle spielten. Dazu kamen dann noch das Öl, das ja auch einen Verdampfungsprozeß durchmachen kann, sowie die Pulverisierung. "Lange vor unserer Zeitrechnung dürften die Techniken des Auspressens, Auskochens, Trocknens, der Pulverisierung, der Mazeration (Erweichung oder Auflösung) in Fett und sogar eine einfache Form der Destillation bekannt gewesen sein (vgl. J.Müller, S. 11-15). Erst um 1600 vervollständigte man in Grasse, Südfrankreich, die Enfleurage, die es ermöglichte, die ätherischen Duftstoffe pflanzlicher und anderer Substanzen, die sich bislang mit den genannten Verfahren nicht ausziehen ließen, in Schweineschmalz zu pressen und dann zu isolieren, eine Methode, der Patrick Süskind in seinem Roman "Das Parfum" (in pervertierter Form) zur weltweiten Beachtung verhalf. Enfleurage und Mazeration sind heute nicht mehr üblich. Eine wesentliche Vereinfachung der Duftgewinnung stellte schließlich die Verwendung flüchtiger Lösungsmittel dar, z.B. des Petrolethers im vergangenen Jahrhundert und neuerdings des Kohlendioxids. Wegweisend für diese Methode wurden wieder die Fabrikationen in Grasse.

An Jungs Beispielen zum Geruch läßt sich trotz der einfachen Polarisierung erkennen, daß die Bedeutung dieses Wahrnehmungssinns durch Altertum, Mittelalter und Neuzeit ein Gefälle aufweist, dessen Zenit in grauer Vorzeit, dessen Nadir bei uns Heutigen zu suchen ist. Was recht sauber herausgearbeitet wird, sind Reste ursprünglicher Gewichtung, die sich in der Sprache manifestiert haben, die aber immer noch erkennen lassen, daß auch der Mensch einmal auf diesen Sinn in weit höherem Maße angewiesen war, als er und seine Erziehung es heute wahrhaben wollen.

Was man bei Jung über den Geruch in Erfahrung bringt, gibt kaum einen Hinweis für seine persönliche Einstellung zum Phänomen und zum Sinneserlebnis, weil er in der Regel nur berichtet, was sich in seinen Unterlagen darüber findet.

Bei der **Duftempfindung** zählen Blumendüfte zu den Wohlgerüchen; denen steht der Gräbergeruch als übler Geruch gegenüber. Für den **Duftcharakter** wird aus der Überlieferung heraus in Dampf, also feucht, und in Rauch, also trocken, unterschieden. An der **Duftwirkung** wird der schädliche Einfluß von Quecksilber (mercurios) sowie der lieblich-bekömmliche Einfluß des Rosmarins, der als Liebeszauber und Gegengift gegen schädliche Düfte steht, gekennzeichnet. Zu den Dimensionen Empfindlichkeit und Wahrnehmung fehlen Markierungen.

7.13 Schwertschlager, Josef

geb. 5. Juni 1853 in Eichstätt, gest. 15. November 1924 dortselbst

Gleich zu Anfang seines Werkes "Die Sinneserkenntnis" markiert Schwertschlager seinen philosophischen Standpunkt; es sei der kritische Realismus. Als Radikalstufen (lat.: radix - Wurzel) des Wahrnehmungsaktes nennt er in dieser Reihenfolge: Objektivierung - Projizierung - Individualisierung - Komplettierung. Die

Begriffe Wahrnehmung und Empfindung seien in der Literatur nicht sauber getrennt, selbst Empfindung und Gefühl finde man synonym verwendet (vgl. Schwertschlager, S. 65), obwohl bereits Aristoteles die Empfindung als subjektiven Sinneseindruck von der Wahrnehmung als einer auf Objekte gerichteten Tätigkeit (sensatio - perceptio) unterschieden habe (vgl. ebd., S. 66).

Für die menschlichen Sinne trifft Schwertschlager die folgende Einteilung:

1. Die inneren Sinne
   Hierher gehören das Erkennen des organischen Befindens, der Schmerzsinn, der kinästhetische und der statische Sinn.

2. Die äußeren Sinne
   Gemeint sind die "chemischen" Sinne, also Geruch und Geschmack.

3. Die physikalischen Sinne
   Sowohl Nah- als auch Fernsinne sind hier angesprochen. Als Nahsinne haben der Drucksinn (Tastsinn) und der Temperatursinn zu gelten. Zu den Fernsinnen werden das Gehör als feinmechanischer Fernsinn und das Gesicht als elektromagnetischer Fernsinn gerechnet.

Hier interessieren aus der Einteilung Schwertschlagers die äußeren Sinne, insbesondere der Geruchssinn. Seine Gedanken eignen sich hervorragend zum Vergleich mit neueren Erkenntnissen und als Anregung für gezielte Fragestellungen.

Riechstoffe gelangen, so Schwertschlager, nicht frei gasförmig zur Wirkung, sondern in Feuchtigkeit absorbiert, ölige Materialien emulsioniert (vgl. ebd., S. 210). Die feuchte Nasenschleimhaut und ein bestimmter Luftfeuchtigkeitsgrad fördern die Geruchsvermittlung. In sehr trockener Luft (Wüste) büßen selbst Hunde ihre Riechfähigkeit ein. Mensch und Tier (Körper, Kleidung, Fell) duften intensiver nach einem Regenguß. "Die meisten riechenden Stoffe stehen in Beziehung zum Leib und Leben tierischer und pflanzlicher Organismen ... Andere Geruchsstoffe kennzeichnen die Zusammensetzung der Körpergewebe, wieder andere rühren von Fäulnis und Zersetzung der organischen Substanzen her oder eignen Auswurfstoffen" (ebd., S. 211). Zu unterscheiden sei zwischen einem Geruchsfernsinn und einem Geruchsnahsinn, beim Geruchsfernsinn wiederum zwischen einem mehr mittelbaren und (s. Aristoteles) einem mehr unmittelbaren; beim mittelbaren Geruch wird eine Veränderung der umgebenden Materie, beim unmittelbaren eine direkte Einwirkung auf das Riechorgan angenommen (vgl. ebd., S. 212). Artifiziell läßt sich dies an der je beabsichtigten Wirkung von Deosprays nachweisen, die entweder auf Luftveränderung (mittelbar) oder auf direkte Körpergeruchsveränderung (unmittelbar) abzielen. Doch bleibt diese Unterscheidung problematisch, da jedes Riechen an ein Atemholen gebunden ist, die Riechintensität also abhängig ist sowohl von der Duftqualität als auch von der Nasennähe des Duftstoffes bzw. Duftobjektes. Diesen Aspekt berücksichtigt die folgende Aussage nicht ausreichend: "Die Intensität der Geruchsempfindung hängt in erster Linie von der chemischen Beschaffenheit des riechenden Stoffes ab. Viele erregen den Sinn gar nicht, manche unter gleichen Bedingungen schwach, andere stärker oder sehr stark. Die letzteren erreichen die untere Reizschwelle oft bei unglaublicher Verdünnung" (ebd., S. 215). Man muß hierzu ergänzen: auch konzentrierte Duftstoffe, die in der kosmetischen Industrie auf sog. Duftplättchen fixiert werden, sind mittelbar nur wahrzunehmen, wenn sie durch Heizelemente erwärmt oder in kaltem Zustand, wenn sie unmittelbar unter die Nase gehalten werden. Beim Essen und Trinken wirken Geruchs- und Geschmackssinn zusammen (vgl. ebd., S. 212), es kommt dabei in der Regel zur totalen Integration beider Modalitäten. Doch sehr häufig leitet der Geruchssinn den Genuß ein. Eine Speise schmeckt um so wohler, je wohliger ihr Geruch den Raum durchduftet, und allein schon der reine Duft vermittelt echte oder vermeintliche Geschmackserlebnisse, was die vermehrte Speichelentwicklung schon beim puren Riechen beweist, das in diesem Falle wieder mehr Ergebnis des Fernsinns ist.

Längere Geruchseinwirkung stumpft ab, die Riechfähigkeit regeneriert aber nach einer gewissen Zeit (vgl. ebd., S. 215). Schnüffeln verhindert oder verlangsamt die Abstumpfung (vgl. ebd., S. 216). Amtsärzte sprechen von "Geruchssensationen", denen sie während der Berufsausübung ausgesetzt sind. Bei Schizophrenen kann es, wie an anderer Stelle vermerkt ist, zu Geruchshalluzinationen kommen; sie riechen rein subjektiv, obschon es objektiv nichts zu riechen gibt. Die Hintergründe des Geruchsgedächtnisses, die Schwertschlager nennt, sind heute besser bekannt, ebenso der Zusammenhang mit einer mehr oder weniger intensiven Gefühlsbeteiligung. Funktionszentrum für den Riechvorgang ist das limbische System. Eine Beschreibung der dort verlaufenden Prozesse liefert M.Schneider; sie sei in knapper Form hier wiedergegeben.

Der limbische Cortex beeinflußt alle vegetativ innervierten Organe wie Herz, Blutgefäße, Blase, Darm, Gallenblase, Piloarrezeptoren, Pupille usw., über den Hypothalamus auch die Hormonausschüttung der Hypophyse; er ist also mehr als eben nur "Riechhirn". Er löst auch bestimmte motorische Reaktionen aus wie Schlucken, Lecken, Defäkation und ist verantwortlich für Veränderungen im affektiven Verhalten (vgl. Schneider, S. 639). Untersuchungen (Reiz und Ausschaltung des limbischen Cortex) weisen darauf hin, daß Teile des Systems die affektive Färbung des Gesamtverhaltens beeinflussen wie Zu- und Abneigung, Sicherheitsgefühl oder Angst, Stumpfheit oder Wut sowie für die affektive Färbung der Sinneseindrücke. "Da diese affektive Färbung wesentlich ist für das, was wir behalten und das, was wir vergessen, wird dieses Gebiet wichtig für alle Vorgänge, die mit der Merkfähigkeit und dem Gedächtnis zusammenhängen" (Schneider, S. 640).

Von größter Bedeutung ist nun, daß unser Geruchssystem seine Informationen auf kürzestem Wege zum limbischen System transportiert (vgl. Popper/Eccles, S. 307, 334, 420, 472). Die Frage nach olfaktorischen Beeinflussungsmöglichkeiten von Motivation, Konzentration und Speicherung drängt sich somit auf. Sie soll uns hier gewissermaßen zur Arbeitshypothese werden. Nun handelt es sich beim limbischen System ganz sicher nicht um eine Sammelstelle für Gedächtnisinhalte; es wurde daher vorsichtig als "Sitz für Gedächtnisleistungen", also als eine Art von holographischem Funktionsprinzip bezeichnet. Was sich herausstellen könnte, ist dreierlei:

1. Geruchsempfindungen, die gleichzeitig und unbewußt mit anderen Sinneseindrücken registriert werden, assoziieren mit diesen und maximieren die Reproduktion unter denselben oder ähnlichen geruchsatmosphärischen Voraussetzungen.

2. Geruchsempfindungen, die gleichzeitig und unbewußt mit anderen Sinneseindrücken ("Lerninhalten") "registriert" werden, verstärken augenblicklich die Funktionsweise des limbischen Systems derart, daß nicht nur die momentane

Lernleistung, sondern auch die Gedächtnisleistung eine Aufwertung erfährt, die auch ohne Wiederherstellung der den Lernvorgang begleitenden Geruchsatmosphäre erhalten bleibt, und es soll dabei keine Rolle spielen, ob dem Gedächtnis Aufgaben symbolischer, imaginärer oder verbaler Art gestellt werden.

3. Geruchsempfindungen, die gleichzeitig und bewußt mit anderen Sinneseindrücken registriert werden, z.B. durch absichtliches Schnüffeln oder tiefes Einatmen, erhöhen die Lern- und Speicherkapazität für unter 2. erwähnte Aufgaben, wenn zusätzlich eine verbale Induzierung (Suggestion) erfolgt.

Jedes Ergebnis wäre ein Beitrag zum Lern- und Gedächtnisproblem, wenngleich offenkundig wird, daß das an zweiter Stelle genannte von größter Bedeutung wäre, als Teilbetrag auch zum "Rätsel der Lokalisierung von Denkprozessen", zur Erklärung etwa, "daß Erinnerungen aus dynamischen Prozessen rekonstruiert werden können, die sich über das ganze Gehirn erstrecken, aber von einzelnen lokalen Punkten aus ausgelöst werden können", etwa nach "dem Prinzip moderner Telefonnetze, bei denen nicht vorhergesagt werden kann, über welche Leitung ein Ferngespräch geführt werden soll, denn diese wird zu dem Zeitpunkt ausgewählt, wenn das Gespräch angemeldet wird, und hängt von der Situation im Land ab" (Hofstadter, S. 367 f.).

Beim Aufbau der menschlichen Vorstellungswelt spielt der Geruchssinn zweifellos eine geringe Rolle (vgl. Schwertschlager, S. 219). Bei einer aufgezwungenen Aktivierung des Geruchssinnes verändern sich die Vorstellungsinhalte, wie das am Beispiel der Blinden gezeigt ist. Bei einer umweltbedingten Verlagerung der

Sinneshierarchie wäre an eine Umpolung des Augenmenschen zum Geruchsmenschen denkbar, der die Bedeutung seiner Umgebung wie viele Tiere auch am Geruch mißt. "Begriffsbildung und Gedankenwelt würden sich mit eigenartigen Elementen füllen" (ebd.). War der Vorzeitmensch ein Geruchsmensch? Schwertschlager weist die Möglichkeit nicht von der Hand, daß unser Geruchssinn nur Rudiment eines ursprünglich leistungsfähigeren Organs ist. "Gleichwohl besitzt der Geruch für das vegetative und animale Leben des Menschen einen genügend hohen, für manche Lebenslagen und den Naturmenschen einen bedeutenden Wert" (ebd., S. 220).

Die geistigen Funktionen profitieren nach Schwertschlager vom Geruchssinn nur wenig, die Frage nach der Unterstützung dieser Funktionen durch geruchliche Anreicherung der Atmosphäre wird nicht gestellt.

Ein Aspekt bleibt hier nur schwach erhellt. Wohl ist die Rede von der besonderen Bedeutung des Geruchssinns in "manchen Lebenslagen" und bei "Naturmenschen". Es wird aber nicht hervorgehoben, daß auch das Neugeborene in einer besonderen Lebenslage ist; ihm fehlt noch weitgehend der Gesichtssinn. Zu seiner Orientierung bedient es sich neben Temperatur-, Tastsinn und rhythmischem Empfinden in hohem Maße des Geruchssinns. Die Nase leitet das Köpfchen bei den Suchbewegungen.

Milchgeruch wird zum Symbol für Mutter und Trinken. Der Säugling erkennt den Brustgeruch der Mutter schon ab dem sechsten Tage. Sein Verhalten verändert sich, wenn man ihn nach diesem Zeitpunkt einer anderen Frau anlegt. Milch- und Nahrungsgerüche lösen bei Kleinstkindern Saugaktivitäten aus, verändern Atem und Kreislauf (vgl. Mensing/Beck).

Kaum ein Fachmann macht sich Gedanken darüber, ob dieses ausgeprägte Riechvermögen der Säuglinge zwangsläufig oder nur unter Zivilisationseinflüssen, die ja Erziehungspraktiken implizieren, verkümmert. Selbst bekannte Entwicklungspsychologen, die mit eigenen Kindern experimentierten, beschreiben lediglich, wie sie Gesicht, Gehör und Getast trainiert haben, um dann anhand der Ergebnisse zu generellen (generalisierenden!) Aussagen über Entwicklungsphasen zu kommen. Der Glaube an den Wert der drei "Übersinne" verbaut dem in Superkulturen aufwachsenden Menschen das Verstehen der Welt auf andere Weise, läßt verkümmern, was von Natur aus sich hätte besser entfalten können. Jedes Elternpaar wartet wie gebannt auf den Moment, in dem das Kind zum Blickkontakt fähig ist; er wird in der ersten Lebensphase zum wichtigsten, beglückendsten Ereignis. Es ist anzunehmen, daß das Kind spürt, was von ihm vor allen Dingen erwartet wird, eben dieser Augenkontakt. Dies führt dann zu einer vorzeitigen Hierarchisierung des Gesichtssinns und auch dazu, daß das Kind beim Suchverhalten sich schon nach kurzer Zeit statt wie anfangs mehr vom Geruch und Getast zunehmend vom Gesicht leiten läßt. Diese Umorientierung ist sicher nicht die einzige, aber die ausschlaggebende Ursache der Geruchsverkümmerung, die schon sehr bald nicht mehr rückgängig zu machen ist.

Das menschliche Riechorgan muß demnach nicht schon im Laufe der Philogenese (wenn es so etwas überhaupt gibt) zum Rudiment "abgemagert" sein, wie viele glauben, es verkümmert immer und immer wieder neu in der Ontogenese, wo, wenn und weil es nicht gefordert wird.

Für Schwertschlager ist die **Duftempfindung** ein sinnlicher Genuß. Die **Geruchsempfindlichkeit** ist je nach Geruchsart stärker oder schwächer, hängt also vom Duftstoff und nicht explizit auch vom

Riechorgan ab. Bei Gewöhnung an einen Duft tritt Abstumpfung ein.
Für den **Geruchscharakter** wird betont: Gerüche erscheinen in Feuchtigkeit absorbiert; sie sind von pflanzlicher oder tierischer Herkunft.
Die **Geruchswahrnehmung** erfolgt unmittelbar (Nahsinn) oder mittelbar (Fernsinn).

7.14 Siewerth, Gustav

geb. am 28.5.1903 in Hofgeismar, gest. 5.10.1963 in Trient

Er war ein katholischer Philosoph und Pädagoge, der in der Lehrerbildung sein Hauptarbeitsfeld gefunden hat. Die Pädagogischen Hochschulen in Aachen und Freiburg wurden ganz wesentlich durch ihn geprägt. Er zählt für viele Fachkollegen zu den bedeutendsten Lehrerbildnern der Nachkriegszeit; schon 1948 war er Rektor in Aachen. Sein wissenschaftlicher Standort war die Thomistische Philosophie. Seine Liebe gehörte der Erziehung und dem Unterricht, was seine Veröffentlichungen beweisen. Er war einer der Hauptvertreter unter den Pädagogen, die beide Begriffe als Vorgänge in den Begriff der Bildung einlaufen lassen, der dann gleichzeitig auch einen Zustand kennzeichnet, den Zustand eines Menschen, der aus seiner Bildung heraus lebt und wirkt.

Bevor Siewerth sich zum Geruchssinn selbst äußert, leitet er den Begriff Sinn ab von "sin", was ursprünglich und noch in manchen Dialekten "sein" bedeutet. Das Seiende findet über die Sinne den Weg zu uns (vgl. Siewerth, S. 8). Im Begriff Sinn stecke sowohl "Selbigkeit", was das Wort betrifft, aber zugleich auch Doppeldeutigkeit, was einmal unser Vermögen meint zu sinnen, d.h. zu sehen, zu hören usw., aber auch die Bedeutung der Dinge für uns, schlicht, ihren Sinn (vgl. ebd., S. 10). Der Geruch ist für Siewerth, wieder der ursprünglichen Bedeutung entsprechend, "das Gerauch, das die Dinge umwallt. Darum hat der Mensch Geruch und Geschmack wie auch das Holz und der Apfel" (ebd., S. 13). Beim Hören mache der Sprachgebrauch eine Ausnahme; das Gehör sei nur dem Hörenden, nicht dem Gehörten eigen. Hingegen seien "Geschmack und Geruch ... Lebenssinne. Im Schmecken erfahre ich die genießende Erlabung oder den auswürgenden Ekel des eigenen Lebens, wie im Geruch die duftende Blüte oder die stinkende Verwesung des fremden" (ebd., S. 14).

Gesicht und Getast vermitteln Eindrücke von der äußeren Gestalt; dies gilt in abgeschwächter Form auch für das Gehör der Blinden. Geruch und Geschmack hingegen sind anderer Natur; wir können davor nicht "die Augen verschließen", allenfalls die Nase zuhalten, aber erst, wenn wir gerochen bzw. ausspucken, wenn wir gekostet haben. Hier erinnert man sich des Zusammenhangs zwischen Geruch und Gedächtnis: "Es ist wichtig zu wissen, daß das Geruchssystem über den Cortex piriformis und das Corpus amygdaloideum direkt zum Limbischen System projiziert, ohne die komplexen neokortikalen Bahnen zu durchlaufen, wie die somatosensiblen, visuellen und auditorischen Systeme" (Popper/ Eccles, S. 307). Das olfaktorische System ist demnach "speziell privilegiert, weil es direkt in das limbische System projiziert" (ebd., S. 472), das eine wesentliche Rolle für unsere Gedächtnisleistungen und emotionalen Erfahrungen und Reaktionen spielt (vgl. ebd., S. 306).

W.Klages sieht die besondere Bedeutung des Geruchssinns darin, daß er gerade durch die Koppelung mit Affekten und Erinnerungen zur "elementare(n) und fast schlagartige(n) Vergegenwärtigung eines früheren Erlebnisses" verhilft (Klages, S. 871). Er verweist auf Ergebnisse experimentalpsychologischer Untersuchungen, die erkennen lassen, daß selbst Geruchseindrücke, die "noch garnicht verstandesmäßig angekommen" sind, Erinnerungsbilder, mit denen sie verknüpft sind, wachrufen (ebd., S. 874). Vorausgehend hat bereits Schopenhauer "den Geruch den Sinn des Gedächtnisses" genannt, weil er "unmittelbarer, als irgend ein Anderes, den spezifischen Eindruck eines Vorganges, oder einer Umgebung, selbst aus der fernsten Vergangenheit, uns zurückruft" (Schopenhauer, Die Welt, 2. Bd., S. 36). So erklären sich wohl auch die enormen Gedächtnisleistungen mancher Tiere, die uns olfaktorisch weit überlegen sind.

Es ergibt sich bei Siewerth auch ein Zusammenhang des Geruchs mit der Sprache. Sprache bedeute "dem Ursprung gemäß soviel wie siedendes Prasseln" (Siewerth, S. 41). Der Redende spreche in und aus dem Gedächtnis des Hörenden (vgl. ebd., S. 43). Die Verknüpfung des Geruchs auch mit der Sprache, mit dem Atem als ihrer Antriebskraft, liegt also nahe. Das bedeutet, das, was ein Mensch spricht, ist auch beeinflußt durch die geruchliche Atmosphäre seiner jeweiligen Umgebung, und wie ein Mensch spricht, in die Umwelt wirkt wie der Duft einer Blume. Siewerth erinnert für diesen Zusammenhang an ein Wort Hölderlins (aus "Brot und Wein"):

Fragen muß er zuvor; (Atemluft und Gedanken einholen)
nun aber nennt er sein Liebstes. (Ausatmen und Mitteilen)
Nun, nun müssen dafür
Worte, wie Blumen, entstehen (Worte, Sprache) (ebd., S. 52).

In seinem essayistisch verfaßten Büchlein "Die Sinne und das Wort", aus dem wir Bemerkungen zum Geruchssinn zitiert haben, läßt Siewerth seine Wertschätzung für diesen Sinn erkennen.

Bei der **Duftempfindung** unterscheidet er fast wie Jung den angenehmen Blütenduft von dem Verwesungsgestank.
Als **Geruchscharakter** bevorzugt er das Trockene, wenn er vom Geruch spricht.
Bei der **Geruchswahrnehmung** betont er die aktive Seite; der Geruch unterstützt dabei das Gedächtnis.
Auch eine **Duftwirkung** wird erwähnt: die Geruchsatmosphäre der Umwelt beeinflußt den Redenden.

7.15 Gibson, James Jerome

geb. 27. (oder 21.) Januar 1904 in McConnelsville, Ohio, USA,
gest. 9. Dezember 1979 in Ithaca, N.Y., USA.
Professor für Psychologie an der Cornell University, USA.
Ehrendoktor der Universitäten Edinburgh (1973) und Uppsala (1976).

"Organismen fungieren in ihrer jeweiligen Umwelt als homöostatische Systeme" (Gibson, S. 39). Man möchte das Zitat erweitern: Sie sind im Interesse des Gleichgewichts ihrer Körperfunktionen in der Lage, die Chemie ihrer Umwelt so detailliert auszuwählen und umzusetzen, daß ein Gleichgewichtszustand entsteht und beibehalten wird. Eine Störung dieses Vermögens führt augenblicklich zu Prozessen, die als Krankheit zu bezeichnen sind, gleichgültig, ob diese Krankheit in latenter oder akuter Phase ist. "So atmet ein Landtier Luft ein, entnimmt aber daraus für sich selbst lediglich den Sauerstoff; es frißt pflanzliche oder auch tierische Nahrung, aber es verwertet für den eigenen Organismus lediglich einen Teil der darin enthaltenen chemischen Stoffe" (ebd.). Vom Nährwert einer Substanz vermag das Tier sich geruchlich zu überzeugen, einen unmittelbaren chemischen Kontakt hält Gibson für verläßlicher; das wäre die Kombination aus Geruchs- und Geschmackskontakt, die auch als Aroma bezeichnet wird. Dabei fällt "die Chemie des Diffusionsreizes", die über den Geruch aufgenommen wird, "mit der Reizquelle selbst zusammen" (ebd., S. 40). Aroma wird nicht immer als Ergebnis "des mehr oder weniger harmonischen Zusammenspiels von Geruch- und Geschmackstoffen" (Tressel/Baltes, S. 8) definiert. In Wörterbüchern finden sich auch getrennte Bedeutungen wie Wohlgeruch und Wohlgeschmack. Ursprünglich war das Adjektiv aromatisch (lat. aromaticus, gr. aromaticos) allein dem Geruch zugeordnet.

Unzweifelhaft vermag ein Tier, das seine Erfahrungen mit einer Nährsubstanz hat, diese Substanz nach dem bloßen Geruchseindruck zu finden und sie mehr oder weniger gierig oder vorsichtig sich einzuverleiben. Doch wird es dabei auch zur Kontrolle durch die Sinneskombination kommen, die ihm signalisiert: aufhören oder weiterfressen. Diese Kontrolle (vgl. Gibson, S. 179 f.) hatte offenbar schon Aristoteles im Sinn, als er den Geschmackssinn als eine Art Tastsinn bezeichnete (vgl. Aristoteles, Lehrschriften, S. 36). Gibson wertet den Geschmackssinn nicht in der gleichen Weise; für ihn steht der Geruchssinn vor und über dem Geschmackssinn. Der Geruchssinn ist ihm mehr als das Riechen von Umweltdingen, der Geschmackssinn weniger als das Schmecken der Nahrung (vgl. Gibson, S. 174). Der Geruchssinn ist Fern- und Nahsinn, mittelbar und unmittelbar zugleich; er wird sowohl durch Duftsubstanzen der Luft als auch von dem Nahrungsduft im Mundraum erregt. Der Geschmackssinn hingegen wird nur "durch Lösungen, die aus der Nahrung kommen", angeregt. Zum aromatischen Genuß, also zum Riechschmecken (vgl. Greiner, S. 2), kommt es dabei nur über den Geruchssinn, dem Gibson den Status eines Doppelsinns beimißt; den Geschmackssinn hingegen hält er für einen unbedeutenden Sinn, und er erinnert in diesem Zusammenhang an eine Feststellung Titcheners, wonach wir beim Essen den Fehler machen, "daß wir dem Geschmack zuschreiben, was in Wirklichkeit zum Geruch gehört" (Titchener, S. 115). Das von Titchener genannte Standardexperiment ist jederzeit nachprüfbar: bei zugehaltener Nase und verbundenen Augen unterscheiden wir den Geschmack von Äpfeln, Zwiebeln und rohen Kartoffeln nicht (vgl. Gibson, S. 174).

Für Gibson bilden Geschmack und Geruch zusammen ein Wahrnehmungssystem (vgl. ebd., S. 174 ff.); beide haben je eigene Rezeptoren und Nerven, die, obwohl an verschiedenen Stellen befindlich, in ihrer Funktion vereint sein können. Dies gilt für die Geschmacksorgane, also für die Zunge und die den Mund auskleidenden Nachbargewebe, wie auch für die geteilten Riechflächen, die mit dem gesamten Mundraum in Verbindung stehen und ihn geruchlich kontrollieren. Die Kontrolle gelingt allerdings nur, wenn wir gleichzeitig durch die Nase einatmen. Bei zugehaltener Nase wird ein auf die Zunge gebrachter Duftstoff, z.B. ein starkes Parfum, nicht gerochen, auch wenn wir noch so stark durch den Mund einatmen. Wie an anderer Stelle vermerkt, sind wir wie andere Säuger auch durch das Atmen ständig mit der Außenwelt in Verbindung; "Riechen ist eine Begleiterscheinung des Atmens" (ebd., S. 183). Doch ist die Kontrollfunktion der Atemluft durch unseren Geruchssinn bei unbewußter Nasenatmung längst nicht so zuverlässig wie die des Mundraums; wir riechen den Sauerstoffgehalt der Luft nicht, sind also auch nicht in der Lage anzugeben, ob er angemessen ist oder nicht. Die Gefahr eines Unverhältnisses wird durch andere Befindlichkeiten signalisiert, häufig zu spät. Warum hat die Nase uns im Stich gelassen? "Bei normaler Atmung bleibt die Luft in der Nachbarschaft des Riechepithels in Ruhe", so daß dieses empfindliche Organ nicht andauernd mit jeder schädlichen Geruchssubstanz oder

Kaltluft konfrontiert wird. Riechstoffe erreichen es nur durch Diffusion, also nach Vermischung mit Luft und nach einem raschen Erwärmungsvorgang. Nur bei mehr oder weniger bewußter Hin- und Herbewegung der Luft (Schnüffeln) wird auch die im oberen Teil der Nase befindliche Luft bewegt und die Riechfähigkeit ermöglicht (vgl. Schneider, S. 679). Wird unsere Nase beim unbewußten Einatmen von schädlichen Stoffen wie z.B. CO_2, Chloroform, Ammoniak und dergleichen tangiert, kann es zum reflektorischen Atemstillstand kommen; doch dieser wird nicht vom Riechepithel ausgelöst, sondern von den weiter vorn in der Nasenschleimhaut sitzenden sensiblen Nervenendigungen des Trigeminus. Solche reflektorischen Atemstillstände werden deshalb als Schutzreflexe gedeutet (vgl. ebd., S. 682).

Andererseits werden uns zahlreiche Fremdsubstanzen bewußt; ob wir sie nun als angenehm oder unangenehm empfinden: sie werden zum Geruch (vgl. Gibson, S. 183). Wie geht das vor sich? Gibson gibt folgende Erklärung: "Das aktive Lufteinziehen bringt die fremde Komponente der eingeatmeten Luft in Kontakt mit der Riechschleimhaut, wo sie vermutlich in den Schleim absorbiert wird und die mikroskopisch kleinen Rezeptoren reizt. Wiederholtes Lufteinziehen maximiert wahrscheinlich die Absorption dieses Gemisches, insofern seine Konzentration gering ist. Niesen befreit vermutlich die Luft in der Nasenhöhle von der fremden Substanz und beendet die Absorption oder die Reizung" (ebd., S. 185). Woher stammen die Fremdkomponenten, wenn wir davon ausgehen, daß Luft, Wasser und Minerale so gut wie geruchlos sind? Der Stadtbewohner denkt in erster Linie an Verbrennungs- und Verdampfungsprodukte der Industrie und des Straßenverkehrs. In der Natur sind es alle tierischen und pflanzlichen Lebewesen "und deren Produkte" (ebd.), die ihren arteigenen Duft an die Luft abgeben, wo sie "vom Wind ausgebreitet und vom Regen aufgelöst werden" (ebd., S. 184). Zum Geruch werden diese Düfte bei Freund und Feind, deren Verhalten sie beeinflussen. Nahrung, Paarung und Revierschutz sind bei fast allen Tieren hauptsächliche Veranlassung dafür, daß man riecht oder duftet. Seine Witterung sagt dem Tier, ob sich hinter dem Geruch etwas Freßbares verbirgt oder ob man Reißaus zu nehmen hat, um nicht selbst gefressen zu werden. Duftabsonderungen des Weibchens künden von seiner Paarungsbereitschaft, und die Duftmarkierung des Reviers durch das Männchen soll andere vor Grenzüberschreitungen warnen. Tiere beachten demnach jene charakteristischen Duftqualitäten, die für sie von Bedeutung sind. Auch der Mensch "riecht, was ihn interessiert" (ebd., S. 186). Doch wie ein Hund geruchlich nicht nur Artgenossen, sondern auch seine Bezugspersonen zu unterscheiden lernt, vermag auch der Mensch sein olfaktorisches System so zu trainieren, daß er in Spezialbereichen (Gewürze, Weine, Parfums) zu einem vorher für unmöglich gehaltenen Unterscheidungsvermögen gelangt (vgl. ebd.). Wie man Riechen normalerweise lernt, ist noch nicht eingehend untersucht worden. Doch gibt es Hinweise dafür, daß Wiedererkennen und Erinnern durch gleichzeitig erfahrene Geruchsreize unterstützt werden (vgl. ebd.). Die Riechfähigkeit ist beim gesunden Menschen zum Teil angeboren. Sie kann durch Lernen zweifellos ein höheres Niveau erreichen, als wir Heutigen das vermuten. "Orientierung gegenüber den Geruchsquellen, positiv (als Annäherung) oder negativ (als Vermeidung), setzt einen hinlänglichen Grad von wahrnehmungsmäßiger Unterscheidung voraus. Der Reiz für die Orientierung liegt in der Information bzw. in der Einschätzung (value) der flüchtigen Substanzen, nicht in der chemischen Energie als solcher" (ebd., S. 193). Weniger "wissenschaftlich" ausgedrückt heißt dies: Wir sind zwar in der Lage, der eine mehr, der andere weniger, Duftunterschiede mit unserer Nase festzustellen, doch können wir sie nicht chemisch bestimmen; dies gelingt nur mit entsprechenden chemischen Verfahren. Indem Gibson den Geruchssinn als Informationssystem solchermaßen kennzeichnet, zeigt er auf, was psychologisch an ihm bedeutsam ist, gleichzeitig aber auch, was in den Bereich anderer Disziplinen gehört.

Bei Gibson finden sich Beurteilungen zu dreien unserer Geruchsdimensionen.

Bei der **Duftempfindung** wird unterschieden in positiv, was zur Annäherung führen kann, und in negativ, was in der Regel zu Vermeidung führt.
Die **Geruchswahrnehmung** imponiert entweder als Nahsinn, wo es um Lösungen geht, die aus der Nahrung kommen, oder als Fernsinn, wenn Duftsubstanzen aus der Luft entnommen werden.
Für die **Duftwirkung** wird vor allem die Möglichkeit der Orientierung herausgestellt.

7.16 Charroux, Robert

geb. am 7.4.1909, gest. am 24.6.1978

Der französische Schriftsteller und Journalist veröffentlichte zahlreiche Sachbücher über vorgeschichtliche Kulturen, deren Reste er "nahezu in allen Ländern der Erde" persönlich in Augenschein genommen und mit Bilddokumentationen belegt hat. Seine Begründungen für das Entstehen dieser Kulturen sind spekulativ und bedürfen hier keiner Erörterung. Seine Beiträge zu Geruchsphänomenen sollen dennoch angesprochen werden.

Charroux erinnert daran, daß bei zwei Menschen, deren Geruch zu einer gegenseitigen sexuellen Übereinstimmung führt, auch die

Aurogramme harmonieren. Die Frage, ob Mittelbarkeit ("sphärische Organisation") oder Unmittelbarkeit ("Empfindung auf materieller Grundlage") der Duftempfindung dabei die größere Rolle spielt, konnte zu diesem Zeitpunkt ebensowenig beantwortet werden wie die, ob die sexuellen motorischen Zentren direkt durch die Gerüche oder durch bedingten Reflex gereizt werden. Charroux stützt sich auf Berichte des Physiologenkongresses in Cannes im Jahre 1967 (vgl. Charroux, S. 191 f.).

Die Sexualität sei "völlig abhängig von dem, was der Mensch an Animalischem in sich" habe. So werden in diesem Zusammenhang auch Parfums mit tierischen Substanzen erwähnt, die wegen ihrer sexuellen Stimulation schon im Altertum benutzt wurden: "Moschus ... aus einem Täschchen unter dem Bauch des männlichen Moschustieres ... Zibet ... aus den Drüsen der Zibetkatze ... Amber ... eine Ausscheidung des Pottwals" (ebd., S. 192). Bei der Erwähnung tierischer Duftsubstanzen fehlt hier nur das Bibergeil. Selbst die Architektur hat sich dieser Düfte bedient. Charroux entnimmt einem Artikel von R.Harari (Zeitschrift Science et Vie, Jan. 1968) die Mitteilung, daß die Erbauer der persischen Moschee in Tauris Moschus in den Mörtel gemischt haben, so daß bei starker Sonnenbestrahlung die Mauern einen intensiven Moschusduft ausstrahlen" (ebd.). Die in diesem Zusammenhang erwähnte Legende muß sich irren, wenn sie erzählt, daß dieser Duft die Liebenden berausche, denn die Hälfte der Männer nimmt Moschusgeruch viel zu schwach oder gar nicht wahr, die andere riecht ihn, aber schon nicht mehr in ganz wenig verdünntem Zustand. Frauen hingegen nehmen den Duft noch wahr, wenn er um das Tausendfache verdünnt ist. Daß Sexualität im Spiel ist, das sei mit Vorbehalt wiedergegeben, "beweist" die Tatsache, daß junge Frauen während der Menstruation besonders empfindlich sind: sie riechen den Moschusduft noch, wenn er in einer Quadrillion (Zahl mit 24 Nullen!) Luftteilchen aufgegangen ist. Nur eierstocklose Frauen erreichen lediglich die Riechnorm der Männer (vgl. Karweina, S. 254 f.). Die Erbauer jener persischen Moschee haben dies ganz sicher auch schon gewußt. Ihre Absicht kann nur gewesen sein, Liebespaaren zum raschen Erlebnis zu verhelfen, indem sie die Frauen berauschten und gefügig machten. Der Sultan brauchte Soldaten. Weitere Beweise für die Beduftung von Gebäuden, Räumen und Gegenständen fehlen nicht!

Die Ausführungen Charroux' über die Nase der Urmenschen entbehren z.T. physiologischer Genauigkeit; möglicherweise hatte der Mensch einmal eine "bessere Nase" im Sinne des besseren Riechvermögens. Sie muß aber nicht unbedingt größer gewesen sein, da das, was als "Gesichtserker" mehr oder weniger hervorspringt, wie an anderer Stelle vermerkt ist, mehr Vorwärm-, Filter- und Anfeuchtaufgaben hat. Unangefochten bleibt jedoch die Feststellung, daß der menschliche "Geruchssinn für den eigenen Geruch, insbesondere für seinen Atem, ... nur abgeschwächt funktioniert", und, daß das so sein muß, weil das Riechen des Eigengeruches "das Wahrnehmen von Fremdgerüchen verhindern" würde (Charroux, S. 193).

Die Abbildung (entnommen ebd.) zeigt zwei Knochen mit Gravierungen aus einer Höhle bei Isturitz (Basses-Pyrénées). Oben folgt ein Stier einer Kuh, unten ein Mann einer Frau. Auf beiden wird zweifellos die Geruchsorientierung dargestellt, die vorgestreckten Nasen deuten es an. Was störend wirkt, sind die Pfeile, die auf dem oberen Bild das männliche Tier, auf dem unteren die Frau getroffen haben oder gerade treffen. Haben sie nur Symbolcharakter und welchen? Diese Pfeile sind sicher älter als die des römischen Gottes Amor. Doch mag man sich auch in älteren Kulturen solcher Anspielungen bedient haben. Dann könnten sie

oben bedeuten, daß sie (die Duftpfeile) den Galan getroffen haben, weshalb er dem weiblichen Tier, das kokett den Schwanz hebt, folgt und unten, daß der Mann sich wünscht, der Schuß in den Oberschenkel zwinge die Frau zum Ein- und Stillehalten, um rascher an die Duftquelle heranzukommen, wo es dann endlich statt zu einem nur mittelbaren ("sphärischen") zu einem unmittelbaren ("materiellen") Erlebnis kommen kann. Das Ganze wirkt recht verspielt und erlaubt, sich Gedanken zu machen über das Weltbild des Graveurs. Sicher hatte er viel Zeit, sich mit seinem Hobby zu beschäftigen. Die Personen sind zwar nackt dargestellt, tragen aber Schmuck an Hals und Arm (Mann) und am Bein (Frau). Rückschlüsse auf die klimatischen Verhältnisse sind möglich oder doch wenigstens auf die Jahreszeit, in die das "Abenteuer" hineingedacht ist. Die Darstellung der weiblichen Brust verleitet zum Spekulieren. Es ist die Brust einer älteren Frau nach mehreren Geburten und Stillperioden; in der gravierten schlaffen Form trifft man sie auch heute noch bei gar nicht so wenigen jüngeren Frauen von Naturvölkern. Lebte der Künstler, es müßte dann ein junger Mann gewesen sein, mit seiner Familie von anderen abgeschieden, so daß er nur seine Mutter als weibliches Modell hatte? Oder ist es nur Mangel an räumlichem Darstellungsvermögen, wofür die dysplastisch wiedergegebene Frauenfigur spricht? Wir können diese Fragen nicht mit Sicherheit beantworten. Weil aber Wesen dargestellt werden sollen, die, ob Mensch, ob Tier, als geruchsorientiert charakterisiert werden, deutet zweifelsfrei darauf hin, daß jene Menschen über die Welt und sich ernsthaft nachgedacht haben, also nicht zu einer Rasse zählten, deren Leben sich vorzugsweise auf allen Vieren und auf dem Erdboden abspielte (vgl. Freud 4/1968, S. 462).

Alles in allem: ein wahrhaft brauchbarer Beitrag zum Thema und, wie Charroux richtig folgert, ein einzigartiger Beweis dafür, daß frühere Menschen sich weit mehr auf ihren Geruch verlassen haben und es auch konnten. Warum der Mensch seine Spürnase verloren hat, ist an anderer Stelle hypothetisch markiert. Für die Entwicklungsbiologie wie auch für die -psychologie gibt es hier noch viel Arbeit.

Die Beurteilung des Geruchs durch Charroux deckt unsere fünf Dimensionen voll ab.
Was die **Duftempfindung** angeht, wird die sexuelle Stimulation mancher Substanzen hervorgehoben, was nicht nur unterschwellig, sondern bei Naturvölkern auch oberschwellig eine angenehm-positive "willkommene" Empfindung voraussetzt.
Hinsichtlich der **Geruchsempfindlichkeit** ist darauf hingewiesen, daß die menschliche Nase für den Eigengeruch doch recht abgestumpft sei, dafür aber der Fremdgeruch noch recht gut funktioniere.
Die **Geruchswahrnehmung** kann auf materieller Grundlage basie-

ren, sofern es sich um Duftsubstanzen in unmittelbarer Nähe handelt, andererseits auch auf "sphärischer Organisation" (also mittelbar), wenn es sich darum handelt, daß wir in der Luft einen darin aufgelösten Duft einer bestimmten Substanz gewahr werden.
Für die **Duftwirkung** wird die sexuelle Stimulation herausgestellt, der man generell doch eher Bekömmlichkeit als "Schädlichkeit" zugesteht.
Auch für den **Geruchscharakter** findet sich ein schwacher Hinweis. Das Beispiel des dem Mörtel beigemischten Moschus an der persischen Moschee, der nur bei prallem Sonnenschein seine sexuell stimulierende Wirkung tut, zeigt ziemlich eindeutig die Bevorzugung des Trockenen, das für diesen Effekt Voraussetzung ist, was ja nicht bedeutet, daß es mit anderen Substanzen und in anderen Situationen nicht auch das Feuchte sein kann.

7.17 Hoffmann-Axthelm, Dieter

Der am 24.8.1940 in Berlin geborene Theologe bekundet durch seine Veröffentlichungen vielseitige Interessen. Neben der Kunst- und Architekturtheorie, der Kulturtheorie, der Stadt- und Industrialisierungsgeschichte beschäftigt ihn, wie sein 1984 erschienenes Werk "Sinnesarbeit, Nachdenken über Sinne" beweist, auch die Psychologie.

Das fünfsinnige aristotelische Wahrnehmungssystem dient ihm dabei als Arbeitshypothese. Für seinen Standort bietet er eine interessante, teleologisch orientierte Begründung an: "Es gibt keine Sehdinge, keine Hör- und Geschmacks-, keine Riech- und keine Tastdinge, sondern einheitliche funktionale Ergebnisse der vereinten Sinnestätigkeit: Orientierung, Zielhandlungen, Gegenstandswahrnehmung" (Hoffmann-Axthelm, S. 35). Damit verleiht er der "Sinnesintegration" (I.Brand u.a.) einen fast apriorischen Charakter. Während z.B. R.Steiner in seinem System "ausgesprochen innere", "äußerlich-innere" und "ausgesprochen äußere" Sinne unterscheidet, erscheint bei Hoffmann-Axthelm "die gesamte Empfindungsfähigkeit als nach außen gewandt, vom Nähern, Heranholen, Untersuchen, Verändern, Verbrauchen nicht zu trennen" (Hoffmann-Axthelm, S. 35). Neben der aktiven, also nach außen gerichteten Sinnestätigkeit gibt es für ihn die "passive Sensibilität", der "eine reproduktive und kompensierende Funktion zufällt" (ebd.).

Apriorische Interdependenzen gibt es aber auch zwangsläufig schon zwischen nur zwei oder drei unserer Sinne: "Riechen und Schmecken trennen kaum, das ist nicht ihre Aufgabe, sondern sie verschaffen..., Anzeichen e i n e r (gesp. v. Vf.) Anwesenheit, e i n e s Vorgangs" (ebd., S. 36).

Abgesehen vom Geschmack, der mir auch ohne zu sehen in Verbindung mit dem gleichzeitig aufgenommenen Geruch exakt vermittelt, daß mir ein Partner bei geschlossenen Augen eine Weinbrandbohne in den Mund gesteckt hat, erleben bzw. vollziehen wir in der Regel eine vorausgehende, gleichzeitige oder nachträgliche Kontrolle unserer Sinneseindrücke durch den Gesichtssinn. Er definiert, überschaut und setzt mit einem Schlag in Beziehung, was andere Sinne angedeutet haben (vgl. ebd.). Mit zwei Sätzen zementiert Hoffmann-Axthelm die erste und umfassende Position des Gesichtssinns in der Sinneshierarchie ein für alle Male: "Das Sehen ist der Rahmen der Sinnestätigkeit, in den alle anderen Sinnesbeiträge eingebaut werden." "Im Sehen liegt die naturgeschichtliche Basis der Subsumtion der gesamten Sinnestätigkeit unter den Denkprozeß" (ebd.). Sehen soll demnach nicht als Supersinn verstanden werden, sondern als "Funktionsmodus, in dem die visuelle Aktivität Bauelement ist" (ebd., S. 38).

Es wundert nicht, daß dem Geruchssinn in diesem System nur wenig Bedeutung zugemessen wird. Das Kind wird in seiner frühesten Entwicklungszeit als vornehmlich vom Tastsinn abhängiges Wesen verstanden, das allmählich die visuelle Kontrolle lernt (vgl. ebd., S. 219 ff.). Der von Hoffmann-Axthelm häufig zitierte Aristoteles hat dem Geruchssinn in seinem System wenigstens im Zusammenhang mit dem Geschmackssinn seine eindeutige Aufgabe zugeteilt, wenngleich er den letzteren als eine Art Tastsinn dabei favorisiert. Doch fehlt bei Hoffmann-Axthelm trotz seiner richtigen Bemerkung, daß Riechen und Schmecken kaum trennen (vgl. ebd., S. 36), die Einsicht, daß nur beide zusammen jenes "einheitlich funktionale(s) Ergebnis" liefern, das wir Aroma zu nennen pflegen (vgl. Tressel/Baltes 1986), und das der visuellen Kontrolle nicht bedarf. Damit verliert der oben angeführte Satz, das Sehen sei der Rahmen der Sinnestätigkeit, in den alle anderen Sinnesbeiträge eingebaut werden, seinen apodiktischen Charakter. Es gibt also durchaus Riech- und Geschmacksdinge, die sich jeder visuellen Kontrolle entziehen, es gibt auch Tastdinge, die der visuellen Kontrolle nicht bedürfen und schließlich auch Hördinge, die sie ausschließen, wie z.B. die Musik, der man mit geschlossenen Augen lauscht, um nicht durch Sehdinge abgelenkt zu werden. Die Sinnesintegration ist kein psychologisches Muß, sie sollte zum pädagogischen Kann werden, wenn es einen Sinn hat, "mehrkanalig" zu lernen und zu speichern.

Von den fünf Geruchsaspekten berücksichtigt Hoffmann-Axthelm nur zwei:

Für die **Geruchsempfindlichkeit** vermerkt er, daß Riechen und

Schmecken kaum trennen, hinsichtlich der **Geruchswahrnehmung** unterscheidet er eine nach außen gerichtete Aktivität und eine passive Sensibilität.

**

Der Blick über mehr als 2000 Jahre Geistesgeschichte lehrt, daß der Geruch sowohl als Wahrnehmungssystem wie auch als den Dingen anhaftendes Attribut einige Beachtung gefunden hat. Mit Rücksicht auf unser Thema interessiert hier in erster Linie die Duftwirkung, sofern sie mit dem Gedächtnis in Verbindung gebracht wird. So hebt Galen das Einatmen von Rosenduft und von kalter Luft als Mittel gegen das überhitzte Gehirn hervor. Paracelsus schreibt dem guten Geruch eine aufweckende Wirkung zu. Schopenhauer unterstreicht die permanent-positive Gedächtnisbeeinflussung durch Gerüche. Steiner gar ist der Meinung, Geruchserlebnisse führten zum mystischen Einssein mit Gott. Siewerth identifiziert den Geruch als Gedächtnishilfe, eine entsprechende Duftatmosphäre beeinflusse den Redenden. Gibson hebt die Unterstützung durch den Geruch bei der Orientierung hervor, sieht im Geruch also eine wichtige Informationsquelle. Bleibt zu hoffen, daß sich solcherart positive Einschätzungen auch experimentell beweisen lassen.

8. DUFTSKALEN - GERUCHSREZEPTOREN - DUFTSKALEN-SYNOPSE

Wo immer man auf Duftskalen stößt, die über die bloße Polarisierung angenehm - unangenehm hinausgehen, muß man sich fragen: Warum beurteilen verschiedene Menschen Düfte so verschiedenartig? Liegt es an den Duftstoffen oder liegt es an der Nase, daß so divergierende Einteilungen getroffen werden? Zweifellos können Qualität und Quantität der Gasmoleküle eine Rolle spielen; die eine Rose duftet stärker als die andere, ein Rosenstrauß stärker als eine einzelne Rose. Doch wie steht es mit unserer Nase? Gibt es auch hier qualitative und quantitative Unterschiede? Wenn jemand schwächer hört oder schwächer sieht als ein anderer, ein Hörgerät oder eine Brille tragen muß, ist seine Hör- oder Sehkraft qualitativ eingeschränkt. Hört er jedoch Töne bestimmter Frequenzen nicht oder erkennt er bestimmte Farben nicht, ist seine Hör- oder Sehkraft quantitativ reduziert. Genauso ist es auch mit unserem Geruch. Eine qualitative Einbuße liegt vor, wenn ein Mensch ganz einfach schwächere Geruchsempfindungen hat als ein anderer; von Fachärzten wird diese Erscheinung Hyposmie genannt. Doch wie bei der Frequenztaubheit und Farbblindheit gibt es auch beim Geruch wie beim Geschmack isolierte Ausfälle; die Analogiebezeichnungen Geruchs- bzw. Geschmacksblindheit wären sicher eine schlechte sprachliche Lösung (vgl. Schneider, S. 677). Ein Mensch vermag also ganz bestimmte Gerüche nicht oder fast nicht zu registrieren, ganz einfach, weil ihm dazu ein entsprechender Rezeptor fehlt; er leidet an einer partiellen Anosmie. Geruchsrezeptoren verhalten sich "in ihrer Ansprechbarkeit gegenüber bestimmten Gerüchen unterschiedlich" (Goldenberg, S. 17 f.). Es kann wohl davon ausgegangen werden, daß es für einzelne Duftarten und Duftnoten, aber längst nicht für alle, spezifische Rezeptoren gibt (vgl. ebd., S. 16), doch "die

Vorstellung von der strengen Spezifität der einzelnen Riechrezeptoren (ist) unwahrscheinlich" (ebd., S. 52). Auch M.Schneider schließt das Vorhandensein je spezifischer Rezeptoren für jeden spezifischen Geruch wegen der viel zu großen Zahl der Geruchseindrücke aus (vgl. Schneider, S. 681). Bei Tierversuchen zeigte sich: "Jede untersuchte Sinneszelle reagierte auf viele verschiedene Duftstoffe, aber nicht jede Zelle reagierte auf dieselben Duftstoffe" (Campenhausen, S. 186; Altner, S. 303).

Die Art und Weise der Erregung der Geruchsrezeptoren durch Geruchsstoffe ist umstritten; allgemein findet die Annahme der chemischen Erregung größeren Zuspruch als die einer physikalischen (vgl. Schneider, S. 680). Die unterschiedliche Ausstattung mit Geruchsrezeptoren und deren spezielle Empfindlichkeit ist sicher ein Grund für die so unterschiedliche Beurteilung gleicher Gerüche. 32 Kinder einer Schülergruppe von 6 - 10 Jahren beurteilten den Duft reinen (erwärmten) Eukalyptusöls völlig unterschiedlich. Vom spontanen Zurückweichen bis zum tiefeinatmenden Verweilen reichte seine Wirkung. Die Geruchsverwandtschaft mit Einreibemitteln bei Husten, Bronchitis und dergleichen wurde von den wenigsten erkannt. Da darf man sich über divergierende Maßstäbe und Ergebnisse bei der Aufstellung von Geruchsskalen auch durch Fachleute nicht wundern.

Eine zusätzliche Erschwerung liegt in der Duftkonzentration, die einen Geruch total verändern kann. Der von den meisten als angenehm empfundene Jasminduft basiert auf feinster Verteilung des an sich übelriechenden Indols (vgl. Mechsner, S. 27), ein dem Skatol ähnliches Fäulnisprodukt im Darm (vgl. Schneider, S. 681). Schafgarbenblüten duften leicht würzig; konzentriert man den Duftstoff durch Auspressen eines Blütenkorbes in der Hand, entsteht ein wilder, wenig angenehmer Duft.

Duftskalen wie die nachfolgend vorgestellten sind zumeist nicht Ergebnis einer objektiven, chemischen Dufterkenntnis, sondern einer subjektiven Einschätzung, die von der Feinstruktur des Riechorgans abhängig ist, worauf auch J.J.Gibson hinweist (vgl. Gibson, S. 193). Doch gibt es auch Einteilungen, die von der Chemie ausgehen. Goldenberg erwähnt ein solches Beispiel, indem er sich auf eine Arbeit von J.E.Amoore (1964) bezieht, "der die Größe und Gestalt eines Duftmoleküls zu seiner Geruchsqualität in Beziehung" setzt und daraus die Existenz von sieben Hauptgeruchsklassen ableitet (Goldenberg, S. 14): ätherisch, kampferartig, moschusartig, blumig, minzartig, stechend und faulig (vgl. Amoore 1974).

Wir bezweifeln die Existenz und Berechtigung solcher Geruchsskalen keineswegs; doch wir halten es nicht für sehr wahrscheinlich, daß die subjektiv registrierenden Nasen sich von den objektiven Tatbeständen voll überzeugen lassen.

Versuch einer Duftskalensynopse

Als Ausgangsbasis für die Übersicht soll die wohl knappste, rein geisteswissenschaftlich orientierte Einteilung von G.W.F.Hegel dienen, die er folgendermaßen definiert hat: "Der Geruch empfängt den Körper (der da duftet; Hinzufügung vom Verfasser) in dem abstrakten, einfachen, unbestimmten Prozeß der Verflüchtigung und Verduftung" (Hegel, S. 132). Das heißt: Was mir mein Geruch vermittelt, ist das Ergebnis der abstrakten, einfachen, unbestimmten Art der Verflüchtigung und Verduftung jener duftenden Stoffe, die einem Körper eignen.

Die noch einfachere Unterscheidung in angenehme und unangenehme Gerüche kann nicht zugrundegelegt werden, da sie zu sub-

Hegel	Amoore	Aristoteles	Lamaist.Pharm.	Zwaardemaker	Henning
		herb			
	blumig		aromatisch-würzig	aromatisch	blumig-würzig
		süß			duftend
abstrakt	ätherisch			ätherisch	fruchtig
		scharf			
		bitter	widrig-penetrant	widerlich-ekelhaft	
	kampferartig			lauchartig	
			verbrannt		
einfach					harzig-balsamisch
	moschusartig			moschusartig	
	minzartig			spez. blumig	
				brenzlig	brenzlig
			muffig		
unbestimmt	faulig				faulig
		ölig			
			ranzig	böckelnd-böckselnd (mundartlich!)	
	stechend	stechend			

jektiv ist. Der Dreierskala Hegels folgt die objektive, von der Chemie ausgehende Einteilung J.E.Amoores. Das hat die Zuordnung der Geruchsklassifikationen zur Hegelskala nicht leichter gemacht, und diese Zuordnung, das sei eingestanden, trägt ohne Zweifel eine subjektiv gefärbte Handschrift.

- Unter "abstrakt" sollen möglichst jene Kennzeichnungen erfaßt werden, die der Sprachgebrauch in mehreren anderen Lebensbereichen kennt.
- "Einfach" sollen möglichst jene Attribute genannt werden, die einer Eindeutigkeit ziemlich nahe kommen. So weiß ich, daß etwas "verbrannt" ist, erst dann, wenn der Verbrennungsprozeß abgeschlossen ist, bei "brenzlig" ist er noch im Gange; ich kann ihn abstellen.
- Als "unbestimmt" gilt etwas, von dem ich nicht mit Gewißheit weiß, was da fault, sticht usw. Die mundartlichen "böckelnd" oder "böckselnd" deuten nicht unbedingt auf einen Ziegenbock hin; "Kaprylgerüche" sind nur im Lateinischen Ausdünstungen eines Bockes (caper), im Griechischen ist der kapros ein Eber, also ein Schwein (vgl. Bloch, S. 18).

Die Übersicht verlangt eine Exegese in zweifacher Hinsicht und hat zu berücksichtigen:

1. die Zuordnung der Duftmarkierungen zur Hegelskala;
2. den Vergleich der subjektiven Attribuierungen von Aristoteles, der lamaistischen Pharmakologie, von Zwaardemaker und von Henning mit der von der Chemie ausgehenden Einteilung von Amoore.

1. Zur Zuordnung

- Als "abstrakt" gelten die Duftmarkierungen blumig, ätherisch, herb, süß, scharf, bitter, aromatisch-würzig, widrig-penetrant, widerlich-ekelhaft, fruchtig und duftend, weil sie samt und sonders Kennzeichnungen ausmachen, die nicht auf **eine** Realität hin ausgerichtet sind; sie stellen gedankliche Verallgemeinerungen dar. Wir bezeichnen damit nicht nur einen Geruch (Duft), sondern wir charakterisieren damit alles mögliche. Als bestes Beispiel mag das Partizip "duftend" gelten, das als Oberbegriff für alle Geruchsbezeichnungen stehen kann; es macht nicht die geringste Aussage darüber, wie etwas duftet, ob angenehm oder unangenehm, es ist so abstrakt, daß damit sogar eine Situation bezeichnet werden könnte. Die Annahme allerdings, daß auch das berlinerische "dufte" hierher gehört, weil sein Wortklang an Duft erinnert, wäre falsch; es ist auf das jiddische tow zurückzuführen, was soviel heißt wie gut, fein.
  Selbst das im ersten Moment so konkret wirkende "blumig" gehört in diese Spalte und nirgendwo sonst hin, denn es besagt nicht einmal, nach welcher Blume etwas riecht. Ein Wein duftet "blumig", ein Saft, ein Honig, und wir sprechen sogar von einer blumigen oder blumenreichen Sprache. Nicht einmal der Lyriker selbst, dessen Sprache wir solcherart apostrophieren, könnte sagen, ob er unter dem Einfluß von Rosen oder Flieder stand, als er geschrieben hat. So können für alle Kennzeichnungen, die in der Hegelskala der Spalte "abstrakt" zugeordnet sind, Argumente geliefert werden, die ihre Zuordnung rechtfertigen.

- Als "einfach" gelten die Duftmarkierungen kampferartig, moschusartig, minzartig, verbrannt, lauchartig, speziell blumig, d.h. nach einer bestimmten Blume duftend, und harzig-balsamisch, weil sie so gut wie völlig eindeutig sind, selbst wenn es auf Anhieb nicht immer den Anschein hat. Zweifel könnten allenfalls für die Duftnoten "verbrannt" sowie "harzig-balsamisch" entstehen, weil diese Bezeichnungen auch als Allegorien gebraucht werden. "Es hat sich einer die Finger verbrannt" muß nicht unbedingt bedeuten, daß er sich verlezt hat, und wem "etwas Balsam für die Seele" ist, hat sicher keinen balsamischen Geruch in der Nase. Das wären Gründe, die beiden "Duftnoten" der Spalte "abstrakt" zuzuordnen; aber es überwiegt dabei, sicher rein subjektiv, der Duftcharakter. Wer einen Waldbrand gelöscht oder sich in den Ruinen eines abgebrannten Hauses aufgehalten hat, weiß für immer, was "verbrannt" riecht. Und wer schon als Kind mit seinen Fingern das Harz von den Baumstämmen gekratzt und es in der Hosentasche verwahrt hat, der weiß ganz eindeutig, wie Harz und was nach Harz riecht. Die Zuordnung "balsamisch" ist gerechtfertigt, weil sie mit den Stoffwechselprodukten von Pflanzen in Verbindung gebracht werden muß, die durchwegs einen mehr oder weniger balsamischen Geruch haben und meistens an den Fingern kleben.

- Als "unbestimmt" gelten die Duftarten faulig, stechend, ölig, muffig, ranzig, brenzlig sowie böckelnd oder böckselnd, weil es sich dabei weder um völlig abstrakte noch um eindeutige Bestimmungen handelt. Sie sind nicht ganz frei von allegorisierender Zweckentfremdung; so spricht man von stechendem Schmerz, von muffiger Wesensart und von brenzligen Situationen. Doch ist die Nähe zum Abstrakten und die Häufigkeit der allegorischen Verwendung nicht das Ausschlaggebende an ihnen; für die Zuordnung war das

Überwiegen des Olfaktorischen und die Doppel- und Mehrdeutigkeit im Geruchsbereich bedeutsam. So sagt mir ein fauliger Geruch zwar eindeutig, daß da etwas verwest oder vergärt, aber nicht in jedem Falle, um welche organische Substanz es sich handelt, von der der Geruch ausgeht. Auch "ölig" ist eine recht ungenaue Geruchsbezeichnung, und nur der Kenner weiß, um welches Öl es sich jeweils handelt. "Muffig" riecht es, so wird behauptet, wenn sich Mäuse eingenistet haben; "es muffelt" bedeutet aber ganz einfach, es riecht unangenehm. Ein "stechender" Geruch kann von vielen Organismen und Elementen ausgehen; wesentlich dabei ist die gleichzeitige Reizung des Trigeminus-Nervs, der dann unter Umständen ein Niesen auslöst. "Ranzig" riechen alle Fette, wenn sie ein gewisses Alter haben. "Brenzlig" riecht nicht nur die Milch, wenn sie nicht rechtzeitig vom Herd genommen wird, und die Mehrdeutigkeit von "bökkelnd" oder "böckselnd" rührt nur zum Teil vom subjektiven Empfinden her. Bocks- oder Kaprylgerüche strömen für die verwöhnte Nase nicht nur der Ziegenbock (caper), der Ziegenstall (caprile) und das männliche Schwein (kapros) aus, sondern nach H.Zwaardemaker auch die menschlichen Geschlechtsteile, so sie wie bei den erwähnten Tieren über längere Zeit im Naturzustand belassen werden, worüber auch an anderer Stelle berichtet ist.

Die Synopse läßt erkennen, daß sich die Geruchsbeurteiler mit eindeutigen Duftcharakterisierungen am schwersten tun; wir sind in dieser Spalte nur achtmal fündig geworden. Aristoteles fehlt in der Spalte ganz, die lamaistische Pharmakologie und Henning sind nur je einmal vertreten. Je zwei Bezeichnungen finden sich in der Spalte "unbestimmt", wo doppel- und mehrdeutige Geruchsnoten angesiedelt sind. Weitaus die meisten "Treffer" mußten als "abstrakte" Noten eingestuft werden. Das wundert bei Aristoteles kaum, der ja den Geschmack vor dem Geruch favorisiert und infolgedessen mehr Geschmacksnoten verteilt (siehe Aristoteles a), S. 59 f.). Von Henning, der eine Monographie (vgl. Henning 1916, 2/1924) über den Geruch verfaßt hat, und von Zwaardemaker, der sich mit dem Geruch und der Geruchsprüfung intensiv beschäftigt hat (vgl. Zwaardemaker 1889, 1923), wären mehr eindeutige Klassifizierungen zu erwarten gewesen. Man vermißt, besonders bei Aristoteles, der auch Geschmacksnoten einbringt, die Kennzeichnung "sauer"; Essig schmeckt nicht nur sauer, er riecht auch aus größerer Entfernung sauer (z.B. der Essigwadenwickel gegen Fieber), und eben nicht nur der Essig! Sauren Atemgeruch hat auch, wer dem Riesling ausgiebig zugesprochen hat, und sauer riecht auch die Milch, wenn sie gärt oder vergoren ist. Die Geschmacksmöglichkeiten wären durch diese Komplettierung bis auf "salzig" ausgeschöpft gewesen; aber Salz riecht ja nicht, es sei denn in riesigen Mengen im Wasser aufgelöst: am Meer riecht es tatsächlich "salzig", obschon es sich dabei um einen Irrtum handelt; in Wahrheit fällt uns der Chlorgeruch auf.

2. Zum Vergleich

Die Übersicht bestätigt die Subjektivität der Geruchsempfindungen, die in speziellen Untersuchungen nachgewiesen wurde (vgl. Burdach u.a. 1985, Caine 1982, Schaupp), und diese wiederum hat ihre Gründe in Gewohnheiten, Begegnungen, kurz in der Erfahrung mit Gerüchen, aber auch in der mehr oder weniger angeborenen Riechfähigkeit und in individuellen Riechschwellen, die in der Literatur nicht immer die gleiche Bewertung erfahren (vgl. Schneider, S. 680; Goldenberg). Die Synopse läßt erkennen, daß die Duftkennzeichnungen zwischen fünf und acht Noten schwanken. Exakte Entsprechungen für die "objektive" Skala (Amoore) gibt es fünfmal, "blumig" bei Henning, "ätherisch" bei Zwaardemaker, "moschusartig" bei demselben, "faulig" bei Henning und "stechend" bei Aristoteles. "Kampferartig" und "minzartig" kommen nur bei Amoore vor. Zwaardemaker und Henning - es sind Zeitgenossen - bringen gemeinsam die Bezeichnung "brenzlig", die bei den anderen fehlt. "Muffig", besonders im Zusammenhang mit Mäusen, findet sich allein in der lamaistischen Skala; man darf diese Tierchen dort nicht verfolgen, so ist man auch an ihren Geruch gewöhnt; und "ranzig" riecht es dort allemal, wenn schon die Butter als Lichtquelle dient.

Der Vergleich läßt erkennen, daß eine Duftbeurteilung auch abhängig ist von der Zeit, in der ein Beurteiler lebt, und von der Zivilisation, die seine Nase beeinflußt.

Doch ein Aspekt muß besonders hervorgehoben werden: die Abhängigkeit von der Sprache. In den Sprachen der Hochkulturen fehlt es unzweifelhaft an Wörtern für den gesamten Geruch-Duftbereich, worauf schon J.Locke hingewiesen hat (vgl. Locke, S. 130) und was durch mehrere Experimente recht eindeutig bestätigt wird (Caine 1982, Gregson/Mitchel, Klages/Klages).

"Unsere Sprache taugt nicht zur Beschreibung der riechbaren Welt" (Süskind, S. 160). Fast die gleiche Feststellung macht Henning schon vor über sechzig Jahren (vgl. Henning, S. 63 ff.). Zwar hat man bereits vor über fünfzig Jahren eine exakte Geruchsklassifikation durch Anordnung der olfaktorischen Koeffizienten in numerischen Serien für möglich gehalten (vgl. Elsberg/Lewy/Brewer), doch hätte man die diversen Duftnoten in Formeln ausdrücken müssen, weil verbale Bezeichnungen dafür fehlen. Vielleicht ist der Vorschlag, die olfaktorische Verwörterung bei Naturvölkern zu studieren, nicht von der Hand zu weisen.

9. DAS A-B-C DER DÜFTE

9.1 Subjektiver und objektiver Anteil von Geruch und Geschmack

Aus der Überschrift könnte auf eine reiche Ausbeute sprachlicher Kennzeichnungen für Wohlgerüche und Gestänke geschlossen werden. Der Laie macht sich kaum Gedanken darüber, was dem Fachmann längst aufgegangen ist: "Die erste und nicht geringste Schwierigkeit der Geruchsforschung liegt in dem Mangel an geeigneten sprachlichen Ausdrücken, die unsere Geruchserlebnisse beschreiben. Kein zweites Gebiet leidet so unter sprachlichen Unvollkommenheiten, wie der Geruch" (Henning, S. 63). Um die Armut an Sprachsymbolen für das, was wir riechen, hervorzuheben, schickt Henning seinem Kapitel "Sprache und Geruch" (ebd., S. 62-72) eine Abhandlung über "die sprachliche Form und Bedeutung der Farbausdrücke" (ebd., S. 64 f.) voraus, die weitaus ergiebiger und treffender auch im Hinblick auf Nuancen ist als die für den Geruch. Dabei macht er deutlich, daß für die sprachliche Bezeichnung eines Sinneseindrucks immer "ein äußerer lebenswichtiger Anlaß" vorgelegen hat (ebd., S. 65). Namen und Attribute entstehen also in einer konkreten Situation, sie haften ursprünglich an ihren Trägern, und sie sind nicht auf andere Objekte anwendbar. Jedes Ding besitzt zunächst "sein unübertragbares Attribut für sich allein" (ebd., S. 66). Erst im Laufe langdauernder sprachlich-kultureller Entwicklung hat der Mensch gelernt, seine Sinneserlebnisse in vereinfachter Form zu kennzeichnen, daß z.B. Farbworte auf verschiedene Dinge anwendbar sind, wenn diese von gleicher oder ähnlicher Farbe sind. Wäre z.B. Falbe die ursprüngliche Bezeichnung für ein schmutzig-gelbes bis beiges Pferd mit schwarzer Mähne und schwarzem Schweif, dann könnte man in der Farbbezeichnung falb für das

Herbstlaub eine Übertragung sehen, welche die Erkenntnis voraussetzt, daß die Farben von Pferd und Herbstlaub ähnlich oder gleich sind. Nun ist diese Farbbezeichnung falbe eine Nebenform von fahl und wird als solche noch seltener benutzt als die ebenfalls recht seltene Bezeichnung für bestimmte Lichtverhältnisse am Himmel und im Gesicht eines Menschen. Das Erkennen von Gleichheiten und Ähnlichkeiten an verschiedenen Dingen und die Beschränkung auf eine einzige sprachliche Kennzeichnung des Ähnlichen und Gleichen kann als eine der ersten Abstraktions- und Transferleistungen gelten. Es klingt einfältig, aber es ist so: alles, was rot ist, ist rot, gleichgültig, ob Naturprodukt oder Artefakt. In umgekehrter Richtung kann das Attribut auch zur Sache werden, wenn das Hauptmerkmal dieser Sache mit der ansonsten notwendigen und diskriminierenden Attribuierung identisch ist. Wer sich im Laden Wein kauft, muß sagen, ob er z.B. Rotwein oder Weißwein haben möchte. Wer im Weinlokal einen Wein bestellt, verlangt kurz nach einem Roten oder nach einem Weißen. Wo es um Geruchsbezeichnungen geht, sind wir noch recht arm dran, und es besteht keine Aussicht, daß sich dies ändert. "Die Attribute sind anschaulich, gegenständlich an den Träger gebunden, von ihm nicht ablösbar und nicht auf andere Dinge anwendbar" (ebd., S. 66 f.). Unsere Sprache kennt lediglich "adjektivische Ableitungen der zugehörigen Geruchsträger (rosenhaft, kampfrig)", oder sie zieht "den eigentlichen Geruchsträger im Vergleich mit heran (himbeerartig, jasminähnlich). Keinesfalls gelingt eine Geruchsabstraktion".

Henning nennt acht "Gründe für die Gegenständlichkeit der Geruchsworte", die in knapper Form hier wiedergegeben werden sollen:

- der Geruch ist physikalisch gegenständlicher als die Farbe;

- der Geruch hängt physiologisch stärker von einem Träger ab;
- das Geruchserlebnis ist psychologisch gegenständlicher;
- Geruchsnamen lassen sich sprachlich nicht ohne weiteres übertragen;
- Geruchsreihen haben je Glied einen zu individuellen Einschlag;
- Geruchsvorstellungen haben nur Wirklichkeitscharakter, sind nicht zu verallgemeinern;
- der Geruch ist immer biologische Angelegenheit, stammt aus dem konkreten Alltagsleben und läßt sich nicht begrifflich-abstrakt verwerten;
- der Geruch unterliegt einer biologisch orientierten Logik und läßt sich sprachlich nicht in einen subjektiven und objektiven Anteil polarisieren. Er ist immer ein Subjektives und Objektives zugleich. Die Geruchsworte meinen immer beides: den Geruch, der von einem Ding ausgeht, und den Geruch, den ich als Fähigkeit des Riechens besitze. "Das Wort Geruch bezeichnet gleicherweise den objektiven Anlaß wie die subjektive Folge" (ebd., S. 68).

Nur durch eine sprachliche Fiktion kann man diesem Dilemma entgehen bzw. aus ihm herauskommen, wie es in dieser Schrift immer wieder praktiziert wird. In Anlehnung an die Gepflogenheit der Parfumeure wird nur der subjektive Anteil des Geruchs als Geruch bezeichnet, der objektive hingegen als Duft. Dann aber ist es erforderlich, den positiven Charakter von Duft zu neutralisieren, d.h. es muß angenehme und unangenehme Düfte geben dürfen, wie der Sprachgebrauch ja bereits unterscheidet. Dann spielt es auch keine Rolle mehr, daß auch fremde und alte Sprachen Zusammensetzungen mit den Silben od oder ol zugleich den subjektiven wie objektiven Anteil implizieren. Das Gegenständliche ist der Duft, die Funktion ist der Geruch, wenn man sich zu dieser Unterscheidung durchringt.

Ebenso wie das Wort Geruch hat auch das Wort Geschmack einen objektiven und subjektiven Anteil. Eine Speise, ein Obst und dergleichen hat Geschmack, und es wäre falsch zu sagen, einen typischen oder spezifischen Geschmack, weil das Wort eben auch seinen subjektiven Anteil hat; über Geschmack läßt sich bekanntlich streiten oder nicht streiten. Was dem einen angenehm schmeckt, schmeckt dem anderen gar nicht. Was aber hervorzuheben ist: Geschmacksworte sind noch gegenständlicher als Geruchsworte. Der objektive Anteil von Geschmack läßt sich sprachlich nicht durch ein adäquates Wort ersetzen; beim subjektiven gelingt es ebensowenig. Hennings Gründe für die Gegenständlichkeit der Geruchsworte treffen also auch auf den Geschmack zu, sogar in verstärktem Maße, da sich weder für das, was Geschmack hat, noch für den Geschmack als Funktion ein Ausweichbegriff anbietet. Geschmause und Geschleck beziehen sich auf die Tätigkeit des Essens, nicht des Schmeckens, und Aroma meint, wie andernorts ausgeführt, Geschmack in Verbindung mit Geruch, ist also kein reines Geschmackswort und dazu noch ein Fremdwort.

Nicht nur bei den Substantiven des Geruchs- und Geschmacksbereichs, sondern auch bei den Verben gibt es sprachliche Engpässe. Ein Ding kann riechen, das klingt noch recht wertneutral, es kann duften, dann meint man bislang, es röche angenehm, und es kann stinken, eine völlig eindeutige Sache, die auch im Substantiv Gestank nichts anderes meint. Ich kann riechen, d.h. dann, einen Duft wahrnehmen; ich kann schnuppern, um den Geruchseindruck zu verstärken; ich kann auch sehr intensiv hinriechen, damit mir keine Ausdünstung entgeht; dann schnüffele ich, was der Hund weit besser beherrscht.

Im Geschmacksbereich besteht also dieselbe Verbarmut. Eine Speise schmeckt oder sie schmeckt nicht; um sich deutlicher auszudrücken, ist man auf adverbiale Verbindungen angewiesen: etwas schmeckt gut oder scheußlich usw. Es gibt praktisch nur eine Ersatzmöglichkeit: die Speise mundet, d.h. ich empfinde sie als angenehm im Munde; hierbei denkt man noch an schmecken. Schon nicht mehr, wenn ich sage: die Speise ist bekömmlich, da denke ich an Verdauung. Andersherum: ich schmecke die Restsüße des Weins (heraus); es gibt praktisch keine Ersatzmöglichkeit für schmecken. Empfinden wäre zu allgemein, probieren und kosten stehen ausschließlich für den gezielten Versuch.
Geschmacks- und Geruchsbezeichnungen überlappen da und dort im Sprachgebrauch. Im Alemannischen und Bayrischen werden Riechen und Schmecken gleichgesetzt: das hat Geschmäck oder nur Schmäck (z.B. Käse) kann bedeuten: es riecht eindringlich. Ein Beispiel für die sprachliche Auswahlarmut, die sich im Dialekt besonders stark auswirkt (vgl. Henning, S. 70)!

9.2 Metaphysik des Geruchs

Wer Geruchsworte im Sprachgebrauch aufspürt, findet Beweise dafür, daß sie in mehreren menschlichen Bereichen Eingang gefunden haben, nicht nur in Religion und Ethik, sondern auch in Verbindung mit Verben und Adverbien aus dem Hörbereich und im Verstandesleben. Henning geht so weit, daß er vom Geruch über Hauch zur Seele eine gerade Linie zieht (vgl. Henning, S. 69). Tatsächlich gibt es eine Reihe von ähnlichen oder fast identischen Namen für unsere Geruchsworte in gleich mehreren Sprachen, die dafür Gewißheit geben, daß die Menschen sich die Seele (pneuma, anima) als einen Hauch vorstellten. Wer seinen letzten Hauch tut, atmet nicht nur letztmals aus, er atmet seine

Seele aus. Weniger bekannt als die Zusammenhänge im Lateinischen (**fumus** = Rauch, **spiritus** = Seele) und Griechischen (**thymos** = Seele) sind die in slawischen und semitischen Sprachen. Im Russischen heißt **dym** soviel wie Rauch; **duch** ist Geist, Duft und Hauch; **duscha** ist Seele, **duschistyi** heißt duftend. Im Hebräischen bedeutet **ruach** atmen und den Atem; diese Bezeichnung steht auch für Wind, Geist und Zorn. Riechen und Duft heißen **reiach**. Henning bemerkt hierzu: "Gleichungen zwischen Seele, Luft und Wind kommen bei allen Völkern vor" (ebd., S. 70), man möchte ergänzen: bei allen älteren Kulturvölkern. Für das Thema ist interessant, daß sich gerade Teile unserer wenigen Geruchsworte (Geruch, Gestank, Rauch, Duft, Dampf, duften, stinken und riechen) sowohl im Russischen wie auch im Hebräischen ausmachen lassen und sowohl Physisches als auch Metaphysisches ausdrücken können. Was unsichtbar schwebt, wie z.B. der Äther, geht entweder ein ins Metaphysische und erhält den Sinn des Seelischen und Himmlischen, oder es wird als Quinta essentia (Quintessenz) zum fünften Element (der Pythagoräer) und kann dann bedeuten sowohl den belebenden Alkohol sowie die mittels Alkohol z.B. aus Pflanzen gelösten Auszüge, die Heilzwecken dienten, wie dies unter anderen Paracelsus beschrieben hat (vgl. ebd., S. 70; Paracelsus I, S. 361 ff.).

"Mancherlei Religiöses (wird) mit Geruchsworten bezeichnet" (Henning, S. 71), was an mehreren Stellen dieser Arbeit anklingt. "Götter und Heilige, Teufel und Sünder" (ebd.) haben ihren spezifischen Geruch. Metaphysisch spricht man vom Geruch der Heiligkeit, eines Ketzers oder einer Hexe, vom Gestank des Teufels, vom stinkenden Sündenpfuhl usw. (vgl. ebd., S. 71).

Fast möchte man folgern: gerade weil es so wenige Geruchswörter gibt, sind sie so geläufig und auch im religiösen Bereich schnell bei der Hand.

Dies gilt dann auch für die Ethik. Was geruchlos und wohlriechend ist, ist zugleich gut, Stinkendes ist zugleich schlecht und böse. Henning vermutet eine sprachliche Stammesverwandtschaft des vedischen agandhá = geruchlos, wohlriechend zum griechischen agathós = gut (vgl. ebd., S. 70 f.). Die Vorsilbe a bedeutet dabei, wie bei manchen Adjektiven, die wir aus dem Griechischen oder Lateinischen übernommen haben, **nicht.** Im Neupersischen heißt gand soviel wie Gestank; a-gand(h) ist dann Nichtgestank, eher Wohlgeruch. Nun schleicht sich bei Henning ganz sicher ein Trugschluß ein, weil er nicht berücksichtigt, daß die Vorsilbe a im Griechischen nicht nur eine Verneinung, sondern auch eine Bekräftigung bedeuten kann. Es liegen ihm, das sei zu seiner Entschuldigung gesagt, zu viele etymologische "Beweise" dafür vor, die seine Folgerung unterstützen. So erinnert er zusätzlich an das belutschistanische gand, was dort Kot und Mist und als gand-bo Gestank bedeutet. Aus alledem schließt er, agathós habe im Griechischen ursprünglich "keinen schlechten Geruch habend" gemeint, was reine Spekulation ist. Die Herkunft des Wortes ist bislang ungeklärt; man vermutet allenfalls Zusammenhänge zum Germanischen, wo got nichts anderes als gut hieß, und die Vorsilbe a würde dann lediglich eine Bekräftigung darstellen. Agathe wäre dann nicht die Wohlriechende, sondern die besonders Gute.

Sicher wären für den ethischen Bereich noch manche Beispiele aufzuführen, die für den metaphysischen Gebrauch unserer (wenigen) Geruchswörter beispielhaft sind. Doch es läuft immer wieder auf dasselbe hinaus, und was sich je herausstellte, ist charakteristisch: der Mangel an Geruchsworten, den wir beklagen, erweist sich letztendlich als die Möglichkeit einer hautnahen Kritik: "Das stinkt zum Himmel" - unmißverständlich! "Ruchlos": es hat nicht nur keinen angenehmen Geruch, es ist völlig suspekt, es ist gemein, bösartig, garstig, schimpflich (ohne guten

Ruf), ja es ist wie ohne Gesicht, ohne Ansehen, ohne die Möglichkeit (wie ein Vampir), sich (im Spiegel) vernehmbar, in diesem Falle sichtbar zu machen, es ist vernichtend.
Mit dem Wort vernehmbar oder vernehmlich sind wir bei dem Attribut angelangt, das nach Henning als einziges deutsches Hörwort mit dem Geruch in Verbindung gebracht wird. Vernehmen heißt hören, ein vernehmlicher Geruch ist demnach ein Geruch, der so intensiv ist, daß man ihn sogar heraushört. Die Verbindung von (erst) hören und (dann) riechen ist auch durch die Abfolge bei einem bestimmten, vielfach tabuierten Vorgang gewährleistet, bei dem "vernehmen" eben erst hören und dann riechen meint.

Henning verweist u.a. auch auf Redewendungen im Russischen, bei denen hören als Geruchsbezeichnung dient. Ins Deutsche übertragen lauten sie: Sie hörten (rochen) nach Tabak und Schnaps. Oder deutlicher: Bei dem hörten (rochen) die Hosen und der Rock und sogar die Mütze nach Schnaps (Henning, S. 72).

In einem soeben erschienenen Fotoband über die Prostitution werden drei Geruchswörter in geradezu klassischer Weise illustriert. Es geht um Sichtbares, das zugleich das olfaktorisch Vernehmbare umklammert.

Ein Foto zeigt eine Prostituierte auf ihrem Strich. Doch was ist das für ein Strich! Sie steht vor vier Mülleimern. Die Begriffe anrüchig und stinkend drängen sich geradezu auf, und für diese Attribute impliziert das Bild photolinguistische Diskriminationskraft. Die Dame, oben weite Glanzstoffbluse, unten knapper Slip, mit Kundenfangblick. Unmittelbar hinter ihr eine Kette von vier stinkenden Mülltonnen. Eine einfachere und treffendere Unterscheidung des abstrakten Anrüchig und des konkreten Stinkend ist kaum denkbar. Hat der Fotograf die Szene gestellt? Es sieht so aus, denn so drittklassig wirkt diese Prostituierte nicht, daß sie auf solches Revier angewiesen wäre (vgl. Liebe zu kaufen, S. 98).

Ein zweites Foto paßt ebensogut in unser Thema. Es zeigt das verwüstete Gesicht einer vierzig- bis fünfzigjährigen Frau. Man hat keine großen Bedenken, das Attribut ruchlos zu engagieren; ruchlos, Wortstamm ruch = rauch, will ursprünglich sagen, ohne den ansonsten beim Feuer willkommenen Verbrennungsgeruch. Doch dieses Feuer ist ausgebrannt; die Augen sind groß, aber ohne Ausdruck, leer ins Weite schauend. Die Haut grau wie Asche. Das Bild: faszinierend, Erbarmen heischend und schrecklich zugleich (vgl. ebd., S. 126).

Der Bereich des denkenden Verstandes, ob bewußt oder unterbewußt, kennt Redewendungen, welche für die Bedeutung des Geruchs im Zusammenklang mit dem Denken, Wach-sein, Aufmerksamsein geradezu charakteristisch sind. Für etwas eine Nase oder einen Riecher haben heißt, aufgeschlossen sein für bestimmte Sachen und Situationen der Umwelt. Den Braten riechen bedeutet, etwas merken trotz Verschleierungstaktik. Das kann ich doch nicht riechen meint, nicht wissen. Geruchsanalogien liegen auch vor bei - es liegt was in der Luft, - seine Nase in alles stecken, - Unrat wittern usw. (vgl. Henning, S. 72). Weil das Schwein in der Regel als stinkendes Tier gilt, sind Schweinereien stinkende, anrüchige Angelegenheiten. Der Vorsitzende einer Versammlung, der von zahlreichen Unregelmäßigkeiten im Geschäftsbetrieb Kenntnis erhalten hat, will dies in der Öffentlichkeit anprangern. Am liebsten würde er von Schweinereien sprechen, doch das verkneift er sich und sagt: Da sind ja merkwürdige Dinge zum Vorschwein gekommen. Was er nicht in den Mund nehmen wollte, ist als Fehlleistung herausgerutscht. Auch im Lateinischen kennt man Geruchsanalogien zu Verstandesangelegenheiten. Ein heller Kopf heißt dort homo emuncto naris, wörtlich: ein Mensch mit ausgerotzter Nase; das will sagen, nichts stört den Weg von innen nach außen und umgekehrt, nichts steckt im (nicht vorhandenen) Kanal von der Nase ins Hirn. Im Deutschen ist eine Rotznase ein junges Ding, das zwar nicht viel weiß, aber so tut, als wüßte es. Homo obesae naris heißt wörtlich: ein Mensch mit geschwollener Nase, meint aber tatsächlich einen Menschen ohne feines Urteil. Wer gar kein Urteil, keinerlei Riecher hat, von dem wird gesagt: nullum nasum habet = er hat keine Nase, er ist ein Narr. Wer aber eine Nase hat, ist klug, lateinisch gnarus; ignarus heißt nicht klug, also dumm. Auch im Angelsächsischen und Althochdeutschen findet sich diese Identität vom Nasehaben und klug sein, nur steht dort Schnauze für Nase. Snotor bedeutet im Angelsächsischen klug; wer snotor = schnauzig (nasig) ist, ist auch klug. Das althochdeutsche Pendant snottarliho meint genau das Gleiche; es ist noch erhalten im Berliner Dialekt als schnoddrig und in der Tautologie Schnodderschnauze (vgl. ebd., S. 71 f.).

Gibt es auch für den Geschmack Verbindungen zum Hörbereich? So ist hier der Vollständigkeit halber noch zu fragen und auch danach, wie weit Geschmacksworte in andere menschliche Bereiche Eingang gefunden haben.

Im südwestdeutschen Raum kann eine Speise laut oder leise schmecken; das will dann ausdrücken, daß sie stark oder schwach gewürzt sei, oder daß ein erwarteter charakteristischer Geschmack entweder zu stark hervorschmeckt oder vermißt wird.

Anders als beim Geruch, der im Kognitiven seine Rolle spielt, ja geradezu als Bezeichnung der Erkenntnisfunktion dient, hat der

Geschmack seinen Platz mehr im ethischen und ästhetischen Bereich. "Das zeugt nicht von gutem Geschmack" kann sowohl eine ethische als auch eine ästhetische Wertung sein. Will der Sprecher zum Ausdruck bringen, daß eine Tat, ein Wort oder ein Urteil eines Menschen aus dem üblichen moralischen Rahmen fällt, wertet er ethisch; meint er hingegen, daß ein Mensch sich Kleidung, Bilder, Möbel usw. ausgesucht hat, die üblicherweise oder seiner Ansicht nach als "unschön" gelten, bewertet er ästhetisch. Doch werten die Geschmacksworte im ethischen und ästhetischen Bereich längst nicht so objektiv wie die Geruchsworte im Kognitiven, sie bleiben im Subjektiven hängen.

9.3 Duftnamen in der Sprache der Parfumeure

Namen und Herkunft der Düfte entnehmen wir dem Kapitel "Fachwissen kurzgefaßt: von "abrunden" bis "würzig" (Julia Müller und Egon Oelkers in: Das H & R Buch Parfum, S. 64-72).

A b s o l u e s
Durch Extraktion aus Concrètes (s.d.) gewonnen

Ä t h e r i s c h e Ö l e
Aus verschiedenen Pflanzenteilen, ohne Rückstand verduftend

A g r u m e n ö l e
Citrusöle von Bergamotte, Citrone, Grapefruit, Limette, Mandarine, Orange, Bitterorange u.a.

A l d e h y d i g
Geruch kurzkettiger Fettaldehyde: fettig, wäßrig, talgig, nach ausgeblasener Kerze

A l k o h o l - E t h y l a l k o h o l
Lösungsmittel zur Herstellung von Lotionen

A n i m a l i s c h
Extrakte tierischer Sekrete: Ambra, Bibergeil, Moschus, Zibet

A r o m a t i s c h
Früher der Geruchseindruck süßer Balsame
Heute Geruchseindrücke, die aus dem Geschmacksbereich kommen

B a l s a m e
Dickflüssige Pflanzensekrete

B a l s a m i s c h
Süßer, weicher und warmer Geruchseindruck, gewonnen aus Balsamen

B i t t e r
Ein mit dem Geschmacksbegriff verwandter Geruchseindruck, hervorgerufen durch Kombination von Wurzeln (Vetiver), Kräutern (Wermut), animalischen Noten (Leder) u.a.

B l u m i g
Definierte Blütennoten (Veilchen, Maiglöckchen u.a.)

B l u m i g - f r u c h t i g
Ein Geruch mit vorwiegend blumigem, aber auch leicht fruchtigem (z.B. Himbeer) Anteil

B o u q u e t
Gemisch verschiedener Blütennoten

Chypre
Sammelbegriff. Note entsteht durch Zusammenwirken von Eichenmoos, Labdanum und Patchouli: warm

Citrusnote
Frischer, leichter Charakter. Aus der Familie der Agrumenöle

Coniferig
Dufteindruck von Fichte, Tanne, Wacholder usw.

Eau de Cologne
Alkoholische Parfumlösung von 3 - 5 Prozent

Eau de Parfum
Alkoholische Parfumlösung von 8 - 15 Prozent

Eau de Toilette
Alkoholische Parfumlösung von 4 - 8 Prozent

Erdig
Geruch von Erde, Waldboden, Moder und Staub. Gewonnen aus Ölen mit erdiger Komponente wie Vetiver und Patchouli

Erogen
Erotisch stimulierender harmonischer Geruch mit betont warmen, animalischen (s.d.) Anteilen in Kombination mit Blütenölen

Essence concrète
Aus Pflanzenteilen gelöstes Extrakt, ölig und wächsern; gut haftbar z.B. in Seifen. Durch Entfernen von Wachsbestandteilen entsteht das Absolues

E s s e n z e n

Alkoholische oder wäßrige Pflanzenauszüge; heute hauptsächlich verwandt in Kosmetik- und Aromenindustrie

E x t r a i t

Alkoholische Parfumlösung von 15 - 30 Prozent

F e t t i g

Geruchseindrücke von Tran, Schmalz, Wachs u.ä.

F o u g è r e

Kombination der frisch-krautigen Lavendelnote mit einem moosigen Geruch

F r i s c h

Fruchtnoten wie z.B. Himbeere, Apfel, Pflaume u.ä.

G r ü n

Gesamteindruck, der an Gras, Blätter, Stengel u.ä. erinnert

H a r z e (h a r z i g)

Feste oder halbfeste Pflanzenausscheidungen

H e r b

Dufteindruck, der durch Anteile von Hölzern, Moosen und Kräutern erreicht wird

H e u a r t i g

Nach getrockneten Wiesenpflanzen duftende Stoffe wie z.B. Cumarin

H o l z i g

Aus Holzarten gewonnene ätherische Öle: Cedernholzöl, Patchouliöl, Vetiveröl, Sandelholzöl

J a s m i n i g

Duft der Jasminblüte als hervorstechende Komponente

K a m p f e r a r t i g

Frischer, sauberer, medizinischer Geruch, der sich im Lavandin, Rosmarin und in Coniferenölen findet

K ö l n i s c h   W a s s e r

3- bis 5prozentige Parfumlösung in Alkohol-Wassergemisch. Duftnote der Agrumenöle (s.d.)

K r a u t i g

Geruch nach Kräutern und Drogen wie Beifuß, Salbei, Rosmarin und Lavendel

L e d e r n o t e

Geruch nach Leder

L e i c h t

Duftnote von frischen, citrischen, blumigen, fruchtigen und grünen Kompositionen mit ganz wenig süßen, balsamischen oder schwülen Elementen

M e t a l l i s c h

Duftnoten mit kühlen, sauberen Effekten

M i n z a r t i g

Die Duftnoten erinnern an Pfefferminze und Krauseminze haben besondere Frischeeffekte

M o o s i g

Komplexes Geruchsbild, wobei neben dem Mooseindruck auch algige, ledrige, holzige und andere Merkmale auftreten

N a p h t h a l i n a r t i g

Geruch nach Mottenkugeln. Note in animalischen Produkten

N a r k o t i s c h

Geruch mit hohen Anteilen schwüler Blütendüfte und animalischer Komponenten. Höhepunkt des narkotischen Duftes im Zeitpunkt des Verblühens z.B. von Jasmin und Tuberose

O r i e n t a l i s c h

Geruch exotischer Blütennoten, Gewürzen, Balsamen, Resinen und animalischen Komponenten

P u d r i g

Ein Geruchseindruck, der durch das Zusammenwirken langhaftender, moosiger, holziger, süßer und kristalliner Elemente entsteht

R a u c h i g

Komponente in Ledernoten aus ätherischem Birkenteeröl

S a u e r

Wenn ein Parfum sauer riecht, ist es verdorben. Der Geruch nach Essig oder vergorener Milch wird als sauer bezeichnet

S c h w e r

Düfte, bei denen Balsame, Moose und animalische Noten dominieren

S i n n l i c h

Siehe erogen

S p l a s h - C o l o g n e
Niedrigprozentige alkohol-wäßrige Parfumlösungen

S t e c h e n d
Überdosierte Gerüche, bei denen ein Bestandteil heraussticht

S ü ß
Duftnoten, bei denen der Süßanteil überwiegt wie z.B. bei der Vanilleschote

T a b a k n o t e
Geruch nach Tabak mit Fermentationsbeigerüchen (Honig, Pflaume u.ä.)

W a r m
Animalische Duftnoten, die als körperähnliche Gerüche empfunden werden

W ü r z i g
Ätherische Öle aus Zimt, Nelke, Majoran, Coriander und Pfeffer

Nicht alle der angeführten Duftnoten sind dem Laien geläufig, nicht einmal die Namen. Der Grund liegt auf der Hand: sie stammen aus der Fachsprache der Parfumeure. Doch bedarf die Übersicht sowohl einer Auswahl als auch einer Ergänzung durch einige Geruchskennzeichnungen, die z.T. aus unserer Duftskalensynopse stammen, z.T. angefügt werden, weil die Anfangsbuchstaben ihrer Namen hinter dem W liegen und deshalb im Kapitel "Fachwissen kurzgefaßt" (Das H & R-Buch Parfum) nicht aufgenommen sind. Für die alphabetische Übersicht der Duft-/ Geruchsbezeichnungen wird die adjektivische Form gewählt.

a - f	f - n	o - z
ätherisch	fettig	ölig
alkoholisch	frisch	penetrant
animalisch	fruchtig	ranzig
aromatisch	grün	rauchig
balsamisch	harzig	sauer
böckelnd oder	herb	scharf
böckselnd	heuartig	schwer
bitter	holzig	sinnlich
blumig	jasminig	speziell blumig (Rose)
blumig-fruchtig	kampfrig	speziell fruchtig
brenzlig	krautig	(Apfel)
citrusartig	lauchig	speziell würzig (Zimt)
coniferig	ledrig	süß
erdig	leicht	tabakartig
erogen	minzig	verbrannt
fäkalisch	moschusartig	warm
faulig	muffig	würzig
	naphthalinig	zart
	narkotisch	

Bei den 53 adjektivisch oder adverbial zu gebrauchenden Bezeichnungen handelt es sich um Attribuierungen für die Begriffe Duft, Geruch, Gestank, duften, riechen und stinken, großenteils auch für Geschmack und schmecken und in erheblicher Anzahl auch für den Tastbereich (erdig, fettig, holzig, ledrig, ölig, scharf, schwer, stechend, warm). Sie gehören ausnahmslos zur Umgangssprache; es ist anzunehmen, daß auch die jeweiligen Duftnoten bekannt sind.

Legt man die Hegelscala zugrunde, kommt man bei gleicher (subjektiver) Einschätzung der Duftnoten wie bei der Duftscalengruppe zu der folgenden Übersicht. Es sei daran erinnert, daß die Einteilung bei Hegel lautet: Duftbezeichnungen können abstrakt, einfach oder unbestimmt sein (Hegel 1964, S. 132). Gegenüber 28 Duftnoten in der Synopse für die Bewertungen bei Amoore, Aristoteles, der lamaistischen Pharmakologie, Zwaardemaker und Henning steht eine Übersicht mit 53 Duftnoten, von denen 16 als abstrakt, 18 als einfach und 19 als unbestimmt gelten können bzw. zu klassifizieren waren. Nennen wir die neue Übersicht "Erweiterte Hegelscala".

abstrakt	**einfach**	**unbestimmt**
ätherisch	balsamisch	alkoholisch
aromatisch	citrusartig (zitronig)	animalisch
blumig	coniferig	böckelnd/ böckselnd
blumig-fruchtig	fäkalisch	bitter
erogen	harzig-balsamisch	brenzlig
frisch	heuartig	erdig
herb	jasminig	faulig
leicht	kampfrig	fettig
penetrant	lauchig	fruchtig
scharf	ledrig	grün
schwer	minzig	holzig
sinnlich	moschusartig	krautig
stechend	naphthalinartig	muffig
warm	speziell blumig (Rose)	narkotisch
würzig	speziell fruchtig (Apfel u.a.)	ölig
zart	speziell würzig (Zimt u.a.)	ranzig
	tabakartig	rauchig
	verbrannt	sauer
		süß

Hennings sechs Grundgerüche sind unterstrichen

Dem Geruchsprisma von Henning (vgl. Henning, S. 363 f.), der zu dem Ergebnis kommt, "daß es sechs Grundgerüche gibt, von denen jeder einzelne in jeden anderen kontinuierlich übergeht" (ebd., S. 363), gingen Untersuchungen voraus, bei denen die VPs Reihenfolgen der ihnen exponierten Gerüche aufzustellen hatten. Die VPs orientierten sich dabei an einem Grundgeruch, jeweils dem ersten Exponat; ähnliche Gerüche waren in einer Rangreihe aufzunehmen, unähnliche herauszustellen (vgl. ebd.). Henning experimentierte mit ca. 100 Duftnoten und fand es zweckmäßig, sechs davon als Oberbegriffe herauszustellen.

1. würzig oder gewürzhaft
2. blumig oder duftend
3. fruchtig
4. harzig oder balsamisch
5. faulig
6. brenzlig

Was Hennings VPs den Grundgerüchen zuordneten, ging schon wegen der großen Anzahl an Exponaten weit über unsere Zusammenstellung hinaus, die sich im wesentlichen an die Klassifikation der Parfumeure hält. Die Namen der Duftstoffe sind nur wenigen bekannt. Hierzu das Beispiel für die Reihe des Oberbegriffs "fruchtig".
Orangenöl, Pomeranzenöl, Limettenöl, Lumienöl, Zitronatöl, Zitronellaöl, Zitronenöl, Citral, Bergamottöl, Erdbeeröl, Ananasöl - aber auch Apfeläther, Essigäther, Äthyläther und Aceton, die nach Hennings Urteil kaum als fruchtig riechend zu bezeichnen sind. Die ersten acht der als fruchtig eingestuften Düfte können in der Erweiterten Hegelscala bei citrusartig oder zitronig eingeordnet werden, gehören somit zu den einfachen Kennzeichnungen; Bergamott-, Erdbeer- und Ananasöl duften charakteri-

stisch, fruchtig-spezifisch, sind ebenfalls einfache, ja eindeutige Kennzeichnungen, wogegen die Ätherkombinate und das Aceton als z.T. verwechselbar, also als unbestimmt einzustufen wären, wenn es in der Scala dafür eine Zuordnungsmöglichkeit gäbe. Dem Attribut "ätherisch" sind sie keinesfalls zu subsumieren, da es sich nicht um abstrakte Bezeichnungen handelt.

Im Kapitel A-B-C der Düfte geht es hauptsächlich um die Namen der Düfte, die in der Alltagssprache verwendet werden. Vielleicht findet, wer sich für Düfte interessiert, hier eine kleine Orientierungshilfe. An eine lückenlose Auflistung sämtlicher, in der Sprache vorkommenden Duftbezeichnungen war nicht gedacht. Allein in der Rubrik "einfach", der "Erweiterten Hegelscala" wären zu "speziell blumig, fruchtig, würzig" so viele Attribute möglich, wie es Blumen, Früchte oder Gewürze gibt.

Die "Erweiterte Hegelscala" hilft bei der Duftbeurteilung, wenn es darum geht, zwischen einem abstrakten, einfachen oder unbestimmten Attribut auszuwählen. "Ein frischer Duft" kann vieles bedeuten (abstrakt), "Veilchenduft" hingegen ist eine einfache, eindeutige Aussage, mit nichts verwechselbar.
"Ein stechender Geruch" kann manchem anhaften (abstrakt); "es riecht verbrannt" ist eine eindeutige Beurteilung. "Ein krautiger Geruch" haftet manchen Kräutern an (unbestimmt); "es riecht lauchig" läßt keine Fehldeutung zu.

10. DIE GERUCHSPRÜFUNG

Geruchsprüfungen können wichtig werden zur Vorabklärung bestimmter Krankheitsbilder oder Folgen von Kopfverletzungen (vgl. Greiner, S. 1; Goldenberg, S. 18 f.), aber auch, wo es um die Riechfähigkeit von Menschen überhaupt geht, die sich für einen bestimmten Beruf entschieden haben. So wäre eine ausgeprägte Geruchsunempfindlichkeit ein großes Handicap für Chemiker, Apotheker, Parfumeure, Landwirte, Gärtner, Feuerwehrleute usw. Sie alle benötigen ein hohes Maß an Geruchsumfang; d.h. sie müssen möglichst viele Duftarten erkennen und unterscheiden können. Der Umfang wird auch als Quantität bezeichnet. Sie brauchen ferner ein gerüttelt Maß an Geruchsschärfe; d.h. sie müssen einen Duft aus großer Entfernung (Rauch - Feuerwehrmann) und in ziemlicher Verdünnung oder Verflüchtigung identifizieren. Die Schärfe wird auch als Intensität oder Qualität bezeichnet. Für beide Kategorien gibt es seit jeher mehr oder weniger brauchbare Prüfverfahren. Es sei an J.Itard erinnert, der seinem Wildkind Viktor Schnupftabak in die Nase gesteckt hat, um seine Reaktion kennenzulernen (vgl. Itard, S. 37 f.), oder auch an die Geruchsdifferenzierungsübungen von Maria Montessori (vgl. Montessori, S. 136 f.), die bereits erkannt hatte, daß die Geruchserziehung in der Pädagogik eine Stiefkinderrolle spielte und spielt.

10.1 Zur Technik

Um die Jahrhundertwende wurden unter anderem von H.Zwaardemaker zweckdienliche, aber technisch umstrittene Geräte (vgl. Henning, S. 427 f.) entwickelt, mit denen sich Umfang, Differenzierung und Schärfe des Geruchssinns einigermaßen genau messen ließen (vgl. Zwaardemaker 1889, 1923). Vielversprechend klangen ihre Namen: Präzisionsolfaktometer, Irisodorimeter u.ä. Viele Forscher begnügen sich mit weit einfacheren Methoden, wenn diese für ihre Belange ausreichend sind. Zur Überprüfung des Geruchsumfanges und der Geruchsdifferenzierung benötigt man im Grunde nur eine kleinere oder größere Duftbatterie; sie kann aus Reagenzgläschen bestehen, in denen einige Duftarten in Form von ätherischen Ölen enthalten sind. Für eine Grobuntersuchung wird man mit hochkonzentrierten Lösungen arbeiten können. Je mehr Düfte erkannt werden, desto größer ist der Geruchsumfang. Man wird einem Unfallverletzten, der eine Geruchseinbuße vorgibt, wohl kaum zugestehen, daß er dadurch an Lebensqualität eingebüßt hat, wenn er beim ersten Durchlauf eine hundertprozentige Trefferquote erzielt hat. Handelt es sich jedoch um einen Menschen, der seine Nase beruflich braucht, um einen Weinkellermeister zum Beispiel, wird der überprüfende Arzt gezwungen sein, die Konzentration so weit zurückzunehmen, bis die Trefferquote fünfzig Prozent nicht mehr übersteigt, um eine exakte Testierung vornehmen zu können. Dann ist auch für die Geruchsschärfe ein Minimum erreicht, das als Schwelle bezeichnet wird. Man kann zwei Wege gehen, diese Schwelle festzustellen; entweder man bietet zunächst den stärksten Reiz und nimmt die Konzentration schrittweise bis zur Fünfzigprozentmarke zurück, oder man beginnt bei einer nicht mehr wahrnehmbaren Konzentration und tastet sich zur Schwelle hoch. Beide Wege haben Vor- und Nachteile. Die Ermittlung dieser Schwellenwerte, die - wie angedeutet - juristisch von Bedeutung werden können, stößt immer noch auf Schwierigkeiten und kennt daher viele Methoden (vgl. Goldenberg, S. 23). D.M.Goldenberg gibt zur Schwellenwerttheorie eine Zusammenstellung der wichtigsten Fachausdrücke.

- Die einfache Schwelle
  kennzeichnet "die geringste Reizstärke ... die eben bemerkt werden kann" (von oben nach unten).
- Als Unterschiedsschwelle
  kennzeichnet man "die Differenz der Intensität zweier Reize ... die gerade noch eine subjektive Unterscheidung ermöglicht".
- Die Wahrnehmungsschwelle
  ermittelt man, wenn ein zunächst unbemerkter Reiz so weit verstärkt wird, bis erstmals eine Geruchsempfindung entsteht, ohne die Geruchsart zu kennen (von unten nach oben).
- Die Erkennungsschwelle
  oder auch spezifische Schwelle ist erreicht, wenn die Geruchsart bezeichnet werden kann (vgl. ebd., S. 22 f.).

Seine Experimente zur Geruchswahrnehmung und Schwellenwertbestimmung führt er mit dem Strömungsolfaktometer durch, den sein Lehrer Walter Neuhaus entwickelt hat (vgl. Neuhaus 1956), und der nach seiner Ansicht bestimmten Grundanforderungen gerecht wird:

"a) die Möglichkeit, eine meßbare und konstante Konzentration eines Duftstoffes zu liefern,
b) eine große Empfindlichkeit der Apparatur,
c) die Darbietung des Reizes unter möglichst natürlichen Bedingungen,
d) die Geruchlosigkeit der den Duftstoff enthaltenden Luft,
e) die Geruchlosigkeit und bequeme Reinigungsmöglichkeit der Materialien, aus denen die Apparatur hergestellt ist,
f) die Möglicheit, die Stärke eines Reizes rasch zu ändern, und

g) eine Einrichtung zur Messung und Abstufung des Druckes bzw. der Geschwindigkeit des Duftstromes" (Goldenberg, S. 23).

Bei den nachfolgend zu erwähnenden Experimenten sind solche Grundanforderungen nicht in jedem Falle erfüllt gewesen. Das rührt zum Teil daher, daß sie zu weit zurückliegen oder daß die Versuchsintentionen z.B. die Schwellenwerttheorie ausgeklammert haben. Die Ergebnisse sind trotzdem interessant, sowohl da, wo sie sich gegenseitig bestätigen als auch dort, wo sie sich widersprechen. Doch seien zunächst einige technisch-organisatorische Probleme angesprochen.

Nicht nur vom Prüfgerät ist es abhängig, ob eine VP einen Duft exakt identifiziert, sondern auch vom Duft selbst. Erfolgreiche und exakte Geruchsidentifikation ist abhängig vom gleichzeitigen Vorhandensein dreier Bedingungen: es muß sich um gängige Gerüche handeln; es muß Erfahrung mit einem Geruch und der Geruchsbezeichnung vorhanden sein; beim Erinnerungsprozeß muß eine zusätzliche Hilfe möglich sein in der Form, daß der Geruch hilft, den Namen zu erinnern und umgekehrt. Die Identifikation wird erschwert, wenn es sich um einen Geruch handelt, der leicht mit einem anderen zu verwechseln ist (vgl. Cain 1979). Auch von der Dauer einer Geruchsprüfung kann das Ergebnis beeinflußt werden, so daß es zu unterschiedlichen Beurteilungen ein und desselben Duftes kommt.
Es konnte nachgewiesen werden, daß zunächst angenehm riechende Substanzen, wie z.B. das Citral, bei längerer Einwirkung als weniger angenehm empfunden werden, und daß zunächst unangenehm riechende Substanzen, wie z.B. die Säure isobutric acid, bei längerer Einwirkung nicht mehr als so unangenehm empfunden werden. Zwei Autoren vergleichen dieses Phänomen

mit dem Begriff der affektiven Habituation, was soviel wie Abstumpfung durch Gewöhnung bedeutet (vgl. Cain/Johnson 1978), worauf auch Schneider hingewiesen hat (vgl. Schneider, S. 680).

Ein weiterer Faktor könnte bei Geruchsprüfungen eine Rolle spielen. So ist nicht auszuschließen, daß die Geruchsintensität für bestimmte Düfte temperaturabhängig ist. Bei einem Experiment, das bereits 1934 durchgeführt wurde, empfanden die VPs den Duft von Isoamylacetat bei 50° Celsius strenger als bei normaler Raumtemperatur. Den VPs war die stufenweise Erhöhung der Raumtemperatur von Test zu Test nicht mitgeteilt worden. Bekannter war bis dahin die Geruchsbeeinflussung durch Feuchtigkeit. Das Ergebnis ist nicht zu generalisieren; es gilt für den verwendeten Stoff, sicher auch für andere; doch darf angenommen werden, daß erhöhte Temperatur bei anderen Stoffen auch negative Wirkungen haben kann (vgl. Woerdemann 1934).

Für die Erinnerung von Gerüchen spielt offenbar nur eine geringe Rolle, ob es sich um einfache Gerüche oder um Geruchskompositionen handelt, vorausgesetzt allerdings, daß es dabei um geruchsverwandte Duftstoffe geht. Dies ist Nebenergebnis eines Untersuchungsberichts, bei dem es um die Assoziation von Geruchseindrücken mit gleichzeitig dargebotenen Bildern und einstelligen Zahlen gegangen ist. Die Duft-Bild-Assoziation war dabei der Duft-Zahl-Assoziation überlegen (vgl. Lawless 1978).

Schon von jeher sind interindividuelle Unterschiede der Geruchssensibilität beobachtet worden. Hierzu zwei Beispiele, die dafür als Bestätigung dienen können. 27 Personen wurden auf ihre olfaktorische Wahrnehmungsschärfe überprüft. Als Aromastoffe dienten in abgestufter Konzentration bei einzelnen Untertests: Rum- und Zitronenaroma, Amylazetat und Ethylbutyrat. Die Autoren der Ergebnisse dieses Tests vertreten die Ansicht, daß ihre Aromastoffe und Untersuchungsmethode geeignet sind, unterschiedliches Riechvermögen festzustellen. Die Ergebnisse bestätigen diese unterschiedliche Riechfähigkeit; sie weisen auf intraindividuelle Schwankungen der olfaktorischen Sensibilität hin (vgl. Burdach u.a. 1985). Ein weiteres Experiment derselben Autoren mit denselben Aromastoffen wollte mögliche Unterschiede zwischen rein geruchlich und geschmacks-geruchlichen Eindrücken überprüfen. Verdünnungen mit Wasser ergaben keine, mit Zuckerwasser jedoch signifikante Diskriminationen bei den einzelnen VPs: die gustatorische Trefferquote lag unter der nasalen. Die orale Darbietung führte außerdem zu einer gewissen Irritierung, die darin bestand, daß subjektiv stimmige Geschmackskategorien den reinen (nongustatorischen) Duftreizen zugeordnet wurden. Der Schluß ist also erlaubt: Riechschmecken bzw. Geschmacksriechen verleitet zur ungenauen Einschätzung des tatsächlichen Geruchs, was Leute, denen man erstmals schwefelhaltiges Wasser bei zugehaltener Nase einflößt und ihnen erst, wenn das Wasser im Mund ist, wieder zu atmen "erlaubt", immer schon gewußt haben. In Orten, wo ein Schwefelbrünnlein sprudelt, weiß dies jedes Kind, und ein Neuankömmling wird bald damit vertraut gemacht; es ekelt sich nur, wer mit freier Nase trinkt (vgl. Burdach u.a. 1984).

Nach diesen mehr theoretischen, die Verfahrenstechniken beleuchtenden Erörterungen zur Geruchsprüfung sollen Experimente vorgestellt werden, von deren Ergebnis man sich die Möglichkeit einer positiven Beeinflussung im körperlichen, emotionalen und kognitiven Bereich versprochen hat. Ausgeklammert bleiben dabei die Empfehlungen von jenen Autoren, die im historischen Teil näher charakterisiert sind, sowie die esoterischen Beiträge von Krumm-Heller und Schrödter, denen je ein eigenes Kapitel gewidmet wurde. Literaturhinweise für unser Anliegen erhielten wir von den Datenbanken der Universitäten Trier und New York für die Disziplinen Medizin und Psychologie.

10.2 Geruchsprüfung als Diagnostikum im körperlichen Bereich

Geruchsstörungen (Anosmie = Totalausfall, Hyposmie = verringerte Riechfähigkeit, Hyperosmie = gesteigerte Riechfähigkeit) sind oft Begleiterscheinungen von Krankheitsbildern. Am bekanntesten sind wohl die Störungen bei Grippe oder einfachem Schnupfen. An den ersten beiden Tagen, so behaupten Parfumeure, sei das Riechvermögen gesteigert, danach aber sacke es sehr rapide ab. Greiner erwähnt in seiner Dissertation (1971) einige Krankheitsbilder, die zur Geruchsstörung oder zum -verlust führen können: "Tumoren des Stirnhirns und des Occipitallappens sowie der Hypophyse, stumpfe Schädeltraumen mit Abriß der fila olfaktoria (Riechnervenfasern), Ozäna (Stinknase) und Rhinosklerom (bakteriell verursachte Schädigung der Nasenschleimhaut)" (Greiner, S. 1, Einkl. hinzugefügt vom Vf.). In der Arbeit geht es im wesentlichen um die Überprüfung der vorhandenen oder gestörten Geruchsdifferenzierungsfähigkeit. Das geruchliche Wahrnehmen von Speisen im Mundraum wird bei Greiner als Riechschmecken bezeichnet (vgl. ebd., S. 2). Für seine Untersuchung verwendete er zunächst 15 verschiedene Düfte, im zweiten Durchgang jedoch nur solche, die folgenden Anforderungen genügen: charakteristisch und häufig vorkommend - Duftkonstanz unabhängig von der Konzentration - nicht an bestimmte Berufsgruppen gebunden - für jedes Alter identifizierbar - keine zu starken Trigeminus- oder Geschmacksreizkomponenten. Die benutzten Düfte waren: Orangenöl, Zimtaldehyd, Eugenol, Oleum Rusci, Benzaldehyd als stark riechende

Stoffe; das Zedernholz als schwacher Duftstoff und Pfefferminzöl als Reizduftstoff (vgl. ebd., S. 7). Zwei verschiedene Prüfverfahren wurden eingesetzt, die Fließpapierstreifen-Methode und die Elsberg-Flaschenmethode. Beide Riechkanäle wurden getrennt überprüft. Die Stoffe des zweiten Durchganges bestätigten sich als gut geeignet für ein Geruchsprüfverfahren. Geschlechts- und Altersunterschiede ließen sich kaum feststellen, lediglich das Zimtaldehyd wurde als typischer Küchenduft von Frauen häufiger identifiziert. Am häufigsten erkannt wurde das Pfefferminzöl gerade wegen seiner Trigeminusreizkomponente (vgl. ebd., S. 23). Ein signifikanter Leistungsunterschied der beiden Riechkanäle konnte nicht festgestellt werden, wohl schon deswegen nicht, weil sie nicht unmittelbar hintereinander zum gleichen Duft gefordert worden sind; oder gerade deshalb? Greiner ist der Ansicht, daß sein Ergebnis sich gut in das Henningsche Geruchsprisma (vgl. Henning, S. 363 ff.) einbauen läßt.

Henning	von Greiner benutzte Substanz
würzig-gewürzhaft	- Eugenol (Nelke) und Zimtaldehyd
blumig-duftend	- Benzaldehyd
fruchtig	- Orangenöl
harzig-balsamisch	- Zedernholz
faulig (brenzlig)	- Ol. rusci
	Pfefferminzöl ist nicht einzuordnen (vgl. Greiner, S. 26)

Greiner ist der Überzeugung, mit den Düften des zweiten Durchganges die Möglichkeit gefunden zu haben, bei Patienten zeitökonomisch den Grad ihrer Riechfähigkeit zu überprüfen und bei Störungen oder Ausfällen Hinweise für organische Erkrankungen zu erhalten.

Man kennt das Nachlassen der Sinnesschärfe beim alternden Menschen im visuellen und auditiven Bereich. Bei der Untersuchung der Geruchsleistungen ist es nicht zu so eindeutigen Ergebnissen wie beim Sehen und Hören gekommen.
105 Personen beiderlei Geschlechts im Alter zwischen 65 und 93 Jahren wurden mittels Riechflaschen, Geschmackslösungen und Elektrogustometer auf ihre Geruchs- und Geschmacksschwelle untersucht. Als Ergebnis zeigte sich im Mittel ein gegenüber jüngeren Menschen angehobener Schwellenwert. Geschlechtsabhängigkeit wurde mit Riechflaschen und Geschmackslösungen nicht festgestellt, wohl aber ergab sich mit dem Elektrogustometer ein signifikanter Geschlechtsunterschied zugunsten der Frauen. Eine weitere Abnahme der Sensibilität für Riechen und Schmecken nach dem 65. Lebensjahr konnte nicht nachgewiesen werden.

Deutliche Einbußen in der Riechleistung zeigten sich bei cerebralen Durchblutungsstörungen, die nicht durch erhöhten Blutdruck zu erklären sind, sowie bei Rauchern. Bei Diabetikern und Zahnvollprothesenträgern war die Geschmacksleistung allgemein reduziert; Hypertoniker hatten Einbußen bei der Geschmacksrichtung "salzig", Raucher bei "bitter". Auffällige Geschmacksausfälle stellten sich an zwei Frauen heraus, die mit Natriumfluorid (Chemifluor) behandelt wurden (vgl. Thumfart u.a.).

Doch kann es bei älteren Menschen auch zur Erniedrigung des Geschmacksschwellenwertes kommen. Dies gilt allerdings nur für bestimmte Substanzen, z.B. Aminosäuren, wie ein Vergleich der Leistungen von 70- und 20jährigen gezeigt hat (vgl. Plattig u.a.). Möglicherweise ist dies auf eine Veränderung der Stoffwechselfunktion oder des Stoffwechselhaushaltes zurückzuführen.

Eine amerikanische Untersuchung aus dem Jahre 1975, bei der es um die Stabilität der Geruchsschärfe gegangen ist, kommt nicht zu dem oben erwähnten Ergebnis. Ein Nachlassen der Geruchsempfindung bei älteren Menschen ist nicht festgestellt worden (vgl. Rowee).

10.3 Überprüfung des Geruchseinflusses im emotionalen Bereich

Bei der Überprüfung ging es um die Bedeutung des Eigengeruchs als Kommunikationsfaktor.

Das Ergebnis beantwortet die Frage nicht, ob Ehepaare sich scheiden lassen, weil die Partner "sich nicht mehr riechen" können. Eine solche Untersuchung wäre ebenso interessant wie die vorliegende von Barbara Hold und Margaret Schleidt. Recht aufschlußreich ist allerdings, daß die Versuchsbeschreibung in einer Zeitschrift für Tierpsychologie veröffentlicht ist.

Man ließ 24 europäische Ehepaare in sieben aufeinanderfolgenden Nächten in standardisierten Baumwollunterhemden schlafen. Jeder Teilnehmer sollte dann aus zugeteilten zehn Hemden das eigene und das des Partners identifizieren (1), die Hemden nach dem Geschlecht des Trägers sortieren (2) und den Geruch als angenehm, indifferent oder unangenehm klassifizieren (3). Die Ergebnisse lassen erkennen, daß der Geruch für die nichtverbale zwischenmenschliche Kommunikation eine bedeutendere Rolle spielt, als man gewöhnlich annimmt, aber auch, daß der Geruchssinn nicht von allen Menschen in gleichem Maße vernachlässigt bzw. fortentwickelt wird.

1) Ein Drittel der VPs konnte das eigene und das Hemd des Partners identifizieren.
2) Ein Drittel der VPs, jedoch mehr Frauen als Männer, konnte zwischen männlichem und weiblichem Individualgeruch unterscheiden.
3) Frauen bezeichneten ihren Eigengeruch häufiger als angenehm, Männer als unangenehm,
   - beide Geschlechter beurteilten den Geruch des Partners häufiger als angenehm,
   - beide Geschlechter beurteilten signifikant weiblichen Geruch häufiger als angenehm, männlichen als unangenehm, auch wenn sie vorher nicht zwischen dem Geschlechtsgeruch unterscheiden konnten (vgl. Hold/ Schleidt).

Die Mäuse- und Spinnenphobie hält man bei Frauen für ausgeprägter als bei Männern, sicher ein Grund, weshalb zu nachfolgend beschriebenem Versuch weibliche Versuchspersonen ausgewählt wurden. Es ging dabei um die Überprüfung der These, daß ein Reiz, der wiederholt mit angenehmen Erlebnissen auftritt, auch durch Selbstkonditionierung zum konditionierten Reiz werden kann. Als VPs dienten 24 Frauen mit einer Spinnenphobie; als konditionierender Reiz wurde Parfum verwandt.

8 Frauen erhielten den Auftrag, sich jeweils in natürlichen Lebenssituationen, in denen sie sich besonders wohl fühlten, über eine bestimmte Zeit hin zusätzlich mit dem Parfum positiv zu konditionieren, bei weiteren

8 Frauen wurde die Wirkung des Parfums ohne vorherige Selbstkonditionierung untersucht.

8 Frauen dienten als Kontrollgruppe.

Die Veränderungen der phobischen Reaktionen wurden mit einem standardisierten Habituationstest auf drei Ebenen erfaßt: subjektiv-verbal, physiologisch und verhaltensmäßig. Es bestätigte sich, daß die Furchtreduktion am deutlichsten bei den selbstkonditionierten Frauen war, daß aber auch schon die einmalige Applikation angenehmer Duftstoffe positive Wirkung im Sinne der Furchtreduzierung zeigt (vgl. Hanisch).

Die sozial-funktionale Funktion der Kosmetika war Gegenstand einer weiteren Untersuchung, die in den übergeordneten Bereich der Emotionalität zielt. Es konnten

- Unterschiede in der Kosmetikanwendung bei Studentinnen und weiblichen Berufstätigen eines Kaufhauses ermittelt werden.
- Für alle VPs gilt, daß die Kosmetikanwendung mit der Sauberkeit in einem direkten Zusammenhang steht, und daß Kosmetika sozial-funktionale Funktion haben, also zur Verhaltensbeeinflussung der sozialen Umwelt eingesetzt werden.
- Bei den Berufstätigen wurde ein Zusammenhang zwischen Kosmetik und Körperzufriedenheit, Interesse an kosmetischer Chirurgie und Kosmetik überhaupt sowie eine Neigung zur neurotischen Persönlichkeitsausprägung festgestellt.
- Bei Studentinnen konnte ein Zusammenhang zwischen Kosmetikvariablen und der Selbstbewußtheit im sozialen Umfeld zwar deutlich nachgewiesen werden, doch drückt sich in der Kosmetikanwendung kein Bedürfnis nach sozialer Anerkennung aus.
- Einkommen und Alter beeinflussen die Kosmetikanwendung; ihre Bedeutung ist für die finanziell unabhängigeren und durchwegs älteren Berufstätigen größer als für Studentinnen (vgl. Schaupp).

Ein weiteres Experiment war zwar für die Feststellung affektiver Beeinflussung durch Düfte angelegt, doch zeigten sich auch assoziative Wirkungen. Es wurde bereits vor sechzig Jahren durchgeführt, doch dürfte es auch heute unter ähnlichen Bedingungen zu ähnlichen Ergebnissen gelangen.

Bei 29 männlichen und 34 weiblichen VPs wurden 26 Duftnoten eingesetzt; besonders mit den Düften aus der Iris-Wurzel und der Rosenblüte gab es hundertprozentig angenehme, günstige Einflüsse auf die emotionale Befindlichkeit. Der Irisduft ist als ölig-waldig, veilchenartig, fruchtig-blumig sowie warm-holzig zu charakterisieren; in der Parfumgewinnung gilt er als sehr wertvoller Baustein von hoher Originalität (vgl. Hall u.a., S. 110). Der Rosenduft mit seinen würzig-honigartigen Nuancen ist wichtiger Baustein für Extraitdüfte (vgl. ebd., S. 120). Das Experiment ließ auch geschlechtsspezifische Unterschiede erkennen. Männer hatten insgesamt einen höheren Prozentsatz angenehmer Reaktionen und weniger ungewöhnliche Reaktionen als Frauen. Ungewöhnliche Bevorzugungen wurden an zwei Farbenblinden festgestellt; möglicherweise besteht ein Kausalzusammenhang, weil die Nasenschleimhäute wie die des Riechepithels pigmentiert sind. Man war sich nicht sicher, ob die unterschiedlichen Reaktionen morphogenetischer (Beschaffenheit der Nase) oder funktionaler (Einwirkung der Duftstoffe) Art waren. Äußerst interessant war die Feststellung, daß manche Stimuli bei den VPs vergessene Erfahrungen ins Bewußtsein zurückholten, ein Wink sicher für psychoanalytische Methoden. Ein weiteres Ergebnis war, daß sich Objekte und Plätze (Orte) ihren diversen Gerüchen nach besser als mit "Sichtworten" beschreiben ließen, wenn, ja wenn für diese Gerüche ein entsprechendes Vokabular vorhanden wäre (vgl. Kenneth).

10.4 Überprüfung des Geruchseinflusses im geistigen Bereich

Gleich das erste hier beschriebene Experiment bestätigt die mehrfach vertretene Ansicht, daß durch entsprechendes Training die Geruchssensibilität erheblich gesteigert werden kann. Die Unsicherheit in der Geruchsbestimmung wird mit der mangelnden Verwörterung des gesamten Olfaktorischen erklärt, also mit dem Fehlen passender Namen für Geruchsangelegenheiten; das wäre ein kognitives Defizit in Kultur und Zivilisation, das für die Bezeichnung anderer Sinnesmodalitäten längst nicht so groß ist, worauf auch J.Locke schon hingewiesen hat (vgl. Locke, S. 130).

Ältere Menschen, bei denen Vergeßlichkeit für Namen schon immer festgestellt wurde, schneiden bei Geruchsbestimmungen schlechter ab; da sie keine Namen haben, fehlt ihnen die Möglichkeit zu erkennen und zu unterscheiden. Sind aber Gerüche mit treffenden Namen gleichzeitig erlebt worden, assoziieren sie, und die verbale Spezies ist in der Lage, die olfaktorische aus dem Gedächtnis abzurufen und umgekehrt. Der Autor weist nach, daß die Geruchsleistungen, vor allem die Differenzierung, sich durch die Einführung zusätzlicher treffender Bezeichnungen erheblich steigern lassen. Es ergab sich eine Überlegenheit der Frauen, was nicht auf biologische Komponenten, sondern auf häufigere Lernvorgänge bei der Küchenarbeit zurückgeführt wird (vgl. Cain 1982), worauf auch an anderer Stelle hingewiesen ist. Auch H.Henning betont, daß die Riechleistung beider Geschlechter gleich ist, wenn mit Gerüchen experimentiert wird, die Männern und Frauen gleich unbekannt sind (vgl. Henning, S. 416).
Um die Geruchsleistung zu trainieren und zu verbessern, schlagen R.A. Gregson und M.J.Mitchel ein von ihnen überprüftes Odor-Wort-Profil vor (vgl. Gregson/Mitchel). Auch in Tageszeitungen und Zeitschriften finden sich mehr und mehr Hinweise für wach-

sendes Interesse an natürlichen Düften. Für ein regelrechtes Training benötigt man eigentlich nur drei Dinge: Natur, Zeit und ein kleines Pflanzenlexikon, in dem nicht nur die Bilder und Namen der Pflanzen, sondern auch ihre Duftbeschaffenheit erwähnt sind. So verbindet sich, was man sehen und riechen kann, mit den treffenden Duftbezeichnungen auf einfachste und natürliche Weise.

Die Steigerung der Gedächtnisleistung durch Dufteinflüsse wird schon 1931 erwähnt. J.D.Frank und E.J.Ludvigh bewiesen in einem Experiment sogar eine retroaktive Duftwirkung beim Lernprozeß. Nonsenssilbenpaare wurden besser eingeprägt, wenn sich die VPs nach dem Lernvorgang mit angenehmen Düften befassen durften, schlechter eingeprägt, wenn sie sich mit unangenehmen befassen mußten (vgl. Frank/Ludvigh). Man hat auch die aktivierende Wirkung von Parfums überprüft und ist mit 32 Nichtrauchern zu dem Ergebnis gekommen, daß aus einer Wortliste mehr Wörter erinnert werden, wenn Lernen und Erinnern vom gleichen Geruchsstimulus begleitet werden (vgl. Eich).

Geruchseinflüsse bestimmter Art vermögen verschüttete und total vergessene Erlebnisse wieder ins Bewußtsein zu heben. So wird von zwei Kriegsveteranen berichtet, die an posttraumatischen Streßzuständen (stress disorder) litten. Bei ihnen verhalfen Geruchsstimuli zu blitzartigen Erinnerungen total vergessener Erfahrungen. Neben bekannten zufälligen oder induzierten Erinnerungshilfen wie Hypnose, kontextbedingten Schlüsselerlebnissen, Stimmungskongruenz und anderem messen die Autoren dem Geruchssinn wegen seines speziellen Charakters der Allgegenwart bei der Entwirrung von "Erinnerungsknoten" eine besondere Bedeutung zu (vgl. Kline/Rausch).

Daß Gerüche auch ganz beiläufig induzierte verbale Stimuli wesentlich zu verstärken vermögen, bestätigt das Ergebnis der nachfolgend erwähnten Untersuchung.
Eine Gruppe von Studenten, die stimuliert wurde durch das Wort "Käse" und durch einen Käseduft, wurde verglichen mit Gruppen, die a) den Stimulus ohne Duft empfingen, b) den Duft ohne Stimulus und c) weder Duft noch Stimulus. Allen Gruppen wurden 12 Assoziationen zum Wort und/oder zum Duft von Käse gezeigt, und zwar gleichzeitig mit 12 bezugslosen Wörtern, die unterschiedlich oft benutzt werden, und alle Gruppen wurden gebeten, die Worte zu erkennen und zu wiederholen. Die Gruppe, die beidem, dem Stimulus und dem Duft ausgesetzt war, erinnerte und erkannte signifikant deutlicher mehr Käse- und Duftassoziationen als die anderen Gruppen. Die Autoren schlossen daraus, daß der Stimulus und der Duft, zusammen präsentiert, relevante Verhaltens-Schemata aktivierten, aus denen ein meßbarer Verhaltenseffekt resultierte (vgl. Gadlin/Fiss).

Nicht unerwähnt bleiben soll der Aufruf einer amerikanischen Lehrerin, der die Pädagogik dazu ermuntern soll, bei der Sinnesschulung auch den Geruchssinn zu berücksichtigen. Die Verfasserin, die sich über das fast völlige Fehlen von Hinweisen für den Geruchsbereich in der Ausbildung von Krankenschwestern beklagt, nennt den Grund, der sie zu ihrem Artikel und zur künftigen Beschäftigung mit dieser Sinnesmodalität mit dem Ziel der olfaktorischen Lernaktivierung bei der Ausbildung von Pflegern und Schwestern veranlaßt hat: "Als ich einen Katalog für Leute, die alles haben, durchsah, bemerkte ich als Geschenkidee einen Aroma-Disk-Spieler, der den Duft von Blüten, Gewürzen, Wald, Wiesenkräutern und anderer Duftlieferanten zerstäubt und an die Luft abgibt". Neben der kosmetischen Industrie und der Werbung ist nun auch die Spielwarenindustrie auf den Geruch gekommen. Die Verfasserin kleidet ihre Zielvorstellung vorsichtig in eine Fragestellung, die präzise formuliert lauten müßte: Warum ist die Pädagogik noch nicht auf den Geruch gekommen (vgl. Cooper)?

Einem Pressebericht von W.Asche zufolge gibt es in allerjüngster Zeit auch wissenschaftliche Untersuchungen zum Thema, die von der Parfumindustrie finanziert werden. Dabei hat sich bislang herausgestellt, daß Düfte nicht nur rein emotionale Wirkungen haben, sondern im Sinne etwa des neurolinguistischen Programmierens sog. Ankerreize setzen (vgl. Wippich, S. 227 ff.), die zur signifikanten Verbesserung von Gedächtnisleistungen führen (vgl. Asche, S. 9). Das heißt im Grunde nichts anderes, als daß ein Duft mit Erlebnissen anderer Wahrnehmungsbereiche oder mit innerseelischen Vorgängen assoziiert und ihnen "bei passender Gelegenheit" zum "Erinnerungsdurchbruch" verhilft, was nicht unbedingt voraussetzt, daß dieser Duft zu diesem Zeitpunkt real präsent sein muß; es genügt die rein subjektive Empfindung einer Erlebnisübereinstimmung, gleichgültig von welcher Sinnesmodalität sie ausgelöst ist. Erkenntnisse solcher Art legen nahe, daß die Pädagogik, falls sie den Geruchssinn in ihre Planungen mit einbezieht, auch individuelle Maßnahmen einkalkuliert.

11. GERUCHSEINFLÜSSE IM KOGNITIVEN BEREICH

11.1 Begründung und Auswahl der Düfte

Keinesfalls stand zu Beginn dieser Arbeit fest, daß sich Geruchseinflüsse auch im kognitiven Bereich würden nachweisen lassen. Zwar konnte im Kapitel über die Geruchsprüfung auf einige Untersuchungsergebnisse hingewiesen werden, die auf verbesserte Gedächtnisleistungen infolge Dufteinwirkung schließen lassen. Doch stellt sich bei den erwähnten Experimenten immer wieder die Frage, ob die Leistungssteigerung primärer oder sekundärer Natur ist. Mit anderen Worten: beeinflußt ein Duft eine Lern- und Gedächtnisleistung direkt oder nur indirekt, indem er zuerst die emotionale Befindlichkeit optimiert, wodurch dann die Lernlust und Lernfähigkeit aktiviert werden? Diese Frage ist für jedes Experiment mit mehreren VPs von größter Bedeutung, da der emotionale Einfluß von Düften von Mensch zu Mensch verschieden ist und nie so recht auszumachen ist, ob ein Duft ankommt oder nicht.

Gehen wir das Problem zunächst von dieser Seite her an. Wie erinnerlich, besteht eine enge Verbindung der Riechbahn mit dem limbischen System, das "Funktionszentrale" für Emotionen und Gedächtnis ist. Es ist also durchaus davon auszugehen, daß ein als angenehm empfundener Duft die Stimmung augenblicklich hebt, was einen verstärkenden Einfluß auf Lernen und Gedächtnis zur Folge haben kann. Es ist auch denkbar, daß ein solcher Duft frühere Erfolgserlebnisse wieder präsent macht, die sich mit einem ähnlichen oder dem gleichen Duft verbunden hatten, wodurch die Momentanbefindlichkeit einen Aufschwung erfährt, der zur Leistungssteigerung führt. In jedem Falle aber muß es sich um einen Duft handeln, der auf einen Menschen positiv stimulierend wirkt. Die Zusammenstellung einer Experimentiergruppe setzt also Vorversuche voraus, in denen abgeklärt wird, welche Personen einen bestimmten Duft als angenehm, anregend usw. empfinden. Wer darauf angewiesen ist, mit relativ kleinen Experimentiergruppen zu arbeiten, wird daher Düfte von "unbestimmter" Wirkung von vornherein ausklammern und nur solche ins Experiment einbeziehen, die üblicherweise als angenehm gelten. Mit Fehlgriffen muß er rechnen, da nicht einmal Rosenduft von jedermann als ausschließlich angenehm empfunden wird. Wer mit Kindern experimentiert, sollte zumindest eingangs mit Düften arbeiten, die nicht unbekannt sind, von denen die Kinder merken sollten, daß sie ihnen in vertrauten Situationen schon begegnet sind. Dies war der Grund, für die Experimentiergruppen bekannte Düfte wie die des Eukalyptusöls, Zitronenöls und Pfefferminzöls an den Anfang zu setzen. Der Duft dieser ätherischen Öle wie auch derjenigen der nachfolgenden Übersicht sollte folgende Bedingungen erfüllen:

- Der Duft muß den Kindern vertraut und angenehm sein. Sollte sich schon während eines Experiments zeigen, daß ein Duft schon in emotionaler Hinsicht eine negative bzw. keine positive Wirkung hat, sollte er für die entsprechende VP abgesetzt werden, da eine positiv-kognitive Beeinflussung dann kaum zu erwarten ist.
- Nach Möglichkeit sollten einfache Duftstoffe eingesetzt werden, was nicht ausschließt, daß zwei oder drei sehr charakteristische Duftstoffe in Mischungsverhältnissen exponiert werden, die den angenehmen Grundton eines Stoffes verstärken.
- Die Duftbeschaffenheit sollte von mentalbelebender Wirkung sein.

Mit der zuletzt genannten Anforderung wäre dann auch eine direkte Beeinflussung des kognitiven Bereichs angedeutet, deren Nachweis von erheblicher Bedeutung wäre.

Es folgt eine Zusammenstellung jener ätherischen Öle, denen eine belebende Wirkung nachgesagt wird und aus denen von Fall zu Fall eine Auswahl zu treffen ist.

ÄTHERISCHE ÖLE

In der Übersicht werden ätherische Öle aufgeführt, denen gemäß Duftnotencharakteristiken eine mentalbelebende Wirkung zugeschrieben wird. Für die Auswahl war relevant, ob eine oder mehrere der nachfolgend genannten Kennzeichnungen in der Duftnotenbeurteilung eine herausragende Rolle spielen. Öle mit betäubender und narkotischer Duftwirkung wurden ausgeklammert. Als Grundlage für die Duftbeschreibungen diente das H & R-Lexikon "Duftbausteine".

balsamisch	lebhaft
frisch	mentholartig
fruchtig	orangeartig
leicht kampfrig	pfefferminzartig
kraftvoll	rosenartig
kräuterartig	veilchenartig
lavendelartig	weihrauchartig

Duftölbausteine	Duftnoten
Aldehyd C12 MNA	Trockener, leicht fruchtiger, ambra- und weihrauchartiger Duft mit blumig wachsigen Akzenten (ebd., S. 32)
Benzoe Resinoid	
- Siam	Schokoladig-süß-balsamischer Duft von großer Haftfestigkeit
- Sumatra	Warmer, pudriger, süßer, balsamischer Duft (S. 38)
Bergamott	Klarer, frischer, lebhafter, wenig fruchtig-süßer Duft von großer Originalität (S. 40)
Buccoblätter	Starker, frischer, pfefferminzartiger, kampfriger, an schwarze Johannisbeere erinnernder Duft (S. 43)
Eukalyptusöl (globulus)	Starker, typischer Duft mit ausgeprägter Kampfernote (S. 72)
Geranium	
- Réunion	Voller, laubartiger, rosiger Duft mit minzig-fruchtigen Untertönen
- Nordafrika	leichter, nicht ganz so minzig, aber mit starker Rosennote (S. 75)
Iris	Ölig-waldiger, veilchenartiger Duft mit süßen, fruchtig-blumigen Nuancen, die aber auch in den warm-holzigen Bereich hineinreichen (S. 110)

Jasmin	Starker, honigartig-süßer, intensiver, blumiger Duft mit fruchtig-kräuterartigen Untertönen (S. 88)
Krauseminze	Typisch grüner, kräuterartiger, warmer Duft (S. 125)
Lavendel	Typischer, süß-balsamischer, kräuterartiger Duft mit blumig-waldigen Unterlagen (S. 90)
Mandarine	Strahlender, frischer, typischer Duft, leicht süß (S. 95)
Melisse	angenehmer, zarter Zitronenduft (Vf.)
Olibanum	Balsamisch-würziger, leicht zitroniger, typischer Weihrauchduft, dabei kienig und etwas coniferig (S. 107)
Orangen	bitter: Typischer Orangenduft, hell, frisch, kulinarisch, aber herb süß: Typischer Orangenduft, hell, klar, frisch, mit fruchtiger Süße (S. 109)
Patchouli	Starker, holziger, balsamisch-süßer Duft. Etwas krautig, waldig-erdig von unverwechselbarer Originalität (S. 113)

Pfefferminz	
- Arvensis	Minzig-frischer, leicht süßer, kräuterartiger Duft von hoher Ausgiebigkeit
- Piperita	Minzig-frischer, grasartiger Duft mit balsamisch-süßen Untertönen (S. 114 f.)
Rose	Voller Rosenduft mit würzig-honigartigen Nuancen (S. 121)
Rosmarin	Kräftiger, waldig-kräuterartiger, an Lavendel erinnernder Duft mit leichtem Kampfereinschlag (S. 121)
Wacholderbeeren	Kraftvoller, grün-krautiger Naturduft mit leichtem Fichtennadeleinschlag, typischer Gin-Duft (S. 88)
Ysopöl	Süßer, würziger, kampfriger Duft mit holzig-warmem Hintergrund (S. 84)
Zimtrinde	Starker, warmer, würzig-süßer Duft mit allen Merkmalen des Zimtduftes (S. 54 f.)
Zitrone	Frischer, strahlender, typischer Zitronenduft. Ein Klassiker unter den ätherischen Ölen (S. 90)

Wenn davon auszugehen ist, daß Düfte ihre stärkste Wirkung in Richtung Lernen und Speichern via Assoziation entfalten, erscheint es zweckmäßig, bei Versuchsanordnungen Gesetzmäßigkeiten zu beachten, die Henning zusammengestellt hat.

- Gegenstandsgerüche gehen leichter assoziative Verknüpfungen ein als Gegebenheitsgerüche.
- Simultane Darbietung ist der sukzessiven überlegen.
- Gesamtsituationen (Kontext) führen eher zu Assoziationen als Einzelinhalte.
- Optische Erlebnisse führen häufiger zu Assoziationen als akustische.
- Sinnvolle Kombinationen haben Vorteile vor sinnlosen,
- wirklichkeitsnahe Verhältnisse vor abstrakten.
- Doch: geruchliche Ersatzvorstellungen assoziieren besser mit abstrakten Vorstellungen, anschauliche Geruchsbilder besser mit konkreten Situationen.
- Gerüche verbinden sich leichter mit Gefühlen und Stimmungen als Wahrnehmungen anderer Art mit adäquaten Vorstellungen.
- Die Assoziationsstärke hängt bei Gegenstandsgerüchen nicht vom Einprägungswillen ab; bei der Verknüpfung von Gegebenheitsgerüchen mit abstraktem Material jedoch verringert der Einprägungswille die Wiederholungsziffer (vgl. Henning, S. 299).

11.2 Hypothesen

Was in der Kurzabhandlung über den Naturphilosophen J. Schwertschlager schon angedeutet ist, soll hier noch einmal präzisiert werden.

- Gleichzeitig und unbewußt mit anderen Sinneseindrücken oder komplexen Situationen "registrierte" Geruchseindrücke assoziieren mit jenen und verstärken die Reproduktion unter denselben oder ähnlichen geruchsatmosphärischen Bedingungen.

- Gleichzeitig und unbewußt mit anderen Sinneseindrücken "registrierte" Geruchseindrücke verstärken die Lern- und Speicherfunktion überhaupt; es bedarf für die Reproduktion (Kurz- und Langzeitspeicher) nicht der Wiederherstellung der Geruchsatmosphäre, die den Lernvorgang begleitet hat.
- Gleichzeitig und unbewußt mit anderen Sinneseindrücken "registrierte" Geruchsempfindungen (z.B. durch Schnüffeln) maximieren die Lern- und Speicherkapazität, wenn zusätzlich eine verbale Induzierung erfolgt.

Die Hypothesen verlangen eine Versuchsanordnung, die folgende Aspekte berücksichtigt:

- Es müssen Lern- und Gedächtnisaufgaben unter normalen und unter besonderen geruchsatmosphärischen Bedingungen bewältigt werden, um die Ergebnisse miteinander vergleichen zu können.
- Lern- und Gedächtnisaufgaben, die unter gezielten Dufteinflüssen bewältigt werden, müssen in der Reproduktion unter normaler und unter der ursprünglichen Geruchsatmosphäre bewältigt werden. Eine Verbesserung der Reproduktionsergebnisse unter normalen Geruchsbedingungen ließe den Schluß zu, daß der Geruchseinfluß schon beim ersten Lernversuch die Speicherfunktion gesteigert hat. Eine Verbesserung der Reproduktionsergebnisse nur bei Wiederherstellung der ursprünglichen gezielten Geruchsbeeinflussung würde lediglich auf einen Assoziationseffekt hinweisen.
- Ebenso müssen Lern- und Gedächtnisaufgaben, die unter gezielten Dufteinflüssen und gleichzeitiger verbaler Induzierung gelingen, in der Reproduktion unter normaler und der ursprünglichen besonderen geruchsatmosphärischen Bedingung

bewältigt werden. Hierbei kommt es darauf an festzustellen, ob die zusätzliche verbale Induzierung das Einprägungsvermögen zu stärken vermag, was dann zu einem zusätzlichen Lerneffekt führen sollte.

11.3 Versuchsbeschreibung

11.3.1 Die äußeren Bedingungen

Der Versuch wurde in der Grundschule einer Vorstadtgemeinde durchgeführt. Das Leistungsniveau der Schüler liegt über dem Durchschnitt, ebenso der Prozentsatz der Schüler, die nach Verlassen der Grundschule eine höhere Schule besuchen und dort erfolgreich bestehen. Die Zusammenarbeit von Schulleitung und Lehrern mit den Eltern ist vorbildlich, das Vertrauensverhältnis der Kinder zu Lehrern und Schulleiter ist entsprechend positiv ausgeprägt.

Die Eltern wurden über die Versuchsdurchführung rechtzeitig informiert; mehr als zwei Drittel der Elternschaft erklärten sich schriftlich bereit, ihre Kinder an dem "Lernversuch" teilnehmen zu lassen.

Die Kinder zeigten sich bei den Einzelversuchen äußerst interessiert, stellten Fragen und gaben oft unaufgefordert Auskünfte über ihre Beziehungen zu den jeweiligen Lernvorgängen, die nicht selten den Ehrgeiz erkennen ließen, die Aufgaben optimal zu bewältigen.

Das Engagement des Schulleiters und der Lehrer war deutlich zu erkennen, auch wenn von seiten der Versuchsleitung Wert darauf gelegt wurde, weder den Unterrichtsbetrieb zu stören noch einen Lehrer mit zusätzlichen Aufgaben zu belasten. Der "Abholdienst" aus den Klassen zu den Versuchsräumen funktionierte fast lautlos.

Der Versuch wurde in zwei nebeneinanderliegenden Räumen, dem Arztzimmer und dem Elternsprechzimmer, durchgeführt. Der Versuchsleiter hatte es jeweils nur mit einem Kind zu tun, das sich in vollem Ausmaß auf seine Aufgaben konzentrieren konnte.

Ein Problem stellte die Art der Raumbeduftung dar; die Räume sind verschieden groß, das Arztzimmer etwa 30 m^2, das Elternsprechzimmer 20 m^2. Im ersten Durchgang, bei dem die Beduftung über Heizelemente mit Duftplättchen trocken erfolgte, mußte darauf geachtet werden, daß die Plättchen rechtzeitig mit Duftöl nachgeladen wurden. Im zweiten Durchgang, bei dem mittels Wasserdampf beduftet wurde, gestaltete sich das "Nachladen" einfacher; eine kleine Schwierigkeit ergab sich beim Temperieren des Wassers mittels Kochplatte. Zu heißes Wasser gibt den Düften der benutzten ätherischen Öle einen etwas stechenden Charakter; eine mittlere Temperatur, bei der der entweichende Dampf kaum noch zu sehen ist, gewährt eine charakteristische Duftentfaltung; eine zu schwache Temperatur verwischt den Eindruck hin zum Terpentinischen; dasselbe war übrigens auch bei der Trockenverduftung von Eukalyptusöl festzustellen, sobald die Heizelemente abgeschaltet waren. Schon während des ersten Durchganges erwies es sich als zweckmäßig, das größere Arztzimmer für die Versuche und Reproduktionen ohne Duftstoffe, das leichter zu beduftende Elternsprechzimmer für Versuche und Reproduktionen mit Duftstoffen vorzusehen. Eine Mitarbeiterin arbeitete im duftneutralen Arztzimmer, der Versuchsleiter im bedufteten Elternsprechzimmer.

Der Besuch der Witwe von Dr. H. Karsten in Remagen-Kripp war schließlich Anlaß, für die Duftentfaltung auch einen individuellen Weg zu gehen. Im ehemaligen Sanatorium - es mußte inzwischen einem anderen Zweckbau weichen - ließ man die Patienten den Duft einatmen, der aus abdeckbaren Glasschälchen aufstieg, in denen ein mit ätherischen Ölen getränkter Wattebausch lag. Die Öle waren rein zufällig von der gleichen Herkunft wie die in unserem Schulversuch verwendeten. Doch mußten für den Reihenversuch besser abdichtende Gefäße gefunden werden, weil diese erstens individuell angefertigten Exponaten gerecht werden und zweitens möglichst schnell wieder verschlossen werden sollten, um nicht zu viele Duftpartikel in den Raum abzugeben. Jedes Kind erhielt einen Duftstoff, den es sich zuvor in einer Riechprobe selbst ausgesucht hatte. Aus neunzehn relativ einfachen Düften, bestehend aus vier Grunddüften und fünfzehn Kombinaten derselben Stoffe wurden sieben als charakteristisch ausgewählt und den Kindern auf Löschblattstreifen dargeboten. 77 Kinder ließen durch ihre Wahl erkennen, daß sie fünf Duftrichtungen bevorzugten:

- Zitronenöl Messina 4/914960
- Iridon alpha 3/943570
- Kombinat aus Pfefferminzöl Arvensis und Zitronenöl
- Kombinat aus Zitronenöl und Iridon alpha
- Kombinat aus Pfefferminz-, Zitronenöl und Iridon alpha (Iridon alpha s.o. ist ein chemisches Ersatzprodukt, das im Duft vom Original, dem zu teuren Iriswurzelöl, kaum zu unterscheiden ist)

Die Kombinate ließen die Grunddüfte nach Pfefferminz, Zitrone und Iris zu jeder Zeit exakt erkennen (herausriechen).

11.3.2 Die Lernaufgaben

Im Elternbrief und auch im Genehmigungsantrag an die Schulbehörde war zugesichert worden, daß der Unterrichtsausfall für die am Versuch beteiligten Kinder so gering wie möglich gehalten würde. Eine Einzeluntersuchung sollte den Zeitraum von fünfzehn Minuten nicht überschreiten. Die Anzahl der Einzeluntersuchungen wurde mit maximal sieben angegeben. Das legte eine inhaltliche und zeitliche Beschränkung für die auszuwählenden Aufgaben nahe. Einprägen und Speichern sollten die Untersuchungskriterien sein. Ausgewählt für das Einprägen wurden zwei Untertests aus dem HAWIK-R (1983), der "Zahlen-Symboltest" und das "Zahlen-Nachsprechen".

Beim "Zahlen-Symboltest" geht es darum, in einer vorgegebenen Zeit (zwei Minuten) zu den Ziffern 1 - 9 möglichst viele, den einzelnen Ziffern zugedachte, Symbole zu finden und zuzuordnen. Für Kinder, die das achte Lebensjahr noch nicht vollendet haben, sind die Ziffern durch große Symbole ersetzt, denen zugedachte kleine Symbole "einzuverleiben" sind. Was die Kinder dabei beweisen sollen, ist, ob und wie schnell sie in der Lage sind, die Assoziationen zu bewerkstelligen, und ob es ihnen gelingt, diese Assoziationsarbeit möglichst rasch zu mechanisieren. Wer sich die Assoziationspartner als solche schnell einprägt, schneidet dabei wegen der erwähnten zeitlichen Komponente besser ab, weil er auf dem Papier mehr Partner zueinander bringt als der, welcher immer wieder zur Ausgangssituation zurückblicken muß, weil ihm das Einprägen der Partner nicht oder noch nicht vollständig gelingt. Der Test wird von manchen Kritikern für recht störungsanfällig gehalten; schließlich spielen gewichtige Aspekte wie Leistungsfähigkeit, Leistungsbereitschaft, Tagesform usw. eine Rolle. Doch welcher Test wäre völlig frei von solchen Imponderabilien!

Die Testleistung ist demnach ein kurzfristiges Einprägen der Assoziationspartner.

Beim "Zahlen-Nachsprechen" sind zwei bis sieben einstellige Zahlen, die der Versuchsleiter vorspricht, vom Probanden im ersten Durchlauf in der vorgesprochenen Reihenfolge, im zweiten von hinten angefangen zu wiederholen. Die Testleistung besteht also im kurzfristigen Einprägen und Wiedergeben einer bestimmten Zahlenabfolge. Auch gegen diesen Untertest hat es von Anfang an viele Einwände gegeben. Immer wieder wird behauptet, daß ängstliche Kinder dabei schlechter abschneiden als in den übrigen Untertests; sie würden sich entweder an den zuerst oder an den zuletzt vorgesprochenen Zahlen festklammern. Es handele sich demnach um eine Art Angsttest. Nach den Erfahrungen mit diesem Test in der ersten Stichprobe (32 Pb) ergab sich ein Mittelwert von 8,4 Wertpunkten, beim Zahlen-Symboltest waren es 11, wohlgemerkt im unbedufteten Raum. Dieser Leistungsabfall im "Zahlen-Nachsprechen" läßt sich nicht einfach als Angsteffekt erklären. Nur zwei von 32 Kindern erreichten mehr als zehn Wertpunkte (11 und 13), nur vier weitere von den 32 Kindern schafften die Durchschnittsleistung (10), alle übrigen blieben darunter. Hier sagt man sich: mit dem Test stimmt etwas nicht oder nicht mehr. Entweder ziehen die neuen Bewertungstabellen (seit 1983) zu scharf an, oder der Test überfordert Kinder dieses Alters von Anfang an.

Wir entschlossen uns, das Wiedergeben einer Serie als Aufgabe beizubehalten, ersetzten jedoch die Zahlen durch ein-/zweisilbige Substantive, die für die Kinder sinnerfüllte Begriffe darstellten. Aus dem "Zahlen-Nachsprechen" wurde also ein "Wörter-Nachsprechen". Das Ergebnis (40/Pb) war dasselbe! Wenn der Test zunächst als Versuchsaufgabe beibehalten wurde, steckte dahinter die Hoffnung, daß irgendein Dufteinfluß die "Blockade" auflösen würde ("Zahlen-Nachsprechen" spielt im HAWIK die Rolle eines Zusatztestes; vielleicht sollte man ihn ganz herausnehmen).

Die dritte Aufgabe zielte sowohl aufs Einprägen als auch aufs Behalten. Wir waren lange unschlüssig, welchen Test wir aus den gängigen Gedächtnistests auswählen sollten. Wir wählten keinen, weil das zeitliche Limit (fünfzehn Minuten pro Versuchstag) eine sehr knappe Lern- und Reproduktionszeit fordert. Unsere Aufgabe hieß dann "Sachen im Sack". Kinder durften sich Sachen ausdenken und sie symbolisch in einen tatsächlich vorhandenen Sack stecken. Die Anzahl der versteckten Sachen betrug für Kinder der 1. Klasse sechs, der 2. Klasse acht, der 3. Klasse zehn und der vierten Klasse zwölf. Es hat sich gezeigt, daß diese Leistungsanforderung dem Speichervermögen der Altersgruppen voll entsprach. Um die Altersgruppen untereinander vergleichen zu können, wurde der Quotient aus der Zahl der später wieder "hervorgeholten Sachen" und der Gesamtanzahl der "versteckten Sachen" als Ergebnis notiert. Das "Verstecken" lag jeweils vor den Untertests "Zahlen-Symboltest" und "Zahlen-Nachsprechen", das erstmalige "Wiederhervorholen" direkt danach. Die höchste zu erreichende Punktzahl war zehn. Nur vier Kinder erreichten diesen Wert. Der Mittelwert von 32 Pb lag bei 8,25; dieses Ergebnis muß als Bewertung der Fähigkeit, eine Anzahl von Begriffen für sieben bis zehn Minuten trotz Ablenkung zu speichern, als sehr hoch bezeichnet werden. Genau nach einer Woche betrug der Mittelwert immer noch 6,5.

Um Übungs- bzw. Wiederholungseffekte auszuschließen, wurden in den weiteren "Sitzungen" Änderungen der "Testbedingungen" vorgenommen.

- Beim "Zahlen-Symboltest" wurden die Assoziationspaarlinge ausgetauscht.
- Das "Zahlen-Nachsprechen" bzw. "Wörter-Nachsprechen" erwies sich als nicht übbar und wurde in der Originalform beibehalten.
- Die "Sachen im Sack" durften nicht mehr frei ausgedacht werden, sondern mußten einem bestimmten Umweltthema entsprechen, z.B. Wald oder Kaufhaus. In der zweiten Stichprobe (40 Pb) wurde die Aufgabe ersetzt, da die Trefferquoten in den Wiederholungen zu hoch lagen, die Aufgabe wohl wegen der Freizügigkeit in der Wahl der Sachen zu leicht war. Als Ersatz wurde die folgend beschriebene Aufgabe gewählt. Von einem Stoß Bilder hoben die Kinder eine bestimmte Anzahl ab, legten sie vor sich und benannten sie; hierauf wurden die ausgelegten Bilder von den Kindern wieder eingesammelt mit gleichzeitiger Anweisung, sie auf einen Stoß aufeinanderzulegen und jedes Bild dabei noch einmal genau anzuschauen. Je nach Altersgruppe war wie bei "Sachen im Sack" eine angemessene Anzahl von Namen zu merken. Die Siebenjährigen hatten die Namen von sieben Bildern, die Achtjährigen die von neun, die Neunjährigen die von zehn und die Zehnjährigen die von zwölf einzuprägen und zu speichern. Die Anzahl der Merkeinheiten war nicht willkürlich festgelegt, sondern ergab sich nach einer vorausgegangenen Überprüfung der durchschnittlichen Merkfähigkeit der Altersgruppen ohne Zeitintervall zwischen Einprägen und Reproduzieren. Die Ergebnisse bei normaler Geruchsatmosphäre lagen erwartungsgemäß unter denen von "Sachen im Sack". Kurzzeitig wurden im Mittel 6,9, langzeitig 5,3 Namen gespeichert, gegenüber 8,25 und 6,5 bei "Sachen im Sack". Die Errechnung der Mittelwerte erfolgte wie bei "Sachen im Sack" durch Addition vergleichbarer

Quotienten und Teilung der Gesamtsumme durch die Anzahl der Pb.

Im letzten Durchlauf, bei dem 77 Pb beteiligt waren, wurde auf die Untertests des HAWIK verzichtet, das Speichern der Namen von Bildern ersetzt durch Speichern von einsilbigen Hauptwörtern, die Anzahl der zu speichernden Wörter, die in Druckbuchstaben (Gemischtantiqua) in Blöcken zu sieben, neun, zehn und zwölf Wörtern vorgelegt wurden, sollte der Anzahl der Bilder entsprechen, eine Variation der Blöcke in je drei Serien gegenseitige Absprache vor dem zweiten Reproduktionstermin verhindern. Speicherkontrolle sollte sowohl im unmittelbaren Anschluß an den Lernprozeß als auch nach vierzehn Tagen erfolgen.

Ein Beispiel eines solchen Wortblockes für die Kinder der ersten Klasse:

Serie A			Serie B			Serie C	
Feld	Hand	Wort	Kind	Tor	Mond	Brei	Wurst
Dieb	Ort		Zopf	Herz		Reh	Baum
Obst	Mut		Stadt	Knopf		Loch	Hund

In diesem Durchgang sind also nicht Bilder und die dazugehörigen Namen, sondern Wortbilder und Wortklangbilder sowohl unter Dufteinwirkung als auch bei normaler Geruchsatmosphäre einzuprägen. Beim ersten Lernversuch erhalten die Kinder den von ihnen ausgewählten Duft aus einer sofort wieder verschließbaren Seifendose, in die ein mit dem Duftstoff präpariertes Löschblatt eingelegt ist. Nach der Anweisung, den Duft kräftig einzuatmen und die Duftschale während des Lernversuchs vor die Nase zu halten, wird ihnen ein Wortblock vorgelegt mit der Aufforderung, gleichzeitig den Duft einzuatmen und die Wörter zu lesen. Die nähere Beschäftigung mit den dahinter stehenden Begriffen und eine dadurch verstärkte Einprägungshilfe geht dann vom Versuchsleiter aus.

Die 77 Kinder waren bislang in zwei Gruppen geteilt; es erschien zweckmäßig, diese Gruppierung beizubehalten. So sollte es möglich werden, den Einfluß lernverstärkender Variablen zu überprüfen. Die erste Gruppe, ursprünglich 32, nunmehr 37 Kinder, erhält eine geringere verbale Verstärkung und damit verbunden auch eine kürzere Zeit der Duftbeeinflussung (Gruppe I). Die verbale Verstärkung sollte darin bestehen, daß der Versuchsleiter die Wörter selbst noch einmal vorliest, auf den Standort der Wörter im Wortblock hinweist und sich davon überzeugt, daß die Kinder die mehr abstrakten Wörter wie Ort, Wort und Mut verstanden haben. Unsicherheit beim erstmaligen Lesen durch die Kinder der ersten und zweiten Klasse läßt die Notwendigkeit eines solchen Vorgehens erkennen.

Für die zweite Gruppe (II), 40 Kinder, wird eine zusätzliche verbale Hilfe, die eine längere Zeit der Duftbeeinflussung ermöglicht, vorgesehen. Der Versuchsleiter hat die Kinder zu besonderen Erklärungen bzw. Umschreibungen der einzelnen Begriffe zu veranlassen. Statt die Wörter selbst noch einmal vorzulesen, erzählt er eine Geschichte (kindgemäßer Kontext!), in die alle Wörter eines Blockes ein- oder mehrere Male eingebunden sind. Es ist darauf zu achten, daß für jeden Wortblock derselbe Kontext hergestellt wird, z.B. in der Serie A des Siebenerblockes: Der Bauer fährt aus dem (zeigt auf das Wort Ort, Kind liest) -Ort aufs -Feld. Er will -Obst holen. Wenn er auf einen hohen -Baum steigt, braucht er -Mut. Da sieht er einen -Dieb. Der will -Obst stehlen. Der Bauer packt den -Dieb bei der -Hand und führt ihn zurück in den -Ort. Der -Dieb sagt kein -Wort. Der Zeitaufwand pro Kind ist etwas größer als bei Gruppe I.

Für den Lern- und Assoziationsprozeß ist damit eine Reihe von Bedingungen erfüllt, wie sie Henning (1924!) zusammengestellt hat (vgl. Henning, S. 299).

- Die Darbietung von Lerninhalt und Geruch erfolgt simultan.
- Einzelinhalte werden in einen Kontext eingebunden.
- Neben die akustischen Eindrücke treten optische als Verstärkung.
- Die Wortkombinationen ergeben einen Sinn.
- Es handelt sich um wirklichkeitsnahe Situationen.
- Die Düfte können sich mit Gefühlen und Stimmungen verbinden oder/und - da es sich um selbst gewählte Düfte handelt - positive Gefühle und Stimmungen erzeugen.
- Der Assoziationserfolg ist weniger vom Einprägungswillen als vom begleitenden Gefühl abhängig.

Die Erfolgskontrolle ist bei beiden Gruppen jeweils sofort und unter Dufteinfluß, vierzehn Tage später zuerst ohne (Arztzimmer; Mitarbeiterin), unmittelbar danach unter Dufteinfluß (Elternsprechzimmer; Versuchsleiter) durchzuführen. Direkt im Anschluß an die erste Erfolgskontrolle werden den Kindern die Wörter, die sie nicht erinnert haben, nochmals und unter Dufteinfluß genannt, damit sie für längere Zeit gespeichert werden können. Auch bei dem nachfolgenden Speicherungsversuch ohne Dufteinfluß (Kontrolldurchgang) werden

- der 37er Gruppe im Anschluß an das Lesen durch die Kinder die Wörter noch einmal und unter Hinweis auf die Stellung im Wortblock vom Versuchsleiter vorgelesen,
- bei der 40er Gruppe die Wörter - wie beschrieben - in einen Kontext eingebunden,
- und es wird jede unvollständige Reproduktion vom Versuchsleiter sofort ergänzt.

Die Überprüfung der langzeitgespeicherten Wörter hat dann nach vierzehn Tagen und selbstverständlich ohne Dufteinfluß zu erfolgen.

Der Einwand, daß zwischen Aufnahme und Ausgabe eine zu große Zeitspanne eingeplant wird, ist durchaus berechtigt. Doch müssen Versuchstermine während der Unterrichtszeit in Einklang mit den schulorganisatorischen Vorhaben gebracht werden, was in einer Zeit, in der fast wöchentlich mit außerordentlichen zeitlichen Beanspruchungen zu rechnen ist, nicht immer gelingen will. Schulträger und Schulleitungen sind verpflichtet, bei ihrer Planung das Alltagsgeschehen einzukalkulieren. Dieser Alltag ist recht hektisch geworden. Fast gewinnt man den Eindruck, es sei nur recht, daß auch die Schule sich flexibel auf diese Hektik einstellt, um die Kinder rechtzeitig darauf vorzubereiten. Doch sind auch nonkonformistische Gedanken berechtigt, wenn es um Erziehung und Bildung geht. Wollen wir diese Hektik als Regel festschreiben, oder wollen wir die Schule so leben lassen, daß sie imstande ist, Kinder zu Gewohnheiten zu führen, die diese Hektik überwinden?

Einem weiteren Einwand, der von seiten der Gedächtnispsychologie zu erwarten wäre, gilt es vorzubeugen. In diesem Abschnitt werden die Begriffe Langzeit- und Kurzzeitspeicher nicht in herkömmlicher Weise verwendet, wobei in der Regel als Langzeitgedächtnis bezeichnet wird, was ein älterer Mensch aus seiner Jugend zu berichten weiß, ohne daß er imstande wäre zu sagen, welchen Film er gestern gesehen, also im Kurzzeitgedächtnis noch zu speichern imstande ist. In der vorliegenden Untersuchung geht es um die Feststellung, welche Anteile bestimmter Lernaufgaben unter bestimmten Bedingungen kurzfristig, d.h. sofort nach der Konfrontation oder nur wenige Minuten danach, längerfristig, d.h. nach einer Woche, oder langfristig, d.h. nach vierzehn Tagen, reproduziert werden können. Die Analyse berücksichtigt demnach nur einen quantitativen Aspekt oder anders ausgedrückt die Fähigkeit von Kindern, über Assoziation, Figuration oder Kontext eine bestimmte Anzahl von Lernangeboten für kürzere oder längere Zeit abrufbar zu speichern, wobei erwartet wird, daß die Anzahl reproduzierbarer Fakten mit der Zeit immer geringer wird. Die Begriffe Kurzzeit- und Langzeitspeicher sind also als aus der Gedächtnispsychologie entliehene Arbeitsbegriffe zu verstehen.

11.3.3 Organisation - Durchführung - Ergebnisse

11.3.3.1 Gruppe der 32 bzw. 37

Der Lernversuch unter Dufteinwirkung begann am 12.03.1987. Für die erste Stichprobe wurden sechzehn Mädchen und sechzehn Jungen (aus siebenundsiebzig Grundschulkindern) ausgewählt. Auswahlkriterium war neben dem Geschlecht ein bestimmtes Schulleistungsniveau, das aus Gründen des Datenschutzes nicht gekennzeichnet wird. Der Lernversuch erstreckte sich über drei Lernaufgaben in der üblichen Testsituation: "Zahlen-Symboltest" und "Zahlen-Nachsprechen" aus dem HAWIK-R sowie die Speicheraufgabe "Sachen im Sack". Der zuerst verwendete Duftstoff war Eukalyptus, der mittels Heizelementen trocken im Raum verteilt wurde. Mit der Speicheraufgabe "Sachen im Sack" wurde die Einzeluntersuchung eingeleitet, die erste Speicherkontrolle nach Absolvierung der HAWIK-Untertests durchgeführt. Der Duft wurde nicht von allen Kindern sofort wahrgenommen, viele erkannten die besondere Atmosphäre erst, nachdem sie darauf aufmerksam gemacht wurden. Die drei Aufgaben machten den Kindern keine

Schwierigkeiten. Beim "Zahlen-Nachsprechen" gab es einige Hinweise für die Gedächtnispsychologie: Kinder, die sechs Zahlen vorwärts wiederholen konnten, schafften rückwärts nur drei, Kinder, die vier Zahlen vorwärts wiederholen konnten, schafften dies auch rückwärts. Ein Kind brachte es vorwärts auf vier, rückwärts auf sechs Aufzählungen. Seine eigene Erklärung: wenn ich von hinten (auf die Reihe) schaue, sehe ich die in der Mitte (Mittelglieder) besser. Im übrigen bestätigt sich eine schon seit Jahrzehnten festgestellte Erscheinung: wenn vorwärts fünf Zahlen nachgesprochen werden, gelingen bei sechs nurmehr die ersten oder letzten drei.

Beim zweiten Durchlauf wurde als Duftstoff Zitronenöl wieder mittels Heizelementen diffusioniert. Auch diesen Stoff erkannten viele Kinder nicht sofort. Beim "Zahlen-Symboltest" wurden die Assoziationspaarlinge vertauscht, die Aufgabe "Sachen im Sack" erschwert durch die Beschränkung der Sachen auf Dinge im Wald; im ersten Versuch durften sie ja frei gewählt werden. Der Versuch wurde jeweils mit der doppelten Kontrolle des Langzeitspeichers ("Sachen im Sack") eingeleitet, d.h. erst unter normaler Geruchsatmosphäre, dann unter den Bedingungen des "Lerntages" (eine Woche zuvor). Diese Handhabung wurde auch bei den folgenden Durchgängen beibehalten.

Der dritte Versuch galt der Kontrolle. Alle Aufgaben und Reproduktionen wurden unter normalen Geruchsbedingungen durchgeführt. "Sachen im Sack" erhielt das Thema Kaufhaus. Die Vergleiche der HAWIK-Untertestergebnisse ergaben keine interpretierbaren Unterschiede. Der Vergleich der Mittelwerte bei "Sachen im Sack" zeigt eine aufsteigende Tendenz beim Einsatz von Duftstoffen vor allem für den Langzeitspeicher.

Ohne Duftstoff gelernt und wiedergegeben	M = 6,47
Mit Eukalyptus gelernt und ohne Eukalyptus wiedergegeben	M = 7,7
Mit Eukalyptus gelernt und mit Eukalyptus wiedergegeben	M = 8,4
Mit Zitrone gelernt und ohne Zitrone wiedergegeben	M = 6,8
Mit Zitrone gelernt und mit Zitrone wiedergegeben	M = 8,0

Die Mittelwertsunterschiede erscheinen geringfügig. Doch erweisen sich die Testreihen, die unter Dufteinwirkung zustande gekommen sind, den Kontrollreihen, bei denen Duft keine Rolle spielte, signifikant überlegen.

Bei abhängigen Stichproben wurde zur Signifikanzfeststellung der Wilcoxon-Test, bei unabhängigen (Anhang II, 9, 12, 13) der T-Test verwendet.

Für die Reihen der Kurzzeitspeicherung erübrigte sich die Signifikanzprüfung, die vergleichbaren Werte zeigten hier kaum Unterschiede.

Die Reihen der Langzeitspeicherung (nach einer Woche), bei denen ein Vergleich sinnvoll erschien, seien folgendermaßen gekennzeichnet:

Reihe 0 = ohne Duft gelernt und ohne reproduziert
Reihe 1 = mit Duft gelernt und ohne reproduziert
Reihe 2 = mit Duft gelernt und mit reproduziert

Bei Eukalyptus-Einsatz (im Raum) kam es zu folgenden Ergebnissen:

Reihe 1 ist signifikant überlegen Reihe 0 in 3. und 4. Klassen
Reihe 2 ist signifikant überlegen Reihe 0 in 1. bis 4. Klassen
(Siehe Anhang II, 1 - 3)

Der Untersuchungstag für die Reproduktion unter Zitrone-Einfluß stand unter keinem guten Vorzeichen. Es fehlten fünf Kinder (Kl. eins und vier); die Grippewelle war über die Schule hereingebrochen, so daß die Riechleistungen auch der anwesenden Schüler nicht normal waren. Die Kinder aus den Klassen zwei und drei standen vollständig zur Verfügung. Wir fassen sie zu einer Gruppe zusammen und können feststellen:

Reihe 2 ist Reihe 0 signifikant überlegen
Reihe 2 ist Reihe 1 signifikant überlegen
(Siehe Anhang 4 und 5)

Als Ergebnis für die Verbesserung der Gedächtnisleistung bei Einsatz von trocken verduftetem Eukalyptus- und Zitronenöl kann festgehalten werden:
Sowohl Eukalyptusöl als auch Zitronenöl, beide über Heizelemente im Raum trocken verduftet, beeinflussen die Lern- und Gedächtnisleistung positiv. Die Reproduktion unter Duft selbstgewählter und eingeprägter Begriffe gelingt nach einer Woche sowohl ohne Duft als auch unter Dufteinwirkung signifikant besser als die Reproduktion ohne Dufteinwirkung gelernter und gespeicherter selbstgewählter Begriffe. Die Dufteinwirkung macht sich demnach nicht nur als bloßer Assoziationseffekt, sondern allgemein als gedächtnisunterstützend bemerkbar, aber nur bei Kindern der 3. und 4. Klassen.

Anlaß für einen vierten Versuch mit dieser Gruppe, inzwischen auf 37 Vp aufgestockt, war die mit einer weiteren Gruppe (40 Vp) und durch den Besuch der zum Teil noch vorhandenen Einrichtungen des Sanatoriums von Dr. H. Karsten (Remagen-Kripp) gewonnene Anregung, mit individuell bevorzugten Düften zu experimentieren. Die Mitarbeiterin überprüfte die Merkfähigkeit der Kinder für die Namen von Bildern, ein Verfahren, das bei der Vierzigergruppe "Sachen im Sack" bereits abgelöst hatte. Eine Duftvermittlung erfolgte dabei nicht. Die unmittelbar anschließende Kontrolle ergab ein Mittel von 8,2 von zehn maximal zu erreichenden Punkten. Gleich danach durften die Kinder beim Versuchsleiter ihren "Lieblingsduft" auswählen. Die ätherischen Öle (Eukalyptus, Zitrone, Pfefferminz und Iridon alpha) wurden rein und in Mischungen auf Löschpapierstreifen gebracht und den Kindern zur Auswahl angeboten, wobei sich fünf Duftrichtungen als "beliebt" durchsetzten: **Zitrone** (rein), **Pfefferminz mit Zitrone**, **Pfefferminz mit Iridon alpha**, **Pfefferminz mit Zitrone und Iridon alpha** sowie **Iridon alpha** pur.

Für die Auswahl der Düfte wurden pro Kind etwa fünf bis acht Minuten benötigt. Die Unterscheidung dieser Düfte ist später in jedem Falle exakt gelungen. Eine Nebenbeierkenntnis: Kinder der Klassen eins und zwei bevorzugten prozentual die reinen Düfte, Kinder der Klassen drei und vier die Kombinate, deren Zusammensetzung sie jederzeit wieder herausrochen. Auch der kaum bekannte, aber äußerst markante Iridongeruch wurde stets wiedererkannt; möglicherweise trägt die entfernte Ähnlichkeit zum Veilchenduft dazu bei.

Nach der Lieblingsduftauswahl wurde der Merkversuch für Namen von Bildern wiederholt. Der Mittelwert betrug 8,1 Punkte; er ist dem des Erstversuches (8,2) fast gleich, obwohl fünf bis acht

Minuten verstrichen waren. Möglicherweise ist in der Beschäftigung mit Gerüchen eine Art Stabilisierungseffekt zu sehen. Nach einer Woche betrug der Mittelwert immer noch 6,9 Punkte. Schon 1931 haben, wie an anderer Stelle (Geruchsprüfung) vermerkt, J.D.Frank und E.J.Ludvigh eine retroaktive Duftwirkung an Probanden festgestellt, die sich nach einer Einprägungsphase für Nonsenssilbenpaare mit angenehmen Düften befassen durften (Frank/Ludvigh 1931).

11.3.3.2 Gruppe der Vierzig

Für diese Gruppe gab es keinerlei Auswahlkriterium. Beteiligt waren zweiundzwanzig Knaben und achtzehn Mädchen. Der im ersten Durchgang benutzte Duftstoff war Pfefferminzöl. Das Öl wurde in warmem Wasser verdampft.

Die Lernaufgaben waren die beiden erwähnten HAWIK-Untertests "Zahlen-Symboltest" und "Zahlen-Nachsprechen" sowie eine Merkaufgabe für die Namen von Bildern, wie sie im vorherigen Abschnitt beschrieben ist. Der zweite Durchgang wurde wieder als Kontrolle ohne Duftstoff durchgeführt. Die Ergebnisse der HAWIK-R-Untertests sind in beiden Durchgängen fast gleich, weshalb sie für Lernversuche unter Dufteinwirkung als ungeeignet gelten dürfen. Die Tests wurden deshalb im weiteren Versuchsverlauf nicht mehr verwendet. Anders verhielt es sich mit dem Namengedächtnis für Bilder. Die Kurzzeitspeicherung erstreckte sich über einen Zeitraum von etwa fünf Minuten. Sie reicht von dem Auslegen, Benennen und Einsammeln der sieben bis zwölf Bilder (je nach Alter) über die Zeit der Beschäftigung mit den HAWIK-Untertests bis zur Wiedergabe der Namen der Bilder.

Der Mittelwert bei der Kurzzeitspeicherung unter Dufteinwirkung (Minz) beträgt für die vierzig Vps 6,9. Der Mittelwert bei der Kurzzeitspeicherung ohne Dufteinwirkung beträgt für die gleiche Gruppe 5,4.
Die Unterschiede sind - getrennt berechnet jeweils für die ersten und zweiten sowie für die dritten und vierten Klassen signifikant (siehe Anhang 6).

Nach einer Woche konnten ohne Dufteinwirkung noch 5,3, danach unter Dufteinwirkung 6,64 Anteile im Mittel reproduziert werden. Die Unterschiede sind - getrennt berechnet jeweils für erste und zweite sowie für dritte und vierte Klassen signifikant (siehe Anhang 7).

Die Kontrolluntersuchung (eine Woche nach der Reproduktion ohne und mit Duft) schloß jedwede Duftanwendung aus. Für den Lernprozeß wurden andere Bildergruppierungen gewählt, so daß die Kinder völlig neue Speicherleistungen zu bewältigen hatten; die Arithmetik wurde beibehalten (7, 9, 10, 12). Wir vergleichen die Reproduktionsreihe, die ohne Duft gespeichert wurde, a) mit der Reihe, die mit Duft gespeichert, aber ohne Duft reproduziert und b) mit der Reihe, die mit Duft gespeichert und mit Duft reproduziert wurde. Bei beiden Vergleichen sind die Unterschiede, wiederum getrennt berechnet für erste und zweite sowie dritte und vierte Klassen, signifikant (siehe Anhang 8a, 8b).

11.3.3.3 Gruppe der Siebenundsiebzig

Die Überschrift ist irreführend, da, wie im Abschnitt zuvor erwähnt, für die Versuchsanlage weiterhin zweigleisig verfahren wurde. Es wäre einem Versäumnis gleichgekommen, nicht gleichzeitig mit dem duftgebundenen auch ein kontextgebundenes Lernen vorzusehen.

Das Behalten von Namen für Bilder wurde beim Festhalten am rein Arithmetischen ersetzt durch das Einprägen und Behalten von Wörtern, die sowohl als Wortbilder wie auch als Wortklangbilder angeboten wurden. Die siebenunddreißig Kinder der Gruppe I wurden nach dem Vorlesen der Wörter durch Vps und Vl im jeweiligen Altersblock (7, 9, 10, 12) auf deren Stellung in den waagerechten und senkrechten Reihen aufmerksam gemacht. Gruppe II (vierzig) erhielt (mit und ohne Duft) einen Kontext, der die Wörter in einer Geschichte verschweißt, beim Lernen mehr Selbsttätigkeit abverlangt und die Zeit der Dufteinwirkung zudem verlängert. Für beide Gruppen dürfte diese Lernaufgabe schwieriger gewesen sein als "Sachen im Sack" und das Wiedergeben von Bilder-Namen, da sowohl das Moment der eigenen Begriffswahl ("Sachen im Sack") als auch der konkrete Hintergrund der Bildervorlagen gefehlt haben. In diesem Durchgang wurde erstmals mit individuellen Düften gearbeitet, d.h. jedes Kind atmete während des Lernvorganges den Duft seiner Wahl.

Das "Volumen" der Kurzzeitspeicher wurde sofort nach dem Lernvorgang überprüft. Es beträgt für Gruppe I (37) im Mittel 7,2, für Gruppe II (40) im Mittel 8,97. Die Vergleichsreihen der ersten und zweiten Klassen von Gruppe I und II unterscheiden sich signifikant. Für die Klassen drei und vier mußte bei der Paarlingsbildung auf vier Werte verzichtet werden, um auf die Anzahl der 37er Gruppe (16) zu kommen. Wir "beschnitten" die Gruppe auf Position 9, 10, 11 und 12, also in der Mitte. Bei den anzahlmäßig nunmehr stimmigen Reihen ist die der 40er Gruppe der der 37er Gruppe signifikant überlegen. Das heißt: kontextverschweißte Wörter werden besser behalten als figural gekennzeichnete (siehe Anhang 9).

Man muß den Kindern beider Gruppen beim Lernen und Wiedererinnern zugesehen haben, um zu begreifen, mit welcher Hingabe sie bei der Sache waren. Sie haben sich die Wörter, die ihnen nicht gleich einfallen wollten, buchstäblich mit der Nase aus den Duftbehältern gesaugt. Oft entstand der Eindruck, daß nach jedem Saugen - und erst nach diesem - eines der noch fehlenden Wörter hervorgebracht worden ist. Fast alle Kinder wußten zu jedem Zeitpunkt die Anzahl der wiedergegebenen und noch nicht genannten Wörter, oder sie fragten wenigstens danach. Den Erfolg ermißt, wer mit seiner eigenen diesbezüglichen Gedächtnisleistung vertraut ist. In Gruppe I haben immerhin vier Kinder die "volle" Leistung gebracht, d.h. sieben, neun, zehn und zwölf Wörter je nach Alter bzw. Klasse, in Gruppe II waren es dreizehn! Von den zehn ältesten dieser Gruppe (10;1 - 10;9) haben fünf Kinder alle zwölf Wörter wiedererinnert, eine Leistung, um die sie mancher Erwachsene beneidet!

Die Kontrolle des Langzeitspeichers war vierzehn Tage später. Die Reproduktion erfolgte in der Reihenfolge ohne Duft - mit Duft. In Gruppe I lag das Mittel der Reproduktion ohne Duft bei 1,26, mit Duft bei 2,8. Die Unterschiede sowohl bei den Klassen eins und zwei wie auch bei den Klassen drei und vier sind signifikant (siehe Anhang 10). In Gruppe II betrug das Mittel der Reproduktion ohne Duft 2,47, mit Duft 4,2. Hier sind die Unterschiede bei den Klassen eins und zwei und bei den Klassen drei und vier hoch signifikant (siehe Anhang 11).

Das bedeutet, daß die Duftbeeinflussung das Ergebnis der Reproduktion erheblich verbessert hat. Man könnte einwenden, es hätte zu anderen Ergebnissen führen können, wenn die Reihenfolge ohne Duft - mit Duft gewechselt worden wäre. Dem ist zu entgegnen: Bei den vorausgegangenen Untersuchungen, die unter Raumbeduftung vorgenommen worden waren, ist bereits in umgekehrter Reihenfolge verfahren worden mit dem Ergebnis, daß es mit Duft zu besseren Ergebnissen gekommen ist als ohne.

Das bessere Abschneiden von Gruppe II ist zweifellos auf die Variable Kontext zurückzuführen. Kinder dieser Gruppe, die bei der Reproduktion ohne Duft kein einziges Wort erinnerten, warteten dann unter Duft mit Erinnerungen auf, die sich zunächst um ein einziges Wort, das dann doch genannt worden ist, herumrankten. Der Vergleich der Leistungen von Gruppe I, denen nur eine figurale Hilfe gegeben worden war, mit denen von Gruppe II fällt ohne und mit Duft zugunsten der letzteren Gruppe aus. Die Signifikanzanalyse konnte allerdings nur für die ersten und zweiten Klassen durchgeführt werden, da die Paarlingsbildung in den dritten und vierten Klassen in diesem Falle zu Ungenauigkeiten geführt hätte. Sie bestätigt vollauf die Vermutung, daß neben der Duftbeeinflussung auch der Kontext eine wichtige Rolle bei der Reproduktion spielt (siehe Anhang 12), worauf die moderne Gedächtnispsychologie bereits hingewiesen hat (vgl. W.Wippich, S. 69 f.).

Bei der Auswertung ist aufgefallen, daß die älteren Kinder der Gruppe II (40) (dritte und vierte Klassen) die Wörter aus den Wortblöcken von zehn bzw. zwölf Einheiten "besser" reproduzierten als Erst- und Zweitkläßler (sieben, neun Einheiten). Dieser Unterschied ist signifikant. Das "Speichervolumen" der älteren Kinder erwies sich hier als größer als das der jüngeren (siehe Anhang 13). Entwicklungs- oder gedächtnispsychologische Folgerungen aus dieser Feststellung zu ziehen, gehört nicht zum Thema.

Ein weiterer Vergleich ergibt sich aus der Anzahl der ohne Duft reproduzierten Erinnerungen, jener, die mit Duft und jener, die ohne Duft eingeprägt wurden. Während in Gruppe I (37) die Unterschiede sowohl für erste und zweite wie auch für dritte und vierte Klassen nicht signifikant sind (siehe Anhang 14), ergaben sich für die dritten und vierten Klassen von Gruppe II (40) signifikante Unterschiede zugunsten der mit Duft gelernten Blöcke (siehe Anhang 15).

Ein zu spät beachtetes Phänomen mag für das bessere Abschneiden der ersten und zweiten Klassen von Gruppe II bei der Reproduktion von ohne Duft eingeprägten und ohne Duft reproduzierten Wörtern verantwortlich gewesen sein. Etwa die Hälfte der Kinder reproduzierte zuerst Wörter aus Blöcken, die sie vier Wochen zuvor unter Dufteinwirkung gespeichert und zwei Wochen zuvor wiedererinnert hatten. Maximal wurden fünf Wörter aus der alten, also falschen, Serie pro Vp reproduziert, und erst, als auf den Fehler aufmerksam gemacht worden war, fielen den Kindern dann auch Wörter des richtigen (neuen) Wortblockes ein. Da für die Reproduktionen niemals Zeitgrenzen gesetzt wurden, kann vermutet werden, daß die unter Dufteinfluß gelernten und jetzt "fälschlich" erinnerten Wörter die Reproduktion von ohne Duft gespeicherten Wörtern beeinflußt haben. Das könnte sich so erklären, daß eines der früher unter Dufteinfluß gespeicherten Wörter ein Wort ähnlicher Bedeutung oder ähnlichen Klanges (usw.) des geforderten Blockes aktiviert hat, das nun zum "Schlüsselwort" für weitere Reproduktionen aus dieser Serie geworden ist (vgl. W.Wippich, S. 114 f.).

11.4 Zusammenfassung und Interpretation der Ergebnisse mit Grundschülern

Zunächst ist festzustellen, daß unsere Hypothesen sich verifizieren ließen:

- Dufteinflüsse unterstützen die Gedächtnisleistung, gleichgültig, ob die Duftstoffe trocken oder feucht im Raum verdunstet bzw. verdampft werden, oder ob der Duft nach individueller Wahl auf kurzem Wege über Duftbehälter (Seifenschalen) beim Einprägungsvorgang exponiert wird.
- Dufteinflüsse unterstützen die Gedächtnisleistung für Wortblöcke auf assoziativem Wege. Wird die duftatmosphärische Bedingung des Einprägungsvorganges für die Reproduktion wieder hergestellt, ergeben sich signifikant bessere Wiederholungsleistungen als bei der Reproduktion ohne den ursprünglichen Dufteinfluß.
- Dufteinflüsse unterstützen die Gedächtnisleistung für Wortblöcke "direkt"; auch wenn die duftatmosphärische Bedingung des Einprägungsvorganges für die Reproduktion nicht wiederhergestellt wird, sind die Wiederholungsleistungen signifikant besser, als wenn ohne Dufteinfluß gelernt wurde.
- Verbale Induktionen, die einen Zusammenhang der Elemente eines Wortblockes herstellen, sind Hinweisen rein figuraler Art - hier auf die Lage des Wortes im Block - überlegen, im vorstehenden Versuch jedoch nicht entscheidend. Als Beweis mag das Phänomen dienen, welches wir mit dem "Schlüsselworteffekt" verglichen haben, das die Überlegenheit des unter Duftwirkung präparierten Langzeitgedächtnisses deutlich macht.

Exakte, wissenschaftlich abgesicherte Erklärungen für die Verbesserung der Gedächtnisleistungen durch Dufteinflüsse - um mehr handelt es sich ja nicht - lassen sich aus den Ergebnissen nicht herleiten. Wir verweisen auf die im Abschnitt über die Geruchsprüfung mitgeteilten Beiträge zum Thema und legen nahe, unsere Arbeit als einen Versuch zu verstehen, herkömmliche Verfahren der Geruchsprüfung und der Untersuchung von Geruchseinflüssen in den Bereich der Grundschulpädagogik gelenkt zu haben, wo sie sicher ihren Stellenwert haben.

Ganz spezielle Erfahrungen, wie z.B. die Bevorzugung einfacher Düfte durch die Erst- und Zweitklässer, kombinierter Düfte durch die Dritt- und Viertklässer oder das - jedenfalls in unserem Versuch festgestellte und wie ein Schub anmutende - deutlich gesteigerte Speichervermögen der Dritt- und Viertklässer, mögen der Gedächtnispsychologie vielleicht Anstöße für weitere gezielte Forschung bieten. Sie werden aber nur für den olfaktorischen Bereich Gegenstand eigenen Weiterdenkens, da sie darauf hindeuten, daß Zugewinne im Bereich des geruchlichen Wahrnehmungsvermögens und diesbezügliche pädagogische Maßnahmen so früh wie möglich zu erfolgen haben.

Für die Auswahl der Duftstoffe Eukalyptus, Zitrone, Pfefferminz und Iriswurzel (Iridon alpha) haben sich in der Literatur einige Hinweise gefunden, nicht für deren Kombination. Wir sind der Meinung, daß auch andere ätherische Öle (siehe Zusammenstellung!) wie z.B. die von Rosen, Jasmin, Flieder, Lavendel und Zimt die gleiche Wirkung erzielt hätten, zumal sie ihrem Duftcharakter nach als "lieblich" zu bezeichnen sind; es fehlt ihnen allerdings zum Teil die dem Eukalyptus, dem Pfefferminz und der Zitrone anhaftende mehr oder weniger starke Trigeminusreizkomponente, die bereits für eine Riechbeteiligung der vorderen Nasengänge verantwortlich ist. Es muß Gegenstand weiterer Untersuchungen bleiben, hier mehr Klarheit zu verschaffen.

Keinesfalls erübrigt sich die Frage, ob die Versuchsergebnisse nicht samt und sonders auf einer Scheinwirkung beruhen. Wir sind ehrlich genug zuzugestehen, keine Möglichkeit zu kennen, dies exakt zu überprüfen. Placebos, wie sie in der Medizin Anwendung finden, scheiden aus, da man normale Geruchsatmosphäre als besonderen Duft suggerieren, die Kinder also belügen müßte. Der Einsatz von Vergleichsduftstoffen, die im allgemeinen als angenehm gelten, scheidet ebenfalls aus, da es sich wieder um Duftstoffe handeln würde, die Wirkungen erzielen können. Bliebe als Gegenkontrolle die Verwendung unangenehm oder ekelhaft riechender Substanzen, um die Gedächtnisleistung negativ zu beeinflussen. Doch wer gibt sich für ein solches Unterfangen her? Außerdem kann an die Späterblindete (Diabetes) erinnert werden, die bestätigte, daß starker Knoblauchgeruch eine Gruppe Blinder in einer Leistungsüberprüfung versagen ließ.

Wie immer man bei Experimenten mit Düften auch vorgeht: man ist nie sicher, ob die Probanden selbst bei diskretester Raumbeduftung nicht doch merken, daß experimentiert wird.

Bleibt abschließend die Frage, was die gedächtnisunterstützende Wirkung angenehmer und die blockierende Wirkung unangenehmer Düfte ausmacht; sie muß weitgehend unbeantwortet bleiben. Psychologisch ist der Verweis auf eine durch angenehme Düfte hervorgerufene Euphorie, die gedächtnisstützend wirkt, keine vollständige Erklärung für die innerseelischen Vorgänge, auch wenn wir annehmen, daß es zu dieser Euphorie sowohl beim Lernvorgang unter Dufteinwirkung, bei der Reproduktion ohne und mit Duft als auch zu irgend einem Zeitpunkt zufälliger Duftbeeinflussung kommen kann. Doch wir haben keine zusätzliche Erklärung. Euphorie ist es sicher auch, die seit Jahren in Kaufhäusern via Raumbelüftung, die zugleich Raumbeduftung darstellt, künstlich erzeugt wird und den Griff zum Geldbeutel lockert. Doch wer vermag zu sagen, was sich dabei in der Seele abspielt! Handelt es sich um eine durch den Duft hervorgerufene retroaktive Wirkung auf das Gedächtnis, das nun an frühere Kaufvorhaben erinnert und sie zu Kaufgelüsten steigert? Selbst die Werbepsychologie kennt nur diese Wirkung; doch auch sie vermag die Hintergründe nicht zu erklären.

In der Pädagogik sollte die stärkere Gewichtung der Wahrnehmungserziehung, vor allem die Ausweitung auf den Geruchs- und Geschmacksbereich, künftig eine Rolle spielen, wenn auch nur, daß es in den Schulräumen besser riecht, wie eine Schulrätin scherzhaft gesagt hat, als sie von unserem Vorhaben erfuhr.

12. KONSEQUENZEN IN DER ERZIEHUNG

12.1 Pädagogische Ansätze

Wie bereits erwähnt, haben Pädagogen Ausfälle oder eine zu schwache Entwicklung von Wahrnehmungsfähigkeiten bei den ihnen anvertrauten Kindern schon immer erkannt und nach Möglichkeiten zu helfen, zu fördern, auszugleichen, zu ersetzen usw. gesucht. Oft fehlten Einsichten in physiologische und/oder psychologische Bedingungen der Mängelerscheinungen. Drei Ansätze, die auch den Geruch und den Geschmack bei ihren Bemühungen nicht ausklammern, seien stellvertretend für andere herausgestellt. Wenn hier auch auf zwei Ärzte zurückgegriffen wird, soll damit unterstrichen werden, daß Einflüsse aus dem Bereich der Medizin pädagogisches Handeln immer dann zu unterstützen vermögen, wenn Ausfälle und Mängel von extremer Natur sind.

12.1.1 Jean Itard

Wohl als der bekannteste Arzt (Chirurg, Taubstummenarzt, Erfinder des Audiometers), der sich in neuerer Zeit mit Sinnesaktivierung befaßt hat, darf J.Itard gelten, welcher in zwei Schriften (1801 und 1806) an das zuständige Innenministerium in Paris über seine Erfahrungen bei der Erziehung eines Wildkindes, dem er den Namen Viktor gegeben hatte, berichtete. Da das Kind sich in der zivilisierten Welt nicht nur geistig, sondern auch sinnlich nicht zurechtfand, legte Itard zunächst größten Wert auf die Sinnesaktivierung; als Taubstummenarzt bevorzugte er die Gehörstimulation und -erziehung. Der zweite Grundsatz der fünf Maximen seines Erziehungsplanes lautete: "Die Sensibilität seiner Nerven durch die stärksten Stimulantien und hie und da durch lebhafte seelische Affekte zu wecken" (Itard, S. 29). Itard stellte an dem Jungen anfangs keinerlei Reaktionen bei Hitze- und Kälteeinflüssen fest. Weder verbrannte der sich Hände und Mund, wenn er siedend heiße Kartoffeln aß, noch zeigten sich Erfrierungen, wenn er stundenlang und kaum bekleidet bei großem Frost im Schnee kauerte. Auch das Gehör reagierte nicht auf die Zivilisationsakustik, wohl aber auf Töne, Geräusche usw. der "Wildnis". Ähnlich war es mit dem Geruchssinn. "Ich habe ihm mehrmals Schnupftabak in die Nasenlöcher gesteckt, ohne daß er niesen mußte. Das läßt vermuten, daß zwischen dem Riechorgan und dem übrigens sehr gut ausgebildeten Geruchssinn, den Atemwegen und dem Gesichtssinn, keine von den reflexartigen Beziehungen existierten, welche die Grundlagen der Sensibilität unserer Sinne ausmachen, die in diesen Fällen das Niesen oder die Tränensekretion verursacht hätten" (ebd., S. 33 f.). Nur langsam erweiterte sich die Empfindlichkeit des Geruchssinnes; gewissermaßen als Nebenergebnis der Stimulation anderer Wahrnehmungsorgane gewöhnte sich die Nase an die Zivilisationsgerüche, so daß "die kleinste Irritation dieses Organs ... ein Niesen verursachte, was beim ersten Mal einen nicht geringen Schrekken ausgelöst hat" (ebd., S. 38). Diese Feststellung steht auf den ersten Blick im Widerspruch zu einer späteren, wonach der Geruchssinn keiner Vervollkommnung durch zivilisatorische Einflüsse bedurft hätte. Diese Behauptung hat ihren Grund sicher in der Beobachtung, daß der Junge noch lange die Umweltqualitäten riechend untersuchte oder wiedererkannte, was ja auch für "normale" Kinder und Jugendliche zutreffend sein kann (vgl. ebd., S. 89). Die Auflösung des Widerspruchs wird wohl in der Tatsache zu finden sein, daß jeder Mensch gewissermaßen eine "Umweltnase" entwickelt, die zwischen vertraut und fremd fein unterscheidet, die aber zunehmend als vertraut empfindet, was in einer sich erweiternden, aber ursprünglich fremden Umwelt zunächst noch als fremd empfunden worden war. Daß dies auch für die Geschmacksentwicklung zutraf (und zutrifft), beweist teilweise der Versuch, dem Jungen Likör einzuflößen, was zu einer extremen Abwehrreaktion geführt hat, wogegen er sich an Alkoholgenuß in milderer Form, an Wein, gewöhnte, was aber nicht dazu führte, daß er Wein dem Wasser, seinem ursprünglichen Getränk, vorgezogen hätte (vgl. ebd., S. 90 f.). Das Beispiel ist problematisch, da die Alkoholwahrnehmung zweikanalig signalisiert wird, der Geruchssinn dabei eine erhebliche Rolle spielt. Ein regelrechtes Geruchstraining hat Itard nicht durchgeführt, wohl weil er beobachten konnte, daß das Kind sich an die neuen Umweltgerüche langsam gewöhnte. Das heißt aber, daß dieses Sensorium sich auch in einem nicht intendierten Lernprozeß anpaßt und verfeinert, wenn es lediglich darum geht, Geruchsqualitäten neuerer Art zu den bereits bekannten hinzuzufügen.

12.1.2 Maria Montessori

In Anlehnung an J.Itard entwickelte Maria Montessori ihr System der Sinneserziehung. Sie schreibt dieser Sinneserziehung "höchsten pädagogischen Wert" zu (Montessori 1969, S. 159). Die wichtigste Zeit für solcherlei pädagogisches Unterfangen sei die Zeit zwischen drei und sechs Jahren. Im Rahmen dieser speziellen Erziehung will sie eventuelle Defekte entdecken und korrigieren, die sonst unbemerkt bleiben und zu irreparabler Anpassungsunfähigkeit an die Umwelt führen könnten. Über die Sinneserziehung will sie Projektions- und Assoziations-Nervenbahnen vervollkommnen (vgl. ebd., S. 160). Der Sinneserziehung mißt sie in der genannten Entwicklungsphase eine größere Bedeutung zu als der intellektuellen Beeinflussung (vgl. ebd., S. 161). "Wird die Ausbildung der Sinne in einem Alter unternommen, in dem von Natur aus die formative Periode zu Ende ist, dann erweist sie sich als schwierig und unvollkommen" (ebd., S. 162), eine Beobachtung, die im Rahmen der Legasthenieforschung auch für die Entwicklung des Körperschemas (links, rechts, oben, unten usw.) gleich von mehreren Forschern gemacht wurde.

Sehr wesentlich und für diese Arbeit wegweisend ist, daß sie speziell für die Geruchsaktivierung nicht nur ein individuelles Riechtraining mit Riechfläschchen und dergleichen vorschlägt, daß sie vielmehr für die atmosphärisch bedeutsame geruchliche Umweltanreicherung plädiert. Sie will "nach einem bestimmten System Düfte in der Umwelt plazieren mit dem Gedanken, sie immer differenzierter zu machen" (ebd., S. 136). So ließ sie in ihren Schulen "nach chinesischer Mode geschmückte Säckchen ... wie Schmuck an die Wände" heften. "Blumen und Kräuter aus dem Garten, Seife mit einem natürlichen Duft, wie z.B. nach Mandeln und Lavendel, wurden verbreitet und um die Kinder ausgelegt" (ebd.). Um den sensorischen Erkenntnisprozeß nicht auch aus Richtung Visus zu beeinflussen, ließ sie grüne, also farbneutral blühende Kräuter anpflanzen. Dreijährige seien auf diese Art Stimulation besonders interessiert eingegangen (vgl. ebd.). Heutiges pädagogisches Material, auch wenn es sich Montessori-Material nennt, betont weniger die geruchliche Umweltanreicherung als das Unterscheidenlernen von Gerüchen mittels Geruchsdosen und -kästen (z.B. Montessori Material, Teil 1, 1978, S. 75 f.). Der Trainingserfolg mag hierbei besser, weil individueller, zu kontrollieren sein. Außerdem handelt es sich um weniger aufwendiges Material, das sich langsamer verbraucht (vgl. Haupt/Fröhlich, S. 96) als zum Beispiel (heute) der Inhalt von Raumspraydosen.

Montessori hat also erkannt, daß ein Geruchstraining frühzeitig anzusetzen ist, besonders wenn sie feststellt, daß die Jüngsten in ihren Schulen, die Dreijährigen, das meiste Interesse zeigten. Leider erfahren wir sonst nichts Greifbares über den Erfolg ihrer diesbezüglichen Bemühungen.

12.1.3 Andreas Fröhlich

Wie sich die Geruchsaktivierung bei Schwerstbehinderten gestalten kann, soll der Beschreibung im Rahmen eines Berichtes über einen Schulversuch entnommen werden. Zunächst eine Charakterisierung der "Schwerstbehinderten".

"Als schwerstbehindert werden körperbehinderte Kinder bezeichnet, die in allen Hauptbereichen der Entwicklung (psychomotorisch, emotional, kommunikativ, sozial, kognitiv) extreme Entwicklungsbeeinträchtigungen aufweisen. Es handelt sich um Kinder,

- die sich - auch auf dem Boden - noch nicht allein fortbewegen können,
- die ihre Hände noch nicht gezielt einsetzen können, um alleine zu essen, konstruktiv zu spielen, zu kritzeln, zu gestalten,
- die noch nicht mit Lautsprache kommunizieren können,
- deren Wahrnehmung noch auf den Nahraum beschränkt ist und denen noch keine Imitation von Gesehenem und Gehörtem möglich ist,
- deren Reaktions- und Verarbeitungsmöglichkeiten sich allenfalls auf unmittelbar Erlebtes beziehen, denen aber auch einfachste Abstraktionen (z.B. Wiedererkennen von Gegenständen auf Bildern) noch nicht möglich sind,

- die allenfalls auf Kontaktangebote erwachsener Bezugspersonen reagieren, die noch keine Beziehungen zu anderen Kindern aufnehmen können und von daher immer wieder einzeln angesprochen werden müssen,
- deren Bewegungsbeeinträchtigung so ausgeprägt ist, daß sie für alle alltäglichen Verrichtungen, für An- und Ausziehen, Körperpflege, Essen, Fortbewegung, Kommunikation, für die Befriedigung emotionaler und sozialer Bedürfnisse, für Anregung und Beschäftigung auf Erwachsenenhilfe angewiesen sind.

Dabei wird "schwerstbehindert" nicht als definitive Zustandsbeschreibung angesehen, sondern als eine Lebenssituation, die durch schwerste Entwicklungsbehinderungen in allen Bereichen gekennzeichnet ist. Dabei bleibt grundsätzlich offen, ob dies die Ausgangssituation ist für Förderung, ob es durch Förderung möglich wird, Schwerstbehinderung zu überwinden oder ob die schwersten Entwicklungsbehinderungen auch trotz Förderung weiterbestehen" (Haupt/Fröhlich, S. 22 f.).

Auch die Maßnahmen zur Geruchsaktivierung werden wörtlich wiedergegeben:

> "Das Gebiet der Geruchs- und Geschmacksanregung ist noch wenig untersucht und differenziert - obwohl unsere Nase das letztlich wahrnehmungsfähigste Sinnesorgan von allen ist, obwohl Geruchs- und Geschmackserfahrungen sehr eng mit elementarem Wohlbefinden oder Unbehagen zusammenhängen. Wenn wir auch wissen, daß unser Geschmack im Grunde nur süß, sauer, salzig und bitter unterscheiden kann, so werden wir im folgenden immer wieder Vermischungen von Geruchs- und Geschmacksanregungen vorschla-

gen, da sich auch in unserer Wirklichkeit Geschmack und Geruch wechselseitig durchdringen, vor allem der Geruch den Geschmack wesentlich ergänzt.

Riechfläschchen

Mit einer Sammlung von ca. 10 verschiedenen Essenzen und ätherischen Ölen (Apotheke) in kleinen Fläschchen, die sich kaum aufbrauchen, haben wir versucht, Kindern intensive und neue Riecherfahrungen zu geben, im Sinne einer basalen Stimulation des Riechsensoriums.
Zimtöl, Zitronenöl, Teeröl, Essigessenz, Parfums, Salmiak waren die wesentlichen Bestandteile dieses Sortiments, auch Eukalyptus und Benzin. Es ist nicht sicher auszumachen, wie diese Riechangebote auf die Kinder wirken, stechende Gerüche wurden mit deutlicher Mimik abgelehnt. Wir können auch nicht sicher sagen, welchen Charakter diese Riecherfahrungen für das Kind haben, vermuten aber doch, daß man auf diesem Wege die Nase "bewußter" werden lassen kann. Wir wählten dazu eine ruhige Situation, das Kind gut gelagert, so daß insbesondere die Atmung dem Kind leicht fiel.
Zwischen den einzelnen Riechproben sollte man eine deutliche Pause einlegen, da die Sensibilität der Nase schnell nachläßt, sie sich erst 'erholen' muß. Etwa 10 Atemzüge lang könnte eine solche Pause dauern.

Odorierung

Von Berichten ausgehend, daß Gerüche enorm 'erinnerungsstabil' sind, kann man versuchen, bestimmte Spielzeuge - am besten eignen sich Stofftiere, Puppen, aber auch

'Schmusetücher' - mit Parfums geruchsmäßig 'einzufärben'. Dabei ist es wichtig, daß man sehr markante Geruchsnoten wählt, wenn es dem Kind eine Hilfe beim Wiedererkennen seines Tieres sein soll.
Wir haben auch versucht, in der Phase eines Bezugsaufbaues zwischen Kind und Betreuer, diesen Aufbau durch gleichmäßige Geruchsanregung zu stärken. So wählte man für einzelne Bezugspersonen ganz spezielle (allerdings auch von diesen gern akzeptierte!) Geruchsnoten, ein apartes Eau de toilette, das man dann allerdings regelmäßig und ein bißchen reichlicher als gewöhnlich benutzen mußte" (ebd., S. 96).

Die Schwerstbehinderten sollen also lernen, ihre Betreuer am Duft zu erkennen, so wie Monsieur de Saint-Caliste in einer Erzählung von Italo Calvino über das Parfum zur Adresse einer Frau gelangen will, von der er nichts anderes kennt als eben ihr Parfum (vgl. Calvino, S. 10).

Bei dem Schulversuch ist es darum gegangen, Kinder im Schulpflichtalter, die jedoch nicht schulfähig waren, zu einem Leben zu verhelfen, das nicht (wie bisher) in fortgesetzter Unselbständigkeit verläuft. Die Kinder waren zum Erlernen "höherer Techniken" nach Lebensjahren längst über die dafür geeigneten Entwicklungsphasen hinaus, nicht aber in ihrer ureigensten Ontogenese. Es war zu erhoffen, daß durch die gezielte Außeneinwirkung sich solche "sensiblen Phasen" nachträglich erschließen. Daß es Erfolge in Richtung Selbständigkeit gegeben hat, rechtfertigt den pädagogischen Ansatz der Versuchsleiter. Auch die Maßnahmen der Geruchsaktivierung hatten in diesem Rahmen ihre Bedeutung, weil es infolge der Behinderung aller Sinnesmodalitäten noch nicht zur Hierarchisierung des Gesichtssinnes gekommen war.

12.2 Möglichkeiten in Früherziehung und Schule

12.2.1 Zur Frage der Suggestibilität

Eine Ergebniskontrolle der Versuchsreihen macht deutlich, daß ein Teil der VPs seine Gedächtnisleistungen durch Dufteinflüsse nicht verbessern konnte. Weder die verschiedenen Techniken der Duftdiffusionierung noch die unterschiedlichen Lernaufgaben vermochten dieses Phänomen zu beeinflussen. Stets war es ein Sechstel bis ein Viertel der VPs, die den in den Hypothesen formulierten Erwartungen nicht entsprachen, und stets waren es dieselben Kinder, die sich von den eingesetzten Düften nicht beeinflussen ließen. Wir stehen offen gestanden vor einem Rätsel. Was wir zur Erklärung dieses anscheinend vorprogrammierten Abschneidens ("Versagens") anzubieten haben, ist recht spekulativer Natur, und wir sind zu einer Überprüfung nicht mehr in der Lage. Der Versuch ist abgeschlossen, und nachträgliche Recherchen verbieten sich aus Gründen des Datenschutzes.

Spekulation Nr. 1: Im Abschnitt "Die Lernaufgaben" des Kapitels "Geruchseinflüsse im kognitiven Bereich" wurde ausgeführt, daß der Untertest des HAWIK "Zahlen nachsprechen" von manchen Praktikern als eine Art Angsttest gewertet wird, und daß wir die Zahlen dieses Tests von einem bestimmten Zeitpunkt an durch Wörter ersetzt haben (nicht zu verwechseln mit den Wortblökken). Der Mittelwert von vierzig Kindern lag für dieses Wörter-Nachsprechen bei 8,5 WP, der Mittelwert von neun Kindern innerhalb dieser Reihe, die sich als duftresistent erwiesen haben, lag bei 9,0 WP, wobei auffällig ist, daß um diesen Wert herum nur einmal nach oben und einmal nach unten abgewichen wurde! Der Mittelwert dieser neun Kinder ist also geringfügig besser als der der gesamten Gruppe. Sollte hier ein Indiz für geringere

Suggestibilität zu sehen sein? Daß mit Düften gearbeitet wurde, war von den Kindern schon nach dem ersten Versuchstag nicht mehr zu "übersehen". Zumeist erkannten sie auch sofort, ob und in welchem Raum mit oder ohne Duft gelernt oder reproduziert werden sollte. Sind diese duftresistenten Kinder also als weniger suggestible Naturen anzusehen? Mit diesem Hinweis stellen wir unsere Ergebnisse insgesamt in Frage, aber auch zur Diskussion. Zwei Probleme ragen für den Kritiker heraus:

- Die Ergebnisse beruhen auf Duftwirkung;
- die Ergebnisse beruhen auf der Suggestibilität von fünf Sechsteln bis drei Vierteln der VPs.

Duftwirkung oder Suggestibilität? Duftwirkung und Suggestibilität? Das sind hier die Fragen, und es spricht einiges für Suggestibilität. Wer vermutet, daß ihm von einer bestimmten Seite bzw. Instanz Hilfe zuteil wird und dies schon nach kurzer Zeit bestätigt findet, vertraut auf diese Hilfe. Dann wäre das erhöhte Leistungsvermögen Ergebnis letztendlich auch gesteigerten Selbstvertrauens, das sich jedesmal dann einstellt, wenn irgend ein äußeres Anzeichen auf Hilfe hindeutet.
Doch vieles spricht für Duftwirkung. Der Anteil der VPs, die unter Duftbeeinflussung eine Verbesserung der Gedächtnisleistungen nachgewiesen haben, ist sehr groß. Bei den Reproduktionen konnten Leistungen, die ohne Duftwirkung erzielt wurden, durch Einsatz des Duftes, der bei der Lernsituation exponiert worden war, verbessert werden. Kinder erinnerten sich an Elemente von Wortblöcken, die unter Duftwirkung gelernt wurden, länger als an solche, die ohne Dufteinsatz eingeprägt wurden. Offenbar steigert die durch Dufteinfluß bewirkte Euphorie die Mnemotechnik und die Speicherquantität in zwei Richtungen, nach vorne hin zur Langzeitspeicherung und nach rückwärts zur Reproduktion. Eine gewisse Suggestivwirkung wollen wir dabei dennoch nicht ausschließen.

Spekulation Nr. 2: Ein Sechstel bis ein Viertel der VPs ist duftresistent geblieben, weil wir nicht den richtigen Duft für die betreffenden Kinder gefunden haben. Eine Nachprüfung ist aus bereits genannten Gründen nicht möglich. Für künftige Untersuchungen ergibt sich die Empfehlung, eine breitere Duftpalette für die Auswahl durch die Kinder bereitzustellen.

12.2.2 Bedeutung der Früherziehung für die Geruchswahrnehmung

Das Kind muß so früh wie möglich lernen, daß den meisten Wesen und Dingen ein Geruch anhaftet. Das verlangt von seiten der Erziehung, dafür zu sorgen, daß Gerüche beachtet werden. Die Hauptleistung, die dem Kind dabei abverlangt wird, ist eine Transferleistung. So wie es die Mutter und die von ihr kommende Nahrung von Anfang an am Geruch erkennt, soll es auch andere Personen und Gegenstände seiner Umgebung am Geruch erkennen lernen. Dieser Lernprozeß ist auf höchst natürliche Weise zugrunde gelegt: Das Kleinkind führt, was es näher kennenlernen will, zum Mund. Der Mundraum in Verbindung mit dem Geruch wird zum ersten Lernprinzip. Hieran gilt es anzuknüpfen.

Das Vorbild des Erwachsenen, der zwar gelernt hat, auf den Mund als Tastorgan weitgehend zu verzichten, Nahrung und Gegenstände jedoch häufig zur Nase führt, um sie näher kennenzulernen, verleitet das Kind zu ähnlichem Verhalten, auch wenn der Mundraum seine frühere Funktion inzwischen an die Hand abgegeben hat. Über Gestik, Mimik und verbale Beurteilung macht der Erwachsene dem Kind klar, wie er zu einem Geruch und damit zu einer Sache, von der er ausgeht, steht. Er unterstreicht damit, wie wichtig, wie bedeutsam ihm die Gerüche sind, und daß er nicht auf sie verzichten möchte.

Das Kind wird bald herausfinden, daß der Erwachsene Vorlieben für bestimmte Gerüche hat; es wird sie mit ihm teilen lernen, bis es an sich entdeckt, daß es eigene Vorlieben entwickelt. Zu diesem Zeitpunkt hat es längst gelernt, daß man Wesen und Dinge auch aufgrund ihres "spezifischen" Geruches unterscheiden kann, andererseits aber auch, daß Gerüche in jedem Falle einer Wirklichkeit verbunden sind, sei es ein Mensch, ein Tier, eine Pflanze, ein Ort, die Natur.

Eine bedeutsame Hilfe bei diesen Lernvorgängen stellen gut differenzierende Geruchsbezeichnungen dar. Zwar wissen wir, daß unsere Sprache arm an Geruchswörtern ist, doch hilft es dem Kind schon weiter, wenn es frühzeitig mit dem vorhandenen Repertoire konfrontiert wird; es lernt damit umzugehen und überrascht gar nicht so selten mit sprachlichen Neuschöpfungen, die überzeugender kennzeichnen als mancher unbeholfene Vergleich. Voraussetzung für solches Lernen ist die Einstellung der Erwachsenen zu Gerüchen und die Art und Weise, wie sie durch ihr Vorbild dem Kind die Geruchswelt erschließen.

12.2.3 Ziel der Geruchserziehung

Wenn jemand danach fragt, wie weit wohl das Ziel der Geruchsentwicklung zu stecken sei, dann sollte geantwortet werden: Gerüche sollen so "klar" werden wie Farben und Töne. Klar bedeutet in unserem Falle dann soviel wie unverwechselbar wie das Rot des Blutes, das Grün der Wälder und Wiesen, das Plätschern des Wassers im Bach und das Grollen des Donners.
Klar heißt dann auch, daß es möglich ist, sich eines Duftes zu erinnern, gleichgültig, ob beim plötzlichen Wiederauftauchen oder frei bei bloßer Vorstellung. Klar heißt weiterhin, daß auch Nu-

ancierungen herausgerochen weden, solche qualitativer und solche quantitativer Natur.

Solche Zielsetzung macht zur Aufgabe, daß Dinge, die einen Geruch haben, immer und prinzipiell auch nach ihrem Geruch und nicht nur nach sicht-, greif- und hörbaren Merkmalen beurteilt werden.

12.2.4 Technik der Geruchserziehung in der Schule

Es braucht wohl nicht besonders betont zu werden, daß wir davon überzeugt sind, auch schulisches Lernen durch Duftbeeinflussung verbessern zu können.

Handelt es sich um soziales Lernen in einer Gruppe, ist Raumbeduftung angezeigt. Das Duftexponat darf keinem der Schüler unangenehm sein. wie an anderer Stelle erwähnt, ermüdet die Aufmerksamkeit für Düfte; das besagt aber nicht gleichzeitig, daß ein Duft jedwede Wirkung verliert, wenn die Aufmerksamkeit für ihn nachläßt.
Handelt es sich um individuelles Lernen, z.B. um das Einprägen eines Gedichtes, von Vokabeln einer Fremdsprache, von Einmaleinsreihen und dergleichen, unterstützt der "Duft aus der Dose" den Lernprozeß. Hierbei kann der Lernende selbst Pausen einlegen und durch eine Art Intervalltraining den Lernprozeß auf die je günstigsten Phasen konzentrieren. Nähere Einzelheiten sind Kapitel 11 zu entnehmen.

EPILOG DES HERAUSGEBERS

Versteht sich die Heil- und Sonderpädagogik mit der Beschreibung ihrer Erziehungswirklichkeit und Theoriebildung implizite der damit einhergehenden Wissenschaftstheorie im Gesamt der Erziehungswissenschaften stets als integrierender Bestandteil, so wird ihr dennoch aus mancherlei Unkenntnis vielfach ein Aschenputteldasein zugeschrieben.

Bestand bereits in der Antike eine spannungsgeladene Trias zwischen Theologie, Philosophie und Medizin, so impliziert bereits der Begriff 'Heil- und Sonder- bzw. Behindertenpädagogik' eine Pejoration und damit ein gleiches und nicht gerechtfertigtes Spannungsverhältnis; denn ungeachtet einer möglichen Würdigung ihrer methodologisch-theoretischen Bemühungen dominiert dennoch die Ansicht, daß es sich hierbei in erster Linie um karitative Impulse handelt, gespeist aus den Gedanken christlicher Nächstenliebe und Barmherzigkeit, allenfalls noch ergänzt durch einen sozialpolitischen Aspekt unter dem Motto: 'Vorsorge ist besser als Fürsorge', was eine herkömmliche Pädagogik weniger zu tangieren scheint. Die herabgesetzte Zuordnung in der Skala allgemeiner Wertschätzung und Anerkennung hat so beispielsweise zur Folge, daß

- es auch heute noch ungemein schwierig ist, eine innerhalb der Heilpädagogik in Forschung und Lehre und insbesondere aus der Praxis gewonnene Erkenntnis als Kairos (Funke), als Impulsgeber und damit als richtungsweisend für die Allgemeine Pädagogik zu würdigen;
- Studierende für das Lehramt an Grundschulen, Sekundarstufe I und II nur vereinzelt die Bedeutung und Notwendigkeit sonderpädagogischer Lehrangebote einzuschätzen vermögen, und das ungeachtet der in der Gegenwart ver-

mehrten Integrationsbemühungen im schulischen und gesellschaftlichen Raum.

'Vergegnungen' (M.Buber) dieser Art verkennen den tatsächlichen Erziehungs- und Bildungsauftrag der Heil- und Sonderpädagogik, zumal sie sich in einem wesentlichen Punkt von der traditionellen Konzeption der Allgemeinen Pädagogik absetzt: Ohne jedwede Normerwartung bezüglich des Intellekts, der Einsichtigkeit und der geistigen Beschaffenheit versucht sie im Sinne des Höhlengleichnisses von Platon die Periagogê (Umwandlung) dennoch einzuleiten, und zwar bei denen, deren Leben von den drei Komponenten "Gesellschaftliche Randstellung, Isolation und Anomie (= Gesetzlosigkeit, Sinnlosigkeit)" (H.Herbst) bestimmt wird und die in globaler Umschreibung als 'Behinderte' bezeichnet werden.

Im Grunde genommen besitzt jedoch die Heil- und Sonderpädagogik einen paradigmatischen und innovativen Charakter für die Allgemeine Pädagogik:

- Der Prozeß der Bildung ist nicht krank und wird demzufolge auch nicht geheilt; er kommt entweder in Gang oder nicht (Th.Ballauff).
- Das 'Machen', daß die Bildung 'in Gang kommt', dort also, wo sie bisher nicht war, also das 'Dafür-Sorgen', daß Bildung wirksam werde, das versteht sich als ihre besondere wie auch spezifische Aufgabe.

Dadurch aber gibt sich die Heil- und Sonderpädagogik als eine "Urpädagogik" (Bachmann) und als Determination der Allgemeinen Pädagogik zu erkennen.

Eine solche Standortbestimmung versteht sich beileibe nicht nur als ein reines Wissenschaftstheorem, sondern erweist sich in der praxeologischen Umsetzung, wie die Geschichte einer nur etwas mehr als hundert Jahre alten Heilpädagogik nachhaltig zu dokumentieren vermag, in mancherlei Hinsicht als innovativ und handlungsorientierend.

Bereits wenige Beispiele an dieser Stelle legen dafür ein beredtes Zeugnis ab:

- Das von Maria Montessori (1870 - 1952) zur Sinnesschulung entwickelte Arbeitsmaterial, das in der Allgemeinen Pädagogik einen festen Stellenwert eingenommen hat, wurde inspiriert von den Bildungsbemühungen eines Séguin, Edouard Onesimus (1812 - 1880) und Jean Marc Gaspard Itard (1775 - 1838) an Viktor, dem "Wilden von Aveyron" (homo sapiens ferus).
- Mit Jan Daniel Georgens (1823 - 1886) und Heinrich Marianus Deinhardt (1821 - 1880), die den Namen "Heilpädagogik" erstmals geprägt haben, entstanden in pädagogischer, soziologischer und psychologischer, medizinischer und unterrichtspraktischer Sicht um die Zeit von 1860 bedeutsame Impulse, die erst viel später in der Allgemeinen Pädagogik zum Tragen kamen:
    - Die Koedukation war für Georgens und Deinhardt bereits vor 130 Jahren eine Selbstverständlichkeit.
    - Der Begriff der "Arbeitsschule" (Arbeitslehre, polytechnischer Unterricht), der vor allem mit dem Namen von Georg Kerschensteiner (1854 - 1932) in Verbindung gebracht wird, wurde von Georgens nicht nur vorkonzipiert, sondern auch praktiziert.
    - Die heute als bildungspolitisch so bedeutsam herausgestellte "Gesamtschule" wurde gleichfalls in einer genialen Voraussicht von ihnen gefordert und - wenn auch unter anderen zeitbedingten Voraussetzungen - zumindest erprobt.

- Die Einrichtung eines 'neunten' Schulbesuchsjahres wurde bereits Anfang der zwanziger Jahre unseres Jahrhunderts planmäßig und damit erstmals an Hilfsschulen (= Schulen für Lernbehinderte) angestrebt.
- Der Gedanke einer "Ganztagsschule" wurde gleichfalls in den zwanziger Jahren im Bereich der Heilpädagogik unter dem Begriff "Tagesanstalt" konzipiert und realisiert usw.

Diese avantgardistischen Bestrebungen einer 'Dennoch-Pädagogik' - sicherlich bedingt auch durch die Faszination einer Menschenbildung unter erschwerten Bedingungen - sind weniger das Resultat eines Zufalls als vielmehr das genuine Ergebnis einer ständigen Bereitschaft, die Grundlagen der Heilpädagogik stets im Kontext anderer Wissenschaftsdisziplinen einzubinden.
Mochte sich ein Schulmeister im vergangenen Jahrhundert noch mit der reinen Vermittlung der Kulturtechniken (Lesen, Schreiben und Rechnen) begnügen, um damit seinem Anspruch als Pädagoge gerecht zu werden, so postulierten bereits Georgens und Deinhardt 1861/63 zur Gewährleistung einer "Pädagogik der Entsprechung" (Th.Ballauff), daß über den rein pädagogischen Ansatz hinaus nicht nur "der nationalökonomische und sociale Gesichtspunkt", sondern auch "das Verhältnis der Heilpädagogik zur Medicin" als notwendiger Zusammenschluß und damit als "Gesammtpraxis" zu wirken haben.
Das enge interdisziplinäre Zusammenwirken und das damit einhergehende Offensein für eine optimale Verzahnung von Wissenschaftserkenntnissen außerhalb der eigentlichen Pädagogik ist somit ein Spezifikum der Heil- und Sonderpädagogik und angesichts einer in der Gegenwart immer stärker werdenden Spezialisierung der einzelnen Wissenschaftsdisziplinen implizite einer immer schwieriger werdenden Überschaubarkeit notwendiger denn je.

So richtet sich das Augenmerk neben allgemeinen wie auch speziellen Problembereichen der Philosophie, Historiologie, Anthropologie, Theologie, Soziologie, Politologie, Psychologie und Sportwissenschaft in gleicher Gewichtung auf die Einbeziehung medizinischer Wissenschaftszweige, insbesondere der Pädiatrie, Humangenetik, Phoniatrie, Physiologie, Psychiatrie, Orthopädie, Psychosomatik und Ernährungswissenschaft.

Insofern erfüllt die hier vorliegende "Kleine Enzyklopädie des Geruchs" von Herrn Professor Dr. phil. Karl Heinz Berg, den der Herausgeber durch eine jahrzehntelange berufliche wie auch persönliche Verbundenheit sehr schätzt, einen dringlichen und guten Zweck. Ihre Themen und Thematik sind nicht nur historisch, sondern auch für den praxeologischen Transfer hoch aktuell, sie sind spezifisch (heilpädagogisch), nicht weniger aber generell und bestätigen erneut die konsequente Fortsetzung des Wissenschaftsverständnisses der Heilpädagogik zum Zwecke der erforderlichen Gesamtschau.

Die subtile thematische Aufbereitung und Applikation geht mit recht instruktiven, durchaus realitätsnahen Konsequenzen, Überlegungen und praktikablen Vorschlägen gleichfalls auf den pädagogischen Alltag ein, der sich keinesfalls auf den Bereich der Sonderpädagogik beschränkt, sondern auch für die sogenannte Regelschule eine Aussagekraft besitzt.

Diese Studie richtet sich deswegen nicht nur an den Pädagogen als Adressaten, sondern sollte in gleicher Weise für den Arzt instruktiv und hilfreich sein, zumal das Leben sich nur in der Totalität von Körper, Seele und Geist und damit als untrennbare Einheit darzustellen vermag.

ANHANG I
zu

7. GERUCHSDIMENSIONEN IN ANTIKE, MITTELALTER, NEUZEIT UND GEGENWART

Autor	Duftempfindung		Geruchsempfindlichkeit		Geruchscharakter		Geruchswahrnehmung		Duftwirkung	
	positiv	negativ	stärker	schwächer	feucht	trocken	direkt	indirekt	bekömmlich	schädlich
Platon								passiv		
Aristoteles	angenehm z.B. Nahrung an sich angenehm —— Blume	unangenehm		unscharf	Ausdünstung	rauchartige Ausdünstung		mittelbar über Luft und Wasser		
Galen			Gleiches wird durch Gleiches erkannt		dampfartige Gerüche Qualität der Geruchsstoffe liegt zwischen Luft und Feuchtigkeit	rauchartige Gerüche		Geruchsstoffe werden durch den Atem transportiert	Niesen ist gesundheitsfördernd. Ebenso Einatmen von Rosenduft und kalter Luft bei überhitzten Gehirnen	Manche starken Düfte verursachen Kopfschmerzen, sogar Geistesstörungen (Narkosemittel)
Maimonides									heilsame Düfte für Gesunde und Kranke	schlechte Luft ist schädlich für den Geist
Paracelsus	Wohlgerüche	üble Gerüche	stärker für böse Gerüche		Der Mensch lebt vom Feuchten und Trokkenen Wasser	Luft		mehr mittelbar	specificum odoriferum; guter Geruch —— aufwekkende Gerüche	böse Gerüche; Nebel, Schwefel, Kuß, Mineraldünste
Locke	duftend	übelriechend								
Kant	Lustgefühl	Unlustgefühl	Grundlage: Vererbtes Kategoriensystem				Wenn Interesse besteht			
Schopenhauer	angenehm	unangenehm schmerzlich			dampfförmig Dunst	verflüchtigt Duft	nicht frei von einer unmittelbaren Willenserregung, subjektiv		permanent; positive Gedächtnisbeeinflussung	
Freud	angenehm	unangenehm schmerzlich	bei Neurose stärker	im allg. schwach					Sexualgeruch als Stimulus	Sexualgerüche verhindern Verkehr

Steiner					elementar: Denken ist Metamorphose des Geruchssinnes		subjektives Erlebnis; außenorientiert; schwache Umweltinformationen		führt zum mystischen Einssein mit Gott	
Bloch	Kaprylgerüche								Orientierung im Sexualbereich	
Jung	Wohlgerüche Blumenduft	üble Gerüche Gräbergeruch			Dampf (mythol.)	Rauch (mythol.)			Rosmarin als Liebeszauber; Gegengift gegen schädliche Düfte	Quecksilber (Merkur)
Schwertschlager	sinnlicher Genuß		je nach Geruchsart: stärker	schwächer Abstumpfung bei Gewöhnung	Gerüche erscheinen in Feuchtigkeit absorbiert; sie sind von pflanzlicher oder tierischer Herkunft		Nahsinn unmittelbar	Fernsinn mittelbar		
Siewerth	Blütenduft	Verwesungsgestank				"Gerauch"	aktiv		Gedächtnishilfe Duftatmosphäre beeinflußt den Redenden	
Gibson	positiv als Annäherung	negativ als Vermeidung					Nahsinn unmittelbar Lösungen, die aus der Nahrung kommen	Fernsinn mittelbar Duftsubstanzen aus der Luft	Orientierung als Informationsquelle	
Charroux	willkommene Sexualdüfte		Fremdgeruch	Eigengeruch		Moschusduft bei Hitze verstärkt: Moschee	auf materieller Grundlage	als "sphärische Organisation"	sexuelle Stimulation	
Hoffmann-Axthelm			Riechen und Schmecken trennen kaum				aktiv, nach außen gerichtet	passive Sensibilität		

ANHANG II

zu 11.3.3. Organisation - Durchführung - Ergebnisse

A II/1:

Langzeitspeicherung:

1. gelernt und reproduziert ohne Dufteinfluß
2. gelernt unter Dufteinfluß (Eukalyptus trocken), reproduziert ohne Dufteinfluß

1./2. Kl.	3./4. Kl.
VsO: 16	VsO: 16
Va.: 2	Va.: 2
N = 14	N = 15
T = 36	T = 4
Signifikanz: keine	Signifikanz = P < = 1 %

A II/2:

Langzeitspeicherung:

1. gelernt und reproduziert ohne Dufteinfluß
2. gelernt und reproduziert mit Dufteinfluß (Eukalyptus trokken)

1./2. Kl.	3./4. Kl.
VsO: 16	VsO: 16
Va.: 2	Va.: 2
N = 11	N = 13
T = 8	T = 2
Signifikanz = P < = 5 % > 1 %	Signifikanz = P < = 1 %

A II/3:

Langzeitspeicherung:

1. gelernt unter Dufteinfluß (Eukalyptus trocken), reproduziert ohne Dufteinfluß

2. gelernt und reproduziert mit Dufteinfluß

1./2. Kl.		3./4. Kl.	
VsO:	16	VsO:	16
Va.:	2	Va.:	2
N =	7	N =	9
T =	6	T =	18
Signifikanz = keine		Signifikanz = keine	

A II/4:

Langzeitspeicherung:

1. gelernt unter Dufteinfluß (Zitrone trocken), reproduziert ohne Dufteinfluß
2. gelernt und reproduziert mit Dufteinfluß

2./3. Kl. (ohne)		2./3. Kl. (mit)	
VsO:	16	VsO:	16
Va.:	2	Va.:	2
N =	11	N =	13
T =	29	T =	12
Signifikanz = keine		Signifikanz = P<=5%>1%	

A II/5:

Langzeitspeicherung:

1. gelernt unter Dufteinfluß (Zitrone trocken), reproduziert ohne Dufteinfluß
2. gelernt und reproduziert mit Dufteinfluß

3./4. Kl.

VsO: 16

Va.: 2

N = 13

T = 4

Signifikanz = P < = 1 %

A II/6:

Kurzzeitspeicherung:

1. ohne Dufteinfluß reproduziert
2. mit Dufteinfluß reproduziert

1./2. Kl.

VsO: 20

Va.: 2

N = 15

T = 25

Signifikanz = P < = 10 % > 5 %

3./4. Kl.

VsO: 20

Va.: 2

N = 17

T = 4

Signifikanz = P < = 1 %

A II/7:

Langzeitspeicherung:

1. ohne Dufteinfluß reproduziert
2. mit Dufteinfluß (Minz) reproduziert

1./2. Kl.

VsO: 20

Va.: 2

N = 10

T = 0

Signifikanz = P < = 5 % > 1 %

3./4. Kl.

VsO: 20

Va.: 2

N = 16

T = 0

Signifikanz = P < = 1 %

A II/8a:

Langzeitspeicherung:

1. gelernt und reproduziert ohne Dufteinfluß
2. gelernt mit Dufteinfluß, reproduziert ohne Dufteinfluß

1./2. Kl.		3./4. Kl.	
VsO:	20	VsO:	20
Va.:	2	Va.:	2
N =	14	N =	17
T =	16	T =	25
Signifikanz = P < = 5 % > 1 %		Signifikanz = P < = 5 % > 1 %	

A II/8b:

Langzeitspeicherung:

1. gelernt und reproduziert ohne Dufteinfluß
2. gelernt und reproduziert mit Dufteinfluß (Minz)

1./2. Kl.		3./4. Kl.	
VsO:	20	VsO:	20
Va.:	2	Va.:	2
N =	13	N =	17
T =	6	T =	6
Signifikanz = P < = 5 % > 1 %		Signifikanz = P < = 1 %	

A II/9:

Kurzzeitspeicherung bei individueller Duftwahl;
unabhängige Wertreihen (T-Test).
KG: kontextunterstütztes Lernen
VG: figuralunterstütztes Lernen

1./2. Kl.

VsO:	Va.:		Mittelwerte:		Standardabw.:	
	KG:	VG:	KG:	VG:	KG:	VG:
20	1	2	8,8333	7,6000	1,1504	1,7889
T-Test:	f =:					
t:						
3,149	37		Signifikanz von t = P<=5%>1%			

3./4. Kl.

VsO:	Va.:		Mittelwerte:		Standardabw.:	
	KG:	VG:	KG:	VG:	KG:	VG:
16	1	2	9,1875	6,2667	1,0468	2,1865
T-Test:	f =:					
t:						
6,356	26		Signifikanz von t = P<=5%>1%			

A II/10:

Langzeitspeicherung bei individueller Duftwahl, Gruppe I;

1. reproduziert ohne Dufteinfluß
2. reproduziert mit Dufteinfluß

1./2. Kl.

VsO: 21

Va.: 2

N = 13

T = 0

Signifikanz = P < = 1 %

3./4. Kl.

VsO: 16

Va.: 2

N = 13

T = 12

Signifikanz = P<=5%>1%

A II/11:

Langzeitspeicherung bei individueller Duftwahl, Gruppe II;

1. reproduziert ohne Dufteinfluß
2. reproduziert mit Dufteinfluß

1./2. Kl.		3./4. Kl.	
VsO:	20	VsO:	20
Va.:	2	Va.:	2
N =	14	N =	15
T =	6	T =	0
Signifikanz = P < = 1 %		Signifikanz = P < = 1 %	

A II/12:

Langzeitspeicherung bei individueller Duftwahl;
unabhängige Wertreihen (T-Test)
Erste und zweite Klassen;

1. reproduziert ohne Dufteinfluß
2. reproduziert mit Dufteinfluß

KG: kontextunterstütztes Lernen
VG: figuralunterstütztes Lernen

1.

VsO:	Va.:		Mittelwerte:		Standardabw.:	
	KG:	VG:	KG:	VG:	KG:	VG:
20	1	2	0,7368	1,7500	0,8719	2.4358
T-Test:	f = :					
t:						
2,276	25		Signifikanz von t = P<=10%>5%			

2.

VsO:	Va.:		Mittelwerte:		Standardabw.:	
	KG:	VG:	KG:	VG:	KG:	VG:
20	1	2	2,3500	3,7059	2,0590	2,1727
T-Test:	f = :					
t:						
2,823	36		Signifikanz von t = P<=5%>1%			

A II/13:

Langzeitspeicherung bei Altersgruppen 1./2. Klassen : 3./4. Klassen;

unabhängige Wertreihen (T-Test)

1. reproduziert ohne Dufteinfluß
2. reproduziert mit Dufteinfluß

1.

VsO:	Va.:		Mittelwerte:		Standardabw.:	
	KG:	VG:	KG:	VG:	KG:	VG:
20	1	2	1,7059	3,1579	2,3655	2,1412
T-Test:	f =:					
t:						
2,893	35		Signifikanz von t = P<=5%>1%			

2.

VsO:	Va.:		Mittelwerte:		Standardabw.:	
	KG:	VG:	KG:	VG:	KG:	VG:
20	1	2	3,7059	4,6842	2,1727	2,1357
T-Test:	f =:					
t:						
1,996	35		Signifikanz von t = P<=10%>5%			

A II/14:

Langzeitspeicherungen, die mit und ohne Duft bewirkt wurden (Gruppe I);

1. gelernt ohne Dufteinfluß
2. gelernt mit Dufteinfluß

Die Reproduktion erfolgte ohne Duft

1./2. Kl.		3./4. Kl.	
VsO:	21	VsO:	16
Va.:	2	Va.:	2
N =	10	N =	12
T =	14	T =	23
Signifikanz = keine		Signifikanz = keine	

A II/15:

Langzeitspeicherungen, die mit und ohne Duft bewirkt wurden (Gruppe II);

1. gelernt ohne Dufteinfluß
2. gelernt mit Dufteinfluß

Die Reproduktion erfolgte ohne Duft.

1./2. Kl.		3./4. Kl.	
VsO:	20	VsO:	20
Va.:	2	Va.:	2
N =	9	N =	14
T =	21	T =	22
Signifikanz = keine		Signifikanz = P<=10%>5%	

LITERATURVERZEICHNIS

ALTNER,H./BOECKH,J.: Geschmack und Geruch. In: Physiologie des Menschen. Hrsg. von R.F.Schmidt und G.Thews. 20. neub. Aufl. Berlin/Heidelberg/New York 1980, S. 328-336

ALTNER,H.: Physiologie des Geruchs. In: Grundriß der Sinnesphysiologie. Hrsg. von R.F.Schmidt. Berlin/Heidelberg/New York/Tokyo 5. neub. und erw. Aufl. 1985, S. 299-309

AMOORE,J.E.: Current status of the steric theory of odor. Ann.N.Y.Acad.Sci. 116, 1964, S. 457-476

AMOORE,J.E.: Evidence for the chemical olfactory code in man. Ann.N.Y.Acad.Sci. 237, 1974, S. 137-143

ARISTOTELES: a) Über die Seele. Übersetzt und mit Erläuterungen, Gliederung und Literaturhinweisen. Hrsg. von Willy Theiler, München 1968

ARISTOTELES: b) Die Lehrschriften. Herausgegeben, übertragen und in ihrer Entstehung erläutert von Dr. Paul Gohlke 1847-1947. Kleine Schriften zur Seelenkunde. Paderborn 1947

ASCHE,W.: Auf der Suche nach neuen Düften. In: Chemische Rundschau Nr. 26 (vom 26.6.1987)

AYRES,A.Jean: Bausteine der kindlichen Entwicklung. Die Bedeutung der Integration der Sinne für die Entwicklung des Kindes. Mit Unterstützung von Jeff Robbins. Aus dem Amerikan. übersetzt von Dr.J.Flehmig und Dr.R.-W.Flehmig. Berlin/Heidelberg/New York/Tokyo 1984

BALZAC,H.de: Louis Lambert. op.cit., Bd. XII.

BECHER,J.J.: Thier - Kräuter - und Berg-Buch. Sampt der Salernischen Schul. Original: Ulm 1663; Neudruck: Ulm 1957

BERG,K.-H.: Geruchseinflüsse im kognitiven Bereich. In: dragoco report 4/1987, S. 116 f.

BIBLIOGRAPHIE der deutschsprachigen psychologischen Literatur. Hrsg. und bearbeitet von Josef Dambauer. Band 2: 1972, Frankfurt a.M. 1973

BLOCH,I.: Das Sexualleben unserer Zeit in seinen Beziehungen zur modernen Kultur. Berlin 1907

BLOCH,I./LOEWENSTEIN,G.: Handbuch der gesamten Sexualwissenschaft in einzelnen Darstellungen. Die Prostitution. Zweiter Band, erste Hälfte, Berlin 1925

BÖSEL,R.: Physiologische Psychologie. Einführung in die biologischen und physiologischen Grundlagen der Psychologie. 2. neub. Aufl. Berlin/New York 1987

BOTSCH,D.: Mathematische Analyse der Pheromonwirkung bei Insekten. Naturwiss. Rundschau 17/1964, S. 149

BOURGEOIS,M.: Hallucinations olfactives et angoisse parosmique. Ann.Med.Psychol. 1 (3) 1971, S. 377-402

BRÄUER,H.: Der Geruchssinn: Funktion und Bedeutung für Gefühl und Bewußtsein. In: Das H und R Buch Parfum. Aspekte des Duftes, Geschichte, Herkunft, Entwicklung, Bedeutung. Hamburg 1984, S. 49-56

BRAND,Ingelid/BREITENBACH,E./MAISE,Vera: Integrationsstörungen. Diagnose und Therapie im Erstunterricht. Verlag Maria-Sternschule des Marienvereins im Marienheim e.V. Würzburg 1985

BURDACH,K.J./KROEZE,J.H.A./KOESTER,E.P.: Nasale, retronasale und gustatorische Wahrnehmung. Ein experimenteller Vergleich. Zschr.Perception and Psychophysics 36 (3) 1984, S. 205-208

BURDACH,K.J./KOESTER,E.P./KROEZE,J.H.A.: Interindividuelle Unterschiede der Sensibilität für Duft- und Aromareize. Zschr. Perceptual and Skills 60 (3) 1985, S. 723-730

BUTENANDT,A.: Über Wirkstoffe des Insektenreichs. Naturwissenschaftliche Rundschau Nr. 8, 1955, S. 457-464

CAIN,W.S./JOHNSON,F.I.: Lability of odor pleasantness: influence of mere exposure. Perception 7 (4) 1978, S. 459-465

CAIN,W.S.: To know with the nose: keys to odor identification. Science 203 (4379), 2, 1979, S. 467-470

CAIN,W.S.: Der vierte Sinn: Riechen kann man lernen. Zschr. Psychologie heute 9 (6) 1982, S. 54-65

CALVINO,I.: Unter der Jaguar-Sonne. Drei Erzählungen. Aus dem Italienischen von Burkhart Kroeber. München-Wien 1987

CAMPENHAUSEN,Chr.von: Die Sinne des Menschen. Stuttgart/New York 1981

CHARROUX,R.: Vergessene Welten. Auf den Spuren des Geheimnisvollen. (Taschenbuchausg. der dtsch. Übersetzung des Econ-Verlags Wien und Düsseldorf 1974, Original 1971 in Franz.) München/Zürich o.J.

CLEMENS,W.A./FOERSTER,R.E./PITCHARD,A.L.: Migration and Conservation of Salmon. Publ.Am.Assoc.Advance Sci. Nr. 8, 1939, S. 51-59

COMFORT,A.: Likelihood of human pheromones. Nature 230 (5294) 1971, S. 432-433, 479

COOPER,S.S.: Teaching Tips. Aromatics - Another Way to Learn? Journ.of Continuing Education in Nursing 17 (4), 1986, S. 139

CORBIN,A.: Pesthauch und Blütenduft. Eine Geschichte des Geruchs. Aus dem Französischen von Grete Osterwald. Berlin 1984 (Original: Paris 1982)

DELBRÜCK,M.: Wahrheit und Wirklichkeit. Über die Evolution des Erkennens. Aus dem Englischen von Ernst Peter Fischer. Hamburg/Zürich 1986

DER SPRACH BROCKHAUS: Deutsches Bild Wörterbuch. Wiesbaden 1978

DIEPGEN,P.: Geschichte der Medizin. Bd. I, Altertum. Berlin und Leipzig 1913 (Berlin 1949)

DRÖSCHER,V.B.: Magie der Sinne im Tierreich. Neue Forschungen. München 1966

ECO,U.: Der Name der Rose. München 1982

EICH,J.E.: Fragrances as cues for remembering words. Journ. of Verb. Learning a. Verb. Behavior 17 (1) 1978, S. 103-111

ELSBERG,C.A./LEVY,J./BREWER,E.D.: A new principle for the classification of odors based upon their olfactory coefficient. Bulletin Neurol.Inst., New York 4/1935, S. 20-25

FISCHER,E.: Wahrnehmungsförderung. Zum Aufbau von Wahrnehmungskompetenz als Aneignung sinnlicher Erkenntnisse und Bedeutungsstrukturen bei Geistigbehinderten. Bad Honnef 1983

FISCHER,S.: Medizin der Erde. Legenden, Mythen, Heilanwendung und Betrachtung unserer Heilpflanzen. München 3/1985

FISCHER,S.: Blätter von Bäumen. Legenden, Mythen, Heilanwendung und Betrachtung von einheimischen Bäumen. München 3/1986

FISHER und YATES: Kritische Werte von t auf verschiedenen Signifikanzniveaus (Tabelle). In: Heller, Kurt und Rosemann, Bernhard: Planung und Auswertung empirischer Untersuchungen. Stuttgart, 2. Aufl. 1981, S. 263

FRANK,J.D./LUDVIGH,E.J.: The retroactive effect of pleasant and unpleasant odors on learning. Am.Journ.Psychol. 43/-1931, S. 102-108

FREUD,S.: Gesammelte Werke 7. Band. Hrsg. von Anna Freud, Frankfurt a.M. 4/1966

FREUD,S.: Gesammelte Werke 5. Band. Hrsg. von Anna Freud, Frankfurt a.M. 4/1968

FREUD,S.: Gesammelte Werke 14. Band. Hrsg. von Anna Freud, Frankfurt a.M. 4/1968

GADLIN,W./FISS,H.: Odor as a facilitator of the effects of subliminal stimulation. Journ.of Pers.and Social Psychol. 7 (1) 1967, S. 95-100

GALEN, Claudius: Über das Riechorgan. Hrsg., übersetzt und erläutert von Jutta Kollesch. Berlin 1964

GIBSON,J.J.: Die Sinne und der Prozeß der Wahrnehmung. Übers. von Ivo und Erika Kohler und Marina Groner. Hrsg. von Ivo Kohler. Mit einem Geleitwort von James J. Gibson. Bern/Stuttgart/Wien 1973 (Amerik. Original 1966)

GOLDENBERG,D.M.: Geruchswahrnehmung und Schwellen von Duftgemischen beim Menschen. Hals-, Nasen- und Ohrenkunde. Zwanglose Schriftenreihe Heft 19. Hrsg. von A. Herrmann und H.J.Jakobi. Leipzig 1967

GREGSON,R.A. and MITCHEL,M.J.: Odor quality similarity sealing and odor - word profile matching. Chemical senses and Flavor 1 (1) 1974, S. 95-101

GREINER,D.: Untersuchungen zur Eignung verschiedener Duftstoffe für die routinemäßige Geruchsprüfung beim Menschen. Med. Dissertation Marburg 1971

GRÜNEWALD,H.: Schaltplan des Geistes. Eine Einführung in das Nervensystem. Reinbek 1971

HALL,R./KLEMME,D./NIENHAUS,J.: Duftbausteine. In: Das H und R Lexikon Duftbausteine. Die natürlichen und synthetischen Komponenten für die Kreation von Parfums. Hamburg 1985

HANDBUCH DER PSYCHOLOGIE: Hrsg. David Katz, Basel 1951

HANISCH,E.: Furchtreduktion durch angenehme Düfte und selbstkonditionierte" Gefühlsreaktionen. Eine experimentelle Untersuchung zur Desensibilisierung. Universität Salzburg, Phil.Fak. 1976, 187 Seiten, Schreibmaschinenfassung

HASLER,A.D.: Wegweiser für Zugfische. Naturwiss. Rundschau Nr. 15, 1962, S. 302-310

HAUPT, Ursula/FRÖHLICH,A.: Entwicklungsförderung schwerstbehinderter Kinder. Bericht über einen Schulversuch Teil I. Hrsg. Kultusministerium Rheinland-Pfalz, Nr. 36, Mainz 1982

HELLER,K./ROSEMANN,B.: Planung und Auswertung empirischer Untersuchungen. Stuttgart, 2. Aufl., 1981

HENNING,H.: Der Geruch. Ein Handbuch für die Gebiete der Psychologie, Physiologie, Zoologie, Botanik, Chemie, Physik, Neurologie, Ethnologie, Sprachwissenschaft, Literatur, Ästhetik und Kulturgeschichte. Leipzig 2/1924

HEGEL,G.W.F.: Sämtliche Werke. Jubiläumsausgabe. Hrsg. Hermann Glockner. Stuttgart 4/1964

HOFFMANN-AXTHELM,D.: Sinnesarbeit. Nachdenken über Wahrnehmung. Frankfurt/New York 1984

HOFSTADTER,D.R.: Gödel, Escher, Bach ein Endloses Geflochtenes Band. Stuttgart 5/1985 (Original im Amerik. 1979)

HOLD, Barbara/SCHLEIDT, Margret: Die Bedeutung menschlichen Eigengeruchs für die nicht-verbale Kommunikation. Zschr. für Tierpsychologie 43 (3) 1977, S. 225-238

HOLZKAMP,K.: Sinnliche Erkenntnis. Historischer Ursprung und gesellschaftliche Funktion der Wahrnehmung. Kronberg 3/-1976

ILBERG,J.: Celsus und die Medizin in Rom. In: Neues Jahrb. für das Klassische Altertum 10/1907

ITARD,J.: Viktor, das Wildkind von Aveyron. Mit Einleitung und Nachwort von Prof.Dr.med.Jakob Lutz. Zürich und Stuttgart 1965

JUNG,C.G.: Gesammelte Werke 14. Band. I. Halbband, II. Halbband, Olten und Freiburg 2/1972

KANT,I.: Kritik der Urteilskraft (6/1924). Hrsg. von Karl Vorländer. Hamburg 1968

KANT,I.: Anthropologie in pragmatischer Hinsicht. Hrsg. von Karl Vorländer mit einer Einleitung von J.Kopper und einem zusätzlichen Anhang von R.Malter. Hamburg 1980

KARSTEN,H.: Duft - Farb - Ton - Therapie bei psychosomatischen Erkrankungen. Ein neuer Weg gegen den Tablettenmißbrauch. Schriftenreihe Erfahrungsheilkunde Bd. 6. Heidelberg, 3. erw. Aufl. 1983

KARWEINA,G.: Der sechste Sinn der Tiere. Hamburg 1982.

KELLER,W.: Und wurden zerstreut unter alle Völker. Die nachbiblische Geschichte des jüdischen Volkes. München/Zürich 1966

KENNETH,J.W.: An experimental study of affects and associations due to certain odors. Psychol.Monog. 37 (2), 1927, S. 1-64

KLAGES,W./KLAGES,Ilse: Über den Geruchssinn des Menschen und seinen Erlebniswert beim Gesunden und Kranken. Dtsch.med. Wschr. 92 (19), 1967, S. 871-877

KLINE,N.A./RAUSCH,J.L.: Olfactory precipitants of flashbacks in posttraumatic stress disorder: case reports. J.Clin.Psychiatry 46 (9) 1985, S. 383-384

KRAUSS,F.S.: Quellenschriften zur Anthropophyteia 4 Bände unter Mitwirkung von Ethnologen, Folkloristen und Naturforschern. Leipzig 1906/1907

KRUMM-HELLER,A.: Osmologische Heilkunde. Die Magie der Duftstoffe. Berlin 1955

LAIRD,D.A.: Man's individuality in odor. Journal abn.soc.Psychol. 29/1935, S. 459-461

LANDMANN, Salcia: Jiddisch. Das Abenteuer einer Sprache. Frankfurt/M.-Berlin 1986

LAWLESS,H.T.: Recognition of common odors and simple shapes. Percept. and Psychophys. 24 (6) 1978, S. 493-495

LIEBE ZU KAUFEN: Zehn Fotografen sehen die Prostitution. Texte von Volker Wachs mit einem Essay von Markus Imboden. Schaffhausen/Zürich/Frankfurt/Düsseldorf 1987

LINDAUER,M.: Orientierung im Raum. In: Fortschritte der Zoologie. Band 16, 1963, Lieferung 1, S. 100

LOCKE,J.: Über den menschlichen Verstand. Ausgabe in zwei Bänden. Band 1 Buch I und II. Berlin 1962

MAIMONIDES (Rabbenu Mosche Ben Maimon): Regimen Sanitatis oder Diätetik für die Seele und den Körper, mit Anhang der Medizinischen Responsen und Ethik des Maimonides. Dtsch. Übersetzung und Einleitung von Süssmann Muntner. Frankfurt a.M. 1966

MAXWELL,W.: Drei Bücher von der magnetischen Heilkunde 1678. Neudruck: Stuttgart 1855

MECHSNER,F.: Immer der Nase nach. In: Zschr. Geo, Nr. 4, 1987, S. 14-34

MENSING,J./BECK, Christa: Der Duft aus psychologischer Sicht. Das Ende eines Mythos. In: Das H und R Buch Parfum. Aspekte des Duftes. Geschichte, Herkunft, Entwicklung, Bedeutung. Hamburg 1984, S. 127-142

MONTESSORI, Maria: Mein Handbuch. Stuttgart 1928

MONTESSORI, Maria: Die Entdeckung des Kindes. Freiburg 1969

MONTESSORI-MATERIAL TEIL 1: Handbuch für Lehrgangsteilnehmer. Hrsg. Montessori-Vereinigung e.V., Sitz Aachen. Zelhem-Niederlande 1978

MÜLLER, Julia: Die Geschichte des Duftes - so alt wie die Kultur der Menschheit. In: Das H und R Buch Parfum. Aspekte des Duftes, Geschichte, Herkunft, Entwicklung, Bedeutung. Hamburg 1984, S. 11-16

NALLET,Ph./VACHER de la POUGE,D./BANDRY,M.: Rolle und Bedeutung der Gerüche im Verhalten des Menschen. In: Dragoco report, Holzminden 5/1986, S. 123-141

NEUHAUS,W.: Wieviele Riechsinneszellen besitzen Hunde? Umschau 1955, S. 421

NEUHAUS,W.: Die Riechschwelle von Duftgemischen beim Hund und ihr Verhältnis zu den Schwellen unvermischter Duftstoffe. Zschr. vergl. Physiologie 38/1956, S. 238-258

NEUHAUS,W.: Die Fährtenreinheit des Hundes. Umschau 1958, S. 161-163

NEUHAUS,W.: Ist die Riechfähigkeit des Hundes veränderlich? Umschau 1961, S. 36-37

OAKLANDER, Violet: Gestalttherapie mit Kindern und Jugendlichen. Aus dem Amerikan. übersetzt von Klaus Schomburg und Sylvia M. Schomburg-Scherff. Stuttgart 1981

OSIANDER,J.F.: Volksarzneimittel und einfache, nicht pharmazeutische Heilmittel gegen Krankheiten des Menschen. Hannover 1877

OSTRANDER, Sheila / SCHROEDER,L.: Psi. Die wissenschaftliche Erforschung und praktische Nutzung übersinnlicher Kräfte des Geistes und der Seele im Ostblock. Bern-München-Wien 12/1975

PAIN,J.: Sur la phéromone des reines d'abbeilles et ses effets physiologiques. Ann. Abeille 4/1961, S. 73-152

PARACELSUS,Th.: Werke Band I und II. Medizinische Schriften, besorgt von Will-Erich Peuckert. Darmstadt 1965

PLATON: Menon oder über die Jugend. Übersetzt und erläutert von Otto Apelt. Der philosoph. Bibliothek Band 153, Leipzig 2/1922 (Abdruck 1944)

PLATTIG,K.-H./KOBAL,G./THUMFART,W.: Die chemischen Sinne Geruch und Geschmack im Laufe des Lebens. Veränderungen der Geruchs- und Geschmackswahrnehmung. Zschr. für Gerontologie 13 (2) 1980, S. 149-157

POPPER,K.R./ECCLES,J.C.: Das Ich und sein Gehirn. München/ Zürich 3/1984 (Original in Engl. 1977)

QUINCHE,R./BOSSARD,E.: Gewürzkräuter. Vom duftenden Garten zum Kochtopf. Neuchatel 4/1980

ROWEE, Carolyn K./COHEN, Rita Y./SCHLAPACK,W.: Life - span stability in olfactory sensitivity. Devel.Psychol. 11 (3) 1975, S. 311-318

RUBINSTEIN,S.L.: Grundlagen der allgemeinen Psychologie. Berlin-Ost 7/1971

SANDER,A.: Handlungsfelder und Maßnahmen der Lernbehindertenpädagogik II, Kurseinheit 4: Überblick über spezielle Entwicklungshilfen. Bereiche: Visuelle und auditive Wahrnehmung. Hrsg. von der Fernuniversität der Gesamthochschule in Hagen 1980

SCHAUPP,H.: Psychologische Aspekte der Kosmetikanwendung. Universität Graz, Naturwiss.Fak. 1982. 134 Seiten Schreibmaschinenfassung, 35 Seiten Anhang

SCHNEIDER,M.: Einführung in die Physiologie des Menschen. 15. Aufl. der von H. Rein 1936 begründeten Einführung in die Physiologie des Menschen. Berlin/Göttingen/Heidelberg 1964

SCHOPENHAUER,A.: Die Welt als Wille und Vorstellung. Zweiter Band, welcher die Ergänzungen zu den vier Büchern des ersten Bandes enthält. Wiesbaden 2/1949

SCHRÖDTER,W.: Geheimnisse der Düfte - Farben - Töne. Freiburg i.B. 1963

SCHWERTSCHLAGER,J.: Die Sinneserkenntnis. München 1924

SIEWERTH,G.: Die Sinne und das Wort. Düsseldorf 1/1956

STEINBERG,W.: Vom Innenleben blinder Menschen. München 1955

STEINER,R.: Zur Sinneslehre. Themen aus dem Gesamtwerk Band 3. Ausgewählt und hrsg. von Christoph Lindenberg. Stuttgart 1980

SÜSKIND,P.: Das Parfum. Die Geschichte eines Mörders. Zürich 1985

TEICHMANN,H.: Das Riechvermögen des Aales. Naturwissenschaften Nr. 44, 1957, S. 242

THUMFART,W./PLATTIG,K.-H./SCHLICHT,N.: Geruchs- und Geschmacksschwellen älterer Menschen. Zschr. für Gerontologie 13 (2) 1980, S. 158-188

TISSERAND,R.B.: Aroma-Therapie. Heilung durch Duftstoffe. Freiburg i.B. 2/1985 (Engl. Originalausgabe 1977)

TITCHENER,E.B.: Experimental Psychology. 4 Bände, Macmillan, 1906 - Textbook of Psychology, Macmillan 1910

TRESSEL,R./BALTES,W.: Von gutem Geschmack und besonderen Wohlgerüchen. In: Forschung. Mitteilungen der DFG 3/1986, S. 8-10

WALBURG,W.-R.: Die Förderung der visuellen Wahrnehmung nach Frostig/Reinartz bei Schülern mit Lernbeeinträchtigungen. Eine Untersuchung lern- und geistigbehinderter Kinder mit curricularen Folgerungen. Dissertation Dortmund 1975

WILCOXON-TEST FÜR STICHPROBEN: In: Heller, Kurt und Rosemann, Bernhard: Planung und Auswertung empirischer Untersuchungen. Stuttgart, 2. Aufl. 1981, S. 238 f. und 290

WILSON,E.O.: Pheromones. In: Sc.Am.Vol. 208, No. 5/1963, S. 100-114

WINTER,R.: Le livre des odeurs (Das Buch der Düfte). Paris 1978

WIPPICH,J.: Neurolinguistische Selbstorganisation/Neurolinguistisches Programmieren. In: Therapie und Selbsterfahrung. Einblick in die wichtigsten Methoden. Hrsg.: Theodor Seifert und Angela Waiblinger. Stuttgart 1986

WIPPICH,W.: Lehrbuch der angewandten Gedächtnispsychologie Band 1. Stuttgart/Berlin/Köln/Mainz 1984. Band 2. Stuttgart/Berlin/Köln/Mainz 1985

WOERDEMANN,H.: L'influence de la temperature du gaz odorant sur la sensation olfactive. Arch.néerl.Physiol. 19/1934, S. 88-93

WOOD,R.W.: Stimulus properties of inhaled substances. Env. Health Perspect 26/1978, S. 69-76

ZWAARDEMAKER,H.: Kompensation von Gerüchen mittels des Doppelriechmessers. Fortschr.Med. 1889, Nr. 14, S. 481

ZWAARDEMAKER,H.: Prüfung des Geruchssinnes und der Gerüche. In: Abderhalden, Emil, Handbuch der biologischen Arbeitsmethoden. Abt. 5, Teil 7, Berlin 1923, S. 455-522

ABSTRACTIS PLURALIS

Berg, Karl-Heinz:
DUFTWIRKUNGEN AUF DER SPUR
Eine anthropologische Studie zu Geruchseinflüssen im körperlichen, seelischen und geistigen Bereich

Basierend auf der physiologischen Erkenntnis, daß das Geruchssystem seine Eindrücke auf kürzerem Wege als jedes andere Sinnessystem in sein Hirnzentrum leitet, wird in der Arbeit auf hermeneutischem und experimentellem Wege nachgewiesen, daß Düfte imstande sind, Gedächtnisleistungen zu verbessern.
Der Text verarbeitet Hinweise aus mehr als zweitausend Jahren Geistesgeschichte, vor allem von Philosophen und Ärzten; aber auch Vertreter anderer Disziplinen wie Physiologen (HNO), Psychologen, Pädagogen und Literaten kommen zu Wort.
Im abschließenden Teil werden Anlage, Durchführung und die Ergebnisse einer Untersuchung an 77 Grundschülern (1987) vorgestellt, wobei sich zeigt, wie und in welchem Umfang Gedächtnisleistungen sich mit Hilfe von Dufteinflüssen optimieren lassen.

Berg, Karl-Heinz

On the trail of fragrent-effects

An anthropological study about fragrent-effects in the physical, psychical and mental sphere

Based on physiological findings that the fragrent system leads impressions on a shorter way than every other sensory system to the brain centre this study provews in an interpretatve and experimental way that fragrancies are able to improve memory capabilities.

The text works up indications from more than two thousand years of mind history, in particular from philosphs and physicians, but also representatives from other disciplines like physiologs, psychologists, pedagogues and literati get a hearing.

In the last chapter the methods an results of an empirical investigation with 77 primary-school pupils (1987) are represented showing how memory capabilities are improved by help of fragrent-effects.

Berg, Karl-Heinz

LES ODEURS ET LEURS TRACES

Une étude anthropologique sur l'influence des odeurs au niveau du corps, du psychisme et de l'intellect

A partir de la constatation physiologique que le système olfactif transmet plus directement ses perceptions à son centre nerveux dans le cerveau que tous les autres systèmes sensoriels, cette étude apporte la preuve, par des voies herméneutiques et expérimentales, que les odeurs peuvent améliorer le fonctionnement de la mémoire. Le texte s'appuie sur les indications fournies par plus de deux mille ans d'histoire intellectuelle, en particulier sur les témoignages des philosophes et des médecins mais aussi sur ceux des physiologues, des psychologues, des pédagogues et des écrivains.
Dans la dernière partie de cette étude nous sont présentés les bases de départ, la mise en oeuvre et les résultats d'une analyse effectuée dans 77 écoles primaires (1987), d'où il ressort combien et comment l'influence des odeurs optimalise les performances de la mémoire.

Berg, Karl-Heinz:

A szagok, illatok hatása

Antropológiai tanulmány a szagoknak a testre, a lélekre és a szellemre gyakorolt hatásáról

A tanulmány arra a fiziológiai felismerésre támaszkodva, mely szerint a szaglási érzékelés rövidebb úton juttatja az agyi központba a benyomásokat, mint bármely más érzékszerv, hermeneutikai és kisérleti eszközökkel azt bizonyitja, hogy a szagok/illatok képesek az emlékezeti teljesitményeket javitani.

A kultúrtörténet több mint kétezer évéből dolgoz fel utalásokat, elsősorban filozófusoktól és orvosoktól, azonban a pszichológia, fiziológia, pedagógia és a szépirodalom képviselői is szóhoz jutnak.

A befejező részben 77 általános iskolai tanuló vizsgálatának adatait és eredményeit írja le, amelyek azt mutatják, hogy milyen mértékben lehet az emlékezeti teljesitményeket szag- és illathatásokkal javitani.

Берг, Карл-Хейнц

ПО СЛЕДУ ДЕЙСТВИЯ ЗАПАХА
Антропологическое исследование о влиянии запаха в физической, душевной и умственной сфере

Базируясь на физиологическом выводе, что обоняние передает впечатления в его центр головного мозга более коротким путем, чем какой-то другой орган чувств, в работе доказается герменевтическим и экспериментальным путем, что запах в состоянии улучшать способность запоминать.

Текст обрабатывает ссылки из более чем 2000 лет истории, прежде всего ссылки философов и врачей, а также представителей других отраслей как физиологи, психологи, педагоги и литераторы.

В заключительной части представляется план, проведение и результаты исследования с 77 учениками начальной школы (1987г.). При этом видно, как и в каком мере можно улучшать способность запоминать с помощью влияния запаха.